上海普通高校"九五"重点教材

食品冷冻冷藏原理与设备

上海市教育委员会　组编

华泽钊　李云飞　刘宝林　编著

机 械 工 业 出 版 社

本书分为三大部分。在第一部分中叙述了食品冷冻冷藏的生物化学基础、食品冷冻过程的物理化学性质以及食品材料的热物理性质；在第二部分中强调了食品冷冻的制冷技术、食品冷却与冷藏、食品冻结与冻藏、食品冷冻干燥贮藏及冷冻食品的玻璃化贮藏；在第三部分中包括了冷冻设备与冷藏链。

本书除可作为食品科学与工程、制冷低温技术、农产品加工等专业的教材或教学参考书外，也可供相关专业的工程技术人员阅读。

图书在版编目（CIP）数据

食品冷冻冷藏原理与设备/华泽钊等编著·—北京：机械工业出版社，1999.10（2023.1重印）

上海普通高校"九五"重点教材

ISBN 978 – 7 – 111 – 07153 – 2

Ⅰ.食… Ⅱ.华 Ⅲ.食品冷藏：冻结贮藏 Ⅳ.TS205.7

中国版本图书馆 CIP 数据核字（1999）第 62959 号

机械工业出版社（北京市百万庄大街22号 邮政编码100037）
责任编辑：钱飒飒 倪少秋 版式设计：张世琴 责任校对：韩 晶
封面设计：姚学峰 责任印制：李 昂
中煤（北京）印务有限公司印刷
2023年1月第1版第13次印刷
184mm×260mm·14印张·340千字
标准书号：ISBN 978 – 7 – 111 – 07153 – 2
定价：39.80 元

电话服务 网络服务
客服电话：010-88361066 机 工 官 网：www.cmpbook.com
　　　　　010-88379833 机 工 官 博：weibo.com/cmp1952
　　　　　010-68326294 金 书 网：www.golden-book.com
封底无防伪标均为盗版 机工教育服务网：www.cmpedu.com

前　　言

随着我国经济的快速发展,冷冻食品在市场上的销售比例越来越大,相应的冷冻新方法、新理论及配套设备也在不断地更新,这就要求从事食品冷冻冷藏工程专业的人员掌握最新的知识。为此,我们深感有编著一本此方面书之必要。经申请此书列入上海市高校"九五"重点教材的编写出版计划,在上海市教委领导和组织下编著此书。

本教材是根据第二届全国高等学校"制冷与低温技术"教学指导小组会议提出的大纲进行编写的,并提请1997年5月第二次会议讨论同意。其特色是从机电类制冷专业课程设置出发,重点论述冷冻冷藏新理论、新设备。编著者希望此书既讲清食品冷冻冷藏的基本原理,又能较充分地反映国际发展的新技术、新动向。希望本书的编写能将食品科学与工程、与制冷及低温技术很好地结合,能适合食品和制冷两方面师生使用。希望通过本书的学习培养出一批既懂食品加工工艺又有很强机电设计能力的工程技术人员。

本书中的主要内容包括食品冷冻冷藏的生物化学基础、物理化学基础、食品及其原料的热物理性质和水分的扩散、食品冷冻的制冷技术、冷却与冷藏、冻结与冻藏、食品材料的玻璃化、真空冷冻干燥、冷却与冻结装置、冷藏库和冷藏链。全书共十一章。本书的第二、三、四章由华泽钊编著,第一、五、六、八章由李云飞编著,第七、九、十、十一章由刘宝林编著。书稿特邀无锡轻工大学食品科学系许时婴教授、上海交通大学制冷与低温研究所顾安忠教授和上海水产大学食品冷冻与制冷系徐世琼教授审稿。

由于本书涉及的领域很广,编著者水平有限,想必有许多欠妥或错误之处,真诚地希望各界读者批评指正。

华泽钊　李云飞　刘宝林

1999年1月

目 录

第一章 食品冷冻冷藏的生物化学基础

食品的营养成分可分为有机物质和无机物质。无机物质直接来自于自然界中的水和盐等物质，而有机物质主要来自于两个方面：一个是植物，另一个是动物。植物性食品主要包括各种谷物、果品和蔬菜；动物性食品主要指家畜肉、禽肉、鱼类、蛋类和乳品等。植物性食品在冷藏过程中是有生命的活的物体，靠自身的物质消耗来维持生命的代谢活动，可继续完成成熟、衰老、死亡等过程。动物性食品除鲜蛋为有生命外，其他均为无生命食品。无论是有生命食品还是无生命食品，食品自身均进行着一系列的生物化学反应，同时微生物也不断地对其进行侵染，使食品最终腐烂变质。

第一节 食品材料的基本构成

一切生物都是由细胞构成的，而且不论是单细胞生物或多细胞生物，生物体的物质代谢、能量代谢、信息传递、形态建成等都是以细胞为基础的，因此，细胞是生物体结构与功能的基本单位。人类的食品几乎均来源于生物。在冷冻冷藏中，食品的物理变化和生物化学变化均发生在细胞内外，因此，了解细胞的结构与功能显得尤为重要。

一、植物细胞(plant cell)

植物细胞是由细胞壁(cell wall)、细胞膜(cell membrane)、细胞溶液(cytosol)、细胞核(nucleus)、液泡(vacuoles)、质体(plastid)等构成(图 1-1)[1]。

其中细胞壁、液泡和质体是植物细胞特有的组成部分，是植物细胞与动物细胞的主要区别之一。细胞壁是细胞的外壳，略带弹性，是由纤维素、半纤维素、果胶质、木质素等组成。细胞壁具有稳定细胞形态；减少水分散失；防止微生物侵染和机械损伤等保护作用。细胞壁通过果胶质与相邻的细胞壁连成整体。细胞膜是紧挨细胞壁内侧的一层生物膜，主要由脂类、蛋白质和水组成，是细胞生命活动的重要场所与组成部分。植物细胞可以脱离细胞壁而生活，却不能脱离细胞膜而生存。细胞膜在不同的温度下热机械性质也不同。当细胞膜出现破裂时，细胞内大量的离子将外溢，造成食品质量下降。细胞溶液主要由水、蛋白质、盐、糖类、脂类组成。其中水占 80% 以上，其他物质如蛋白质等悬浮于水中，使细胞溶液表现为一种生物胶。在冻结与冻藏中，细胞溶液中的水可能形成冰晶，从而破坏了细胞内高度精细的结构，使代谢失调。液泡是细胞内原生质的组成之一，液泡内的物质靠液泡膜有选择地进出，液泡内的物质主要是水、糖、盐、氨基酸、色素、维

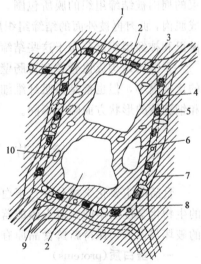

图 1-1 植物细胞结构

1—细胞溶液 3—液泡

3—碳水化合物颗粒 4—胡萝卜素

5—叶绿素 6—细胞核 7—细胞壁

8—中胶层 9—细胞间隙 10—线粒体

生素等。在正常的代谢过程中，液泡不但起调节细胞内水溶液的化学势和 pH 值的作用，同时也起分解大分子化合物的作用。当细胞衰老或液泡受机械损伤时，液泡内的酶外溢，使细胞发生自溶。在冻结与冻藏中，其中的水也形成冰晶。质体包括白色体、杂色体和叶绿体。白色体不含色素，存在于胚细胞及根部和表皮组织中。杂色体含有胡萝卜素(carotenes)和叶黄素(xanthophyll)，分布于花瓣和果实的外表皮内。叶绿体含有叶绿素，存在于一切进行光合作用的植物细胞中，是光合作用的主要场所。叶绿素(chlorophylls)是使果蔬呈绿的物质，在加工中易被氧化破坏。

二、动物肌纤维(Muscle fibre)

在形态上，畜禽肉主要由肌肉组织、脂肪组织、结缔组织和骨骼组织等组成，其所占比例分别约为：肌肉组织 50%～60%、脂肪组织 20%～30%、骨骼组织 13%～20%、结缔组织 7%～11%。此外，还有比例较少的神经组织和淋巴及血管等。

肌肉组织是肉的主要组成部分，可分为横纹肌、平滑肌和心肌三种。其中横纹肌是肉的主体，也是加工的主要对象。横纹肌由肌纤维构成，一个肌纤维相当于一个细胞，故也称为肌纤维细胞。肌纤维细胞内有许多微细的肌原纤维(myofibril)、细胞核、线粒体(mitochondria)和汁液等物质，外面被一层富有弹性的肌纤维膜(sarcolemma)所包裹，如图 1-2 所示[2]。许多肌纤维细胞集合起来形成肌束，肌束的周围被结缔组织的膜所包围。肌束再集合而形成肌肉，肌肉再被外面的结缔组织所包裹，而血管、淋巴和神经组织就分布于这些结缔组织中。

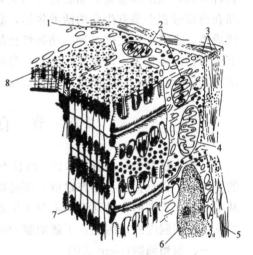

图 1-2　横纹肌肌纤维细胞结构
1—细胞膜　2—线粒体　3—胶原纤维
4—糖原　5—肌纤维膜　6—细胞核
7—肌纤丝　8—肌原纤维

平滑肌是构成血管壁和胃肠壁的物质；心肌是构成心脏的物质。它们在肌肉组织中所占的比例很小，但也都是由肌纤维细胞构成的。这些肌纤维与横纹肌的肌纤维比较，仅在细胞和细胞核的形状方面略有不同。

第二节　食品材料的主要化学成分

食品的主要化学成分有：蛋白质、脂肪、糖类、维生素、酶、水分和矿物质。由于它们的生物化学性质不同，对人体的营养价值也不同。在冷冻冷藏中应尽量减少或避免营养成分的破坏与损失，保持新鲜食品原有的营养价值与风味。

一、蛋白质(proteins)

1. 蛋白质的组成

蛋白质是构成一切生命体的重要物质，也是食品冷冻冷藏加工中保存的主要对象。构成蛋白质的基本元素是：碳、氢、氮、氧、硫、磷等物质，有些蛋白质还含有铁、铜、锌等元素。蛋白质是由氨基酸(amino acids)组成的高分子化合物，分子量差别很大，结构也很复杂。在酸、碱、酶等物质作用下蛋白质可发生下列水解反应，最终将大分子的蛋白质水解为较小分子的氨基酸：

$$蛋白质 \longrightarrow 多肽(polypeptide) \longrightarrow 二肽(dipeptide) \longrightarrow 氨基酸$$

氨基酸是蛋白质的基本单位，目前从各种生物体内发现的氨基酸已有 180 多种，但是参与蛋白质构成的氨基酸主要是 20 种(表 1-1)，这 20 种氨基酸被称为构成蛋白质的氨基酸，其中除脯氨酸和羟脯氨酸外，均为 α-氨基酸，即一个氨基(-NH₂)、一个羧基(-COOH)、一个氢原子(-H)和一个 R 基团(-R)，连结在一个碳原子上。在不同的氨基酸分子中，其侧链彼此不同，但其余部分均相同，结构通式如下：

$$
\begin{array}{cc}
\overset{\displaystyle NH_2}{\underset{\displaystyle H}{R-\overset{|}{\underset{|}{C^\alpha}}-COOH}} &
\overset{\displaystyle NH_1^+}{\underset{\displaystyle H}{R-\overset{|}{\underset{|}{C}}-COO^-}}
\end{array}
$$

氨基酸　　　　氨基酸的两性离子

表 1-1　构成蛋白质的氨基酸

名　　称	化　学　式	
1. 一羧基一氨基氨基酸		
甘氨酸(Glycine，Gly)	$H-CH(NH_2)COOH$	
丙氨酸(Alanine，Ala)	$CH_3-CH(NH_2)COOH$	
缬氨酸(Valine，Val)	$(CH_3)_2CH_2-CH(NH_2)COOH$	必需氨基酸
亮氨酸(Leucine，Leu)	$(CH_3)_2CHCH_2-CH(NH_2)COOH$	必需氨基酸
异亮氨酸(Isoleucine，Ile)	$CH_3CH_2CH(CH_3)-CH(NH_2)COOH$	必需氨基酸
2. 羟基一氨基一羧基氨基酸		
丝氨酸(Serine，Ser)	$CH_2(OH)-CH(NH_2)COOH$	
苏氨酸(Threonine，Thr)	$CH_3CH(OH)-CH(NH_2)COOH$	必需氨基酸
3. 一氨基二羧基氨基酸		
天门冬氨酸(Aspartic acid，Asp)	$HOOCCH_2-CH(NH_2)COOH$	
谷氨酸(Glutamic acid，Glu)	$HOOCCH_2CH_2-CH(NH_2)COOH$	
4. 二氨基一羧基氨基酸		
精氨酸(Arginine，Arg)	$H_2NC(NH)NHCH_2CH_2CH_2-CH(NH_2)COOH$	
赖氨酸(Lysine，Lys)	$H_2NCH_2CH_2CH_2CH_2-CH(NH_2)COOH$	必需氨基酸
5. 含硫氨基酸		
半胱氨酸(Cysteine，Cys)	$HSCH_2-CH(NH_2)COOH$	
胱氨酸(Cystine，(Cys))₂	$\begin{array}{l} S-CH_2-CH(NH_2)COOH \\ \mid \\ S-CH_2-CH(NH_2)COOH \end{array}$	
蛋氨酸(Methionine，Met)	$CH_3SCH_2CH_2-CH(NH_2)COOH$	必需氨基酸
6. 含环氨基酸		
苯丙氨酸(Phenylalanine，Phe)	⬡$-CH_2-CH(NH_2)COOH$	必需氨基酸
酪氨酸(Tyrosine，Tyr)	$HO-$⬡$-CH_2-CH(NH_2)COOH$	
脯氨酸(Proline，Pro)	$\begin{array}{l} CH_2-CH-COOH \\ H_2C \qquad\quad \mid \\ CH_2-NH \end{array}$	

（续）

名　　称	化　　学　　式	
羟脯氨酸（Hydroxyproline，Hpr）	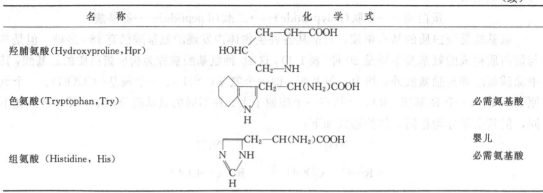	
色氨酸（Tryptophan，Try）		必需氨基酸
组氨酸 （Histidine，His）		婴儿 必需氨基酸

　　由于氨基酸在肽链（peptide chains）中的排序和空间排布不同，使蛋白质呈现 1～4 级结构，每一种蛋白质都有其特定的结构，从而在生物体内形成其特定的功能。图 1-3 是不同食品

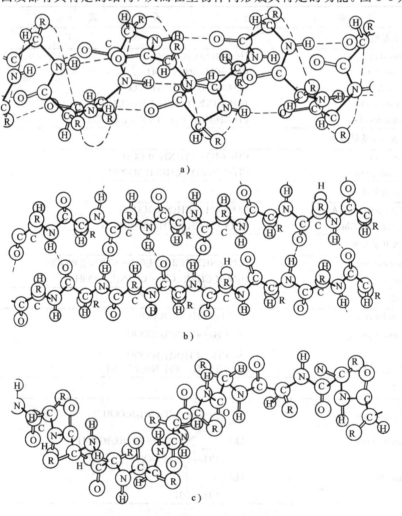

图 1-3　几种食品材料的蛋白质结构

a)牛乳中 α 螺旋结构　　b)肌肉中 β 结构　　c)蛋白溶液中排列结构

材料中的蛋白质结构[3]。在冷冻冷藏中，只要结构发生变化，食品的质量即发生了变化。

根据氨基酸是否能在人体内合成，氨基酸可分为必需氨基酸(essential amino acids)和非必需氨基酸(non-essential amino acids)。必需氨基酸在人体内不能合成，只能通过水解食品中的蛋白质获得。而非必需氨基酸在人体内能够合成。若蛋白质中含有各种必需氨基酸，且比例合理，则称此蛋白质为完全蛋白质或高级蛋白质；若缺少一种或几种必需氨基酸，或必需氨基酸间比例失调，则为不完全蛋白质或低级蛋白质。因此，蛋白质营养价值的高低取决于所含必需氨基酸的数量和比例(表1-2)。

表1-2　常见食物蛋白质生物价值(Biological Value)(被利用的氮/被吸收的氮)

动 物 性 食 品						植 物 性 食 品				
牛乳	鸡蛋	猪肉	鲑鱼	牛肉	平均	稻米	白面粉	豆腐	大豆（生）	平均
0.85	0.94	0.74	0.72	0.69	0.79	0.77	0.52	0.65	0.57	0.63

2. 食物中的蛋白质

蛋白质可分为单纯蛋白质(simple proteins)和结合蛋白质(conjugated proteins)。单纯蛋白质水解时只能产生氨基酸；而结合蛋白质水解时除产生氨基酸外，还有其他化合物，如糖、磷酸、金属有机化合物、核酸等。

单纯蛋白质包括清蛋白(albumins)、球蛋白(globulins)、谷蛋白(glutelins)、醇溶谷蛋白(prolamines)、组蛋白(histones)、精蛋白(spermatines)、硬蛋白(scleroproteins)等；结合蛋白质包括核蛋白(nucleoproteins)、磷蛋白(phosphoproteins)、脂蛋白(lipoproteins)、糖蛋白(glyco-proteins)、色蛋白(chromoproteins)等。

动物肌肉中的蛋白质主要是肌球蛋白(myosin)和肌动蛋白(actin)。动物皮、骨、结缔组织中的蛋白质主要是胶元(collagen)。它也是一种蛋白质，主要由脯氨酸、羟脯氨酸、甘氨酸等组成，胶元受热分解后产生明胶。动物乳中的蛋白质主要是酪蛋白(casein)、乳球蛋白(lac-toglobulins)和脂肪球膜蛋白等组成。

在谷类、豆类等植物性食品中，面粉含有的蛋白质主要是构成面筋的醇溶谷蛋白和谷蛋白以及可溶性的清蛋白和球蛋白等。豆类等油料作物中的蛋白质主要是球蛋白，如大豆球蛋白、豌豆球蛋白等。

3. 蛋白质的主要性质

(1) 两性电解质(amphoteric electrolyte)　蛋白质既能和酸作用，又能和碱作用。在酸性环境中，各碱性基团与H^+结合，使蛋白质带正电荷；在碱性环境中，酸性基团解离出H^+，与环境中的OH^-结合成水，使蛋白质带负电荷。当溶液在某一特定的pH值时，蛋白质所带的正电荷与负电荷恰好相等，蛋白质不显电性，这时溶液的pH值称为该蛋白质的等电点(iso-electric point, IEP)。蛋白质处于等电点时，将失去胶体的稳定性而发生沉淀现象。

(2) 蛋白质的胶凝性质(gelling property)　蛋白质的直径约为$1\sim100nm$，其颗粒尺寸在胶体粒子范围内，是亲水化合物。在水溶液中，由于其表面带有很多极性基团，被具有极性的水分子所包围(图1-4)，使蛋白质颗粒分散在水溶液中呈溶胶状态。从图中可以看出，包围蛋白质颗粒的水分子是从有序排列到无序排列逐渐变化的，越靠近蛋白质颗粒的水分子，与其结合力越强，其溶解度、蒸汽压、冰点等均显著下降，而粘度却显著上升。

蛋白质在食品中的另一种存在状态是凝胶态，它与蛋白质溶液的温度有关。当温度下降时，可由溶胶态转变为凝胶态。溶胶态可看作是蛋白质颗粒分散在水中的分散体系；而凝胶态则可看作是水分散在蛋白质中的一种胶体状态。

（3）蛋白质的热变性（heat denaturation）　当蛋白质受不同温度（加热或冷冻）和其他因素作用时，蛋白质的构象可发生变化，使其物理和生物化学性质也随之变化，这种蛋白质称为变性蛋白质。变性蛋白质在溶液中溶解度下降，同时也失去了其生理活性功能。在日常生活中，蛋清受热凝固、毛发受热卷曲、肉类解冻后汁液流失等都是蛋白质变性的表现。

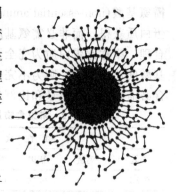

图 1-4　极性水分子在蛋白质颗粒表面的排列状态

二、脂肪（fats）

1. 脂肪的成分

脂肪在食品中的作用主要是提供热量，1g 脂肪的发热量平均可达 38kJ，约为同等重量的糖和蛋白质发热量的 2.2 倍以上，是食品中热量最高的营养素。

脂肪主要由甘油（glycerol）和脂肪酸（fatty acids）组成，其中也常有少量的色素、脂溶性维生素和抗氧化物质。脂肪的性质与脂肪酸关系很大，脂肪酸可分为饱和脂肪酸和不饱和脂肪酸。脂肪中含有的饱和脂肪酸成分越多，其流动性越差。习惯上称常温下呈固态的脂肪为脂，如多数动物性脂肪。反之则称为油，如豆油、花生油、芝麻油、菜油等各种植物油。

在天然脂肪中，脂肪酸多以偶数碳原子直链形式存在（图 1-5）。其中链越长，沸点就越高，熔点也有不规则的增高；双键越多，不饱和程度越高，氧化也越快。陆上动、植物脂肪中以 C_{18} 脂肪酸居多，C_{16} 脂肪酸次之；水产动物脂肪中以 C_{20} 和 C_{22} 脂肪酸居多；两栖类、爬行类、鸟类及啮齿类脂肪中的脂肪酸组成介于水产动物和陆生高等动物之间。

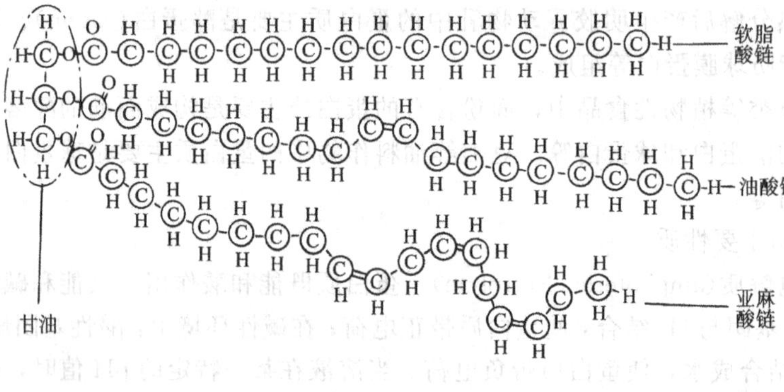

图 1-5　脂肪结构

在高等陆生动物脂肪中，脂肪酸主要是软脂酸（palmitic acid，C_{16}）、油酸（oleic acid）和少量的硬脂酸（stearic acid，C_{18}）。哺乳动物乳汁中除软脂酸和油酸外，往往还有相当比例的短链脂肪酸（$C_4 \sim C_{10}$）。植物脂肪中的脂肪酸主要是软脂酸、油酸，视品种不同往往还含有亚油酸（linoleic acid）及（或）亚麻酸（linolenic acid）。水产动物脂肪中，不饱和脂肪酸的含量不但占绝大部分，而且种类也很多。淡水鱼类脂肪中以 C_{18} 不饱和脂肪酸的比例高，而海水鱼类脂肪中则以 C_{20} 及 C_{22} 不饱和脂肪酸居多。

2. 脂肪的性质

在脂肪性质中，与冷冻冷藏关系较为密切的是脂肪的水解和氧化性质。脂肪在酸、碱溶液中或在微生物作用下可迅速水解为甘油和脂肪酸，使甘油分离出来。脂肪酸在酶的一系列催化作用下可生成 β-酮酸，脱羧后成为具有苦味及臭味的酮类。脂肪变质的另一原因是脂肪酸链中不饱和键被空气中的氧所氧化，生成过氧化物(peroxide)。过氧化物继续分解产生具有刺激性气味的醛、酮或酸等物质[3]。脂肪氧化也称为脂肪酸败(rancidity)，脂肪酸败不但使脂肪失去营养，而且也产生毒性。

可以从两个方面减少或避免脂肪酸败：一是向食品中添加天然抗氧化剂(antioxidant)或合成抗氧化剂，如单宁(tannin)、棉酚、生育酚(tocopherols)以及特丁基对苯二酚等；另一个是控制合理的加工贮藏条件。例如，在加工中尽量使脂肪保持合理的水分，研究表明，水分过高或过低都将加速脂肪的氧化酸败过程，而单分子层水分稳定脂肪效果最好。此外，在贮藏中应该尽量创造干燥、低温、缺氧和避光的环境。

三、糖(sugar)

糖的主要组成元素是碳、氢、氧，而且其中氢和氧的比例总是 2∶1，恰好与水中的氢和氧比例相同，所以，糖也被称为碳水化合物(carbohydrate)。糖主要存在于植物性食品中，占植物干重的 50%～80%。糖是人体热量的重要来源，1g 葡萄糖在体内完全氧化可以产生 16kJ 的热量。糖也是参与人体重要代谢过程的主要物质成分。

糖一般可分为单糖、低聚糖和多糖三类。单糖是糖类中不能再水解的化合物，是最小分子的糖，如葡萄糖、果糖、半乳糖、核糖等；低聚糖是指能被水解成 2～10 个单糖分子的糖，在食品中主要有蔗糖、麦芽糖、乳糖、棉籽糖等；多糖是指能被水解生成更多的单糖和低聚糖的糖，食品中主要有淀粉、纤维素、果胶等。

与蛋白质分子一样，低聚糖和多糖也与其构成中的单糖种类和结构有关，只是比蛋白质分子简单许多。如淀粉和纤维素均由葡萄糖组成，但由于二者在空间结构上存在微小差别，使二者的理化性质和营养价值差别悬殊(图 1-6)[3]。

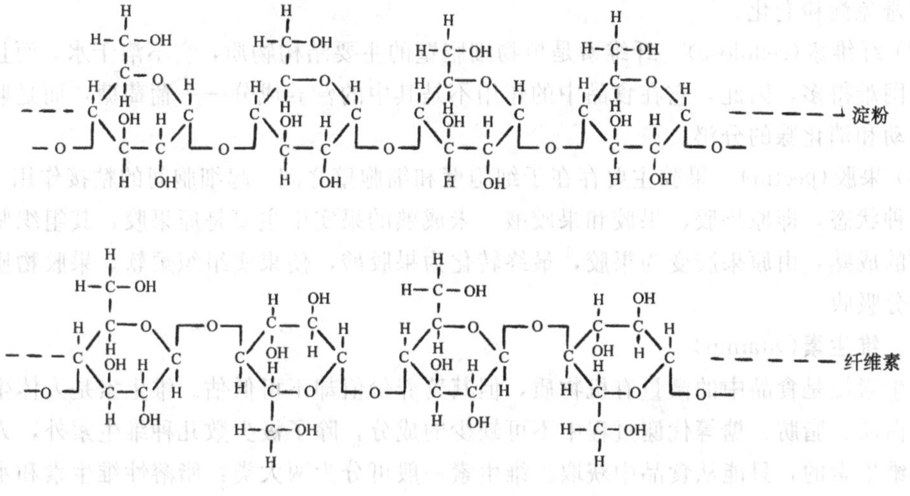

图 1-6　淀粉与纤维素结构图

1. 单糖(monosaccharide)

单糖易溶于水，具有甜味。

(1) 葡萄糖($C_6H_{12}O_6$)(glucose)　葡萄糖广泛存在于植物体内，但在葡萄汁中的含量最多。葡萄糖是生物细胞所能直接利用的唯一糖类，也是食品中其他重要糖类（如蔗糖、淀粉、纤维素等）的主要组成部分。

（2）果糖（fructose） 果糖与葡萄糖的分子式相同，仅结构式不同而已，也是食品成分中的重要单糖。果糖几乎总是和葡萄糖共存于植物体内，甜度是葡萄糖的 $2\sim5$ 倍，风味好，易被人体所吸收。

2. 双糖（$C_{12}H_{22}O_{11}$）（disaccharide）

双糖是由两个单糖分子通过糖苷键连接起来的糖。双糖易溶于水，有甜味，能形成结晶，食品中主要的双糖有蔗糖、麦芽糖和乳糖。

（1）蔗糖（sucrose） 蔗糖是由葡萄糖和果糖组成的，它大量存在于甘蔗和甜菜中，甘蔗中约含蔗糖 $12\%\sim18\%$，而甜菜中约含蔗糖 $16\%\sim18\%$。此外，在其他果实和蔬菜中也含有蔗糖。蔗糖在酸或酶的作用下极易水解而生成单糖的混合物，即葡萄糖和果糖的混合物，这种混合物也称为转化糖（invert sugar）。

（2）麦芽糖（maltose） 麦芽糖由两分子葡萄糖组成，它大量地存在于各类种子的胚芽中，其中大麦麦芽含量最多。麦芽糖在淀粉酶的催化下能水解成葡萄糖。

（3）乳糖（lactose） 乳糖是由半乳糖和葡萄糖组成，主要存在于动物的乳汁中，在植物性食品中很少发现。

3. 多糖（polysaccharide）

多糖一般不溶于水，无甜味，在酸或酶的作用下可水解为数百至数千个单糖。

（1）淀粉（starch） 淀粉在谷物和薯类中含量最多，是人类的主要食物。淀粉呈颗粒状，在一定的温度下，吸水后体积膨胀约 $50\sim100$ 倍，由淀粉大颗粒分解为细小淀粉分子而形成胶体溶液，此过程称为淀粉糊化（gelatinization）。糊化后的淀粉称为 α-淀粉，在适宜的温度下长期存放，α-淀粉会发生老化（retrogradation），老化是胶体溶液中淀粉分子重新聚集与结晶的过程。与生淀粉（β-淀粉）比较，老化后的淀粉不易被人体所吸收，因此，在工业上常采用 $-20℃$ 速冻来避免淀粉老化。

（2）纤维素（cellulose） 纤维素是植物细胞壁的主要结构物质，它不溶于水，而且水解也比淀粉困难得多，因此，它在食品中的作用不是其中的营养成分——葡萄糖，而是刺激胃肠道的蠕动和消化腺的分泌。

（3）果胶（pectin） 果胶主要存在于细胞壁和细胞壁之间，起细胞间的粘接作用。果胶一般有三种状态，即原果胶、果胶和果胶酸。未成熟的果实中主要是原果胶，其组织坚硬，随着果实的成熟，由原果胶变为果胶，最终转化为果胶酸，使果实组织柔软。果胶物质只能被人体部分吸收。

四、维生素（vitamin）

维生素虽是食品中的微量有机物质，但其营养价值却不可低估。维生素是人体生理过程以及蛋白质、脂肪、糖等代谢过程中不可缺少的成分，除了极少数几种维生素外，人体是不能合成维生素的，只能从食品中获取。维生素一般可分为两大类：脂溶性维生素和水溶性维生素。脂溶性维生素中有维生素 A（抗干眼病）、维生素 D（抗佝偻病）、维生素 E（促进生长发育）、维生素 K（帮助凝血）；水溶性维生素可分为 B 族和 C 族，它们包括维生素 B_1、B_2、B_5、B_6、B_{12} 等和维生素 C、维生素 P。冷冻冷藏对维生素的破坏较小。

五、酶（enzyme）

酶是活细胞产生的一种具有催化作用的特殊蛋白质，是极为重要的活性物质。没有酶的存在，生物体内的化学反应将非常缓慢，或者需要在高温高压等特殊条件下才能进行。有酶的存在，生物物质能在常温常压下以极高的速度和很强的专一性进行。食品加工与贮藏中，酶可来自食品本身和微生物两方面，酶的催化作用通常使食品营养质量和感官质量下降，因此，抑制酶的活性是食品加工贮藏中的重要内容之一。

由于酶是一种特殊的蛋白质，在不同的 pH 值环境下，其活性也不同，大多数酶的最适宜 pH 值在 4.5～8.0 范围内，即在中性、弱酸、弱碱环境中能够保持活性。

六、矿物质（mineral）

食品中除了构成水分和有机物质的 C、H、O、N 四种元素以外，其他元素统称为矿物质。根据人体对矿物质的需求量，可将矿物质分为常量元素和微量元素。含量在 0.01% 以上的元素称为常量元素；其他的为微量元素。钙、镁、磷、钠、钾、氯、硫为常量元素，铁、锌、铜、碘、锰、钼、钴、硒、铬、镍、锡、硅、氟、钒等为微量元素。人体对矿物质的需求量是不同的，过多或过少均会影响健康，如缺钙会导致人体骨质疏松；缺碘会使人体甲状腺肿大；钾过多会使人体血管收缩，造成四肢苍白无力，嗜睡甚至突然死亡等。人体所需要的矿物质主要从食品中获得，它们以无机盐形式存在于食品中[4]。

七、水分（water）

水是组成一切生命体的重要物质，也是食品的主要成分之一。水分存在的状态直接影响着食品自身的生化过程和周围微生物的繁殖状况，如图 1-7 和图 1-8 所示[5]，是食品加工和贮藏中主要考虑的成分。

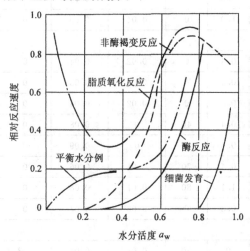

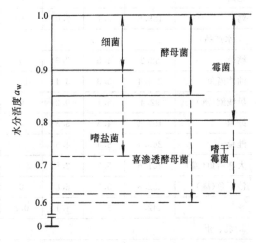

图 1-7　水分活度与食品生化反应速率的关系　　　　图 1-8　水分活度与微生物生长繁殖的关系

食品中的水分可分为自由水和结合水。自由水也称为游离水，主要包括食品组织毛细孔内或远离极性基团能够自由移动、容易结冰、能溶解溶质的水。自由水在动物细胞中含量较少，而在某些植物细胞中含量却较高。结合水包围在蛋白质和糖分子周围，形成稳定的水化层。结合水不易流动，不易结冰，也不能作为溶质的溶剂。结合水对蛋白质等物质具有很强的保护作用，对食品的色、香、味及口感影响很大。近年来研究表明，加热干燥或冷冻干燥可除去部分结合水，而冷冻冷藏对结合水影响却较小[6]。

食品中水的状态可用水分活度 a_w 表示(见第二章),纯水的活度 a_w 值为1,绝对干燥食品的 a_w 值为0,而绝大多数新鲜食品的 a_w 值在0.95以上。有些食品虽然水分含量较高,但自由水相对含量却较少,如冻藏、干燥、腌制(浸糖或浸盐)的各种食品,其水分活度较低。冻藏是将食品中的自由水冻结成冰,使各种微生物生长繁殖以及食品自身的生化反应失去传递介质而受到抑制的一种冷冻冷藏方法。

八、常见冷藏食品的营养成分

食品的营养成分与种类、产地和加工方法等多因素有关,表1-3是主要食品的营养成分。

表1-3 主要食品营养成分(每31.103g)[3]

食品名称	热量/J	蛋白质/g	脂肪/g	糖/g	钙/mg	铁/mg	维生素A/I.U	维生素B_1/mg	维生素B_2/mg	维生素C/mg
1. 畜禽肉										
猪肉	487.2	3.4	11.4	0	3	0.3	0	0.20	0.06	0
牛肉	373.8	4.2	8.0	0	3	1.1	14	0.02	0.07	0
羊肉	394.8	3.7	8.8	0	3	0.6	14	0.04	0.05	0
咸牛肉	289.8	7.1	4.5	0	3	3.1	0	0	0.04	0
牛肉(炖熟)	252	4.8	4.5	0	3	1.1	14	0.02	0.07	0
小牛肉	151.2	5.1	1.7	0	3	0.6	15	0.02	0.04	0
腌熏五花肉	537.6	3.1	12.8	0	3	0.3	0	0.17	0.06	0
兔肉	159.6	5.7	1.6	0	3	0.6	0	0.01	0.14	0
鸡	159.6	5.1	2.0	0	3	1.0	0	0.04	0.03	0
2. 水产品										
鳕鱼	88.2	4.5	0.3	0	7	0.3	0	0.02	0.04	0
油炸鳕鱼	239.4	5.3	3.4	1.4	24	0.3	0	0.01	0.03	0
黑线鳕(熏)	92.4	5.1	0.2	0	8	0.3	0	0.02	0.04	0
鲱鱼	197.4	4.5	3.3	0	28	0.4	40	0	0.08	0
鲑鱼	260.4	5.4	4.5	0	34	0.6	50	0	0.09	0
大麻哈鱼(罐)	201.6	5.7	2.8	0	85	0.4	70	0.01	0.06	0
沙丁鱼(罐)	352.8	5.7	6.8	0	114	1.1	80	0.01	0.08	0
龙虾	142.8	5.7	1.1	0.3	13	0.3	0	0.03	0.07	0
3. 乳、蛋										
鲜乳	71.4	0.9	1.0	1.2	34	0	30	0.01	0.04	0.3
浓缩乳(未加糖)	193.2	2.4	2.6	3.3	83	0.1	100	0.02	0.10	0
浓缩乳(加糖)	361.2	2.3	2.6	14.1	82	0.1	100	0.03	0.10	1
全脂乳粉	579.6	7.3	7.6	10.1	250	0.3	300	0.08	0.33	0
脱脂乳粉	407.4	10.2	0.2	13.6	350	0.3	10	0.11	0.45	0
奶油	886.2	0.1	23.4	0	4	0	1200①	0	0	0
切达干酪	491.4	7.1	9.8	0	230	0.2	400	0.01	0.14	0

（续）

食品名称	热量/J	蛋白质/g	脂肪/g	糖/g	钙/mg	铁/mg	维生素A/I.U	维生素B₁/mg	维生素B₂/mg	维生素C/mg
蛋	189	3.5	3.3	0.3	17	0.8	300	0.04	0.11	0
4. 水果										
葡萄	71.4	0.2	0	4.1	5	0.1	5	0.01	0.01	1
柑橘	42	0.2	0	2.2	12	0.1	30	0.02	0.01	16
苹果	50.4	0.1	0	3.0	1	0.1	0	0.01	0.01	1
葡萄柚	25.2	0.2	0	1.4	5	0.1	0	0.02	0.01	14
柠檬	21	0.2	0	0.8	20	0.1	0	0.01	0.01	12
干杏	210	1.4	0	11.1	26	1.2	500	0	0.12	0
李子	29.4	0.2	0	1.6	4	0.1	40	0.02	0.01	1
枣	285.6	0.6	0	16.3	19	0.4	10	0	0.01	0
干无花果	243.6	1.0	0	13.5	81	1.2	10	0	0.08	0
香蕉	88.2	0.3	0	4.9	2	0.1	10	0.01	0.01	3
罐装菠萝	84	0.1	0	4.9	3	0.2	5	0.01	0.01	3
干李脯	184.8	0.7	0	10.3	11	0.8	250	0.04	0.04	0
葡萄干	281.4	0.3	0	1.4	12	0.3	10	0.01	0.01	9
草莓	29.4	0.2	0	1.6	6	0.2	0	0	0.01	17
5. 蔬菜										
干豌豆	357	7.0	0	14.2	7	1.3	20	0.13	0.08	0
绿豌豆	71.4	1.6	0	2.7	14	0.5	50	0.12	0.03	8
胡萝卜	25.2	0.2	0	1.4	14	0.2	1700	0.02	0.01	3
马铃薯	88.2	0.6	0	4.6	2	0.2	0	0.03	0.02	2～8②
元葱	25.2	0.3	0	1.3	9	0.1	0	0.01	0.01	3
萝卜	21	0.2	0	1.0	17	0.1	0	0.01	0.01	7
花椰菜	25.2	0.7	0	0.8	14	0.2	0	0.03	0.02	20
菠菜	25.2	0.8	0	0.7	20	0.9	1200	0.03	0.06	18
莴苣	12.6	0.2	0	0.5	7	0.2	400	0.02	0.02	4
大白菜	29.4	0.4	0	1.4	18	0.3	90	0.02	0.02	20
芦笋	42	1.2	0	1.1	8	0.3	40	0.03	0.02	28
韭菜	29.4	0.7	0	1.1	14	0.4	70	0.03	0.02	6
宽菜豆	80.2	2.0	0.1	2.7	8	0.3	0	0.05	0.04	8
西红柿	16.8	0.3	0	0.7	4	0.1	300	0.02	0.01	7
小扁豆	344.4	6.8	0	13.6	11	2.2	0	0.13	0.02	0
水芹菜	16.8	0.8	0	0.2	63	0.4	500	0.03	0.02	17
刀豆	298.2	6.1	0	11.6	51	1.9	0	0.13	0.08	0

① 维生素A含量与季节及奶牛饲养方式有关。

② 维生素C含量随贮藏月份增加而减少。

第三节　食品冷冻冷藏保鲜原理

引起食品腐烂变质的主要原因是微生物作用和酶的催化作用，而作用的强弱均与温度紧密相关。一般来讲，温度降低均使作用减弱，从而达到阻止或延缓食品腐烂变质的速度。

一、温度对微生物(micro-organisms)的作用

食品冷冻冷藏中主要涉及的微生物有细菌(bacteria)、霉菌(moulds)和酵母菌(yeasts)，它们是能够生长繁殖的活体，因此需要营养和适宜的生长环境。动物性食品是它们生长繁殖的最好材料，而植物性食品只有在受到物理损伤或处于衰老阶段时，才易被微生物所利用。由于微生物能分泌出各种酶类物质，使食品中的蛋白质、脂肪等营养成分发生分解，并产生硫化氢、氨等难闻的气味和有毒物质，使食品失去食用价值[3]。

根据微生物对温度的耐受程度，将其划分为四类(表1-4)[7]，即嗜冷菌(psychrophile)、适冷菌(psychrotroph)、嗜温菌(mesophile)和嗜热菌(thermophile)。温度对微生物的生长繁殖影响很大。温度越低，它们的生长与繁殖速率也越低(表1-5，图1-9)[7]。当处在它们的最低生长温度时，其新陈代谢活动已减弱到极低的程度，并出现部分休眠状态。

表 1-4　根据生长温度(growth temperature)分类微生物

温度/℃	嗜冷菌	适冷菌	嗜温菌	嗜热菌
最低温度	<0~5	<0~5	10	40
最适生长温度	12~18	20~30	30~40	55~65
最高温度	20	35	45	>80

表 1-5　不同温度下微生物繁殖时间(generation time)

温度/℃	繁殖时间/h	温度/℃	繁殖时间/h
33	0.5	5	6
22	1	2	10
12	2	0	20
10	3	−3	60

二、温度对酶活性(enzyme activity)的影响

前已述及，食品中的许多反应都是在酶的催化下进行的，这些酶中有些是食品中固有的，有些是微生物生长繁殖中分泌出来的。

温度对酶活性(即催化能力)影响最大，40~50℃时，酶的催化作用最强。随着温度的升高或降低，酶的活性均下降(图1-10)。一般来讲，在0~40℃范围内，温度每升高10K，反应速度将增加1~2倍。一般最大反应速度所对应的温度均不超过60℃。当温度高于60℃时，绝大多数酶的活性急剧下降。过热后酶失活是由于酶蛋白发生变性的结果。而温度降低时，酶的活性也逐渐减弱。例如，若以脂肪酶40℃时的活性为1，则在−12℃时降为0.01；在−30℃时

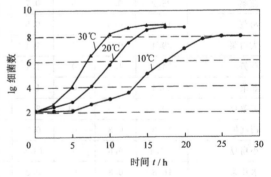

图 1-9　温度对微生物繁殖数量的影响

降为 0.001。酶活性虽在冷冻冷藏中显著下降，但并不说明酶完全失活，在长期冷藏中，酶的作用仍可使食品变质。当食品解冻后，随着温度的升高，仍保持活性的酶将重新活跃起来，加速食品的变质。商业上一般采用−18℃作为贮藏温度，实践证明，对于多数食品在数周至数月内是安全可行的。

基质浓度和酶浓度对催化反应速度影响也很大。例如，在食品冻结时，当温度降至−1～−5℃时，有时会呈现其催化反应速度比高温时快的现象，其原因是在这个温度区间，食品中的水分有80％变成了冰，而未冻结溶液的基质浓度和酶浓度都相应增加的结果[5]。因此，快速通过这个冰晶带不但能减少冰晶对食品的机械损伤，同时也能减少酶对食品的催化作用。

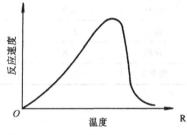

图 1-10　温度对酶活性的影响

三、温度对呼吸作用的影响

果蔬食品在冷却冷藏加工中(冰点以上)，呼吸是植物性食品维持生命代谢特有的现象。呼吸可分为有氧呼吸和缺氧呼吸。有氧呼吸的实质是在酶的催化下消耗自身能量的氧化过程，使其中的糖类和有机物质分解为 CO_2 和 H_2O，同时放出大量的热，其化学反应式为

$$C_6H_{12}O_6+6O_2=6CO_2+6H_2O+2822kJ/gmol \tag{1-1}$$

缺氧呼吸是在氧气不足的环境下，糖类自身分解为乙醇和 CO_2，同时放出少量热的过程，其反应式为

$$C_6H_{12}O_6=2C_2H_5OH+2CO_2+117kJ/gmol \tag{1-2}$$

无论是有氧呼吸还是缺氧呼吸，呼吸都使食品的营养成分损失，而且呼吸放出的热量与有毒物质也加速食品的变质。由于呼吸是在酶的催化下进行的，因此，呼吸速率的高低可用温度系数 Q_{10} 衡量：

$$Q_{10}=\frac{K_2}{K_1} \tag{1-3}$$

式中　Q_{10}——温度每增加 10K 时因酶活性变化所增加的化学反应率；

K_1——温度 T 时酶活性所导致的化学反应率；

K_2——温度增加到 $T+10K$ 时酶活性所导致的化学反应率。

多数果蔬的 Q_{10} 为 2～3，即温度上升 10K，化学反应速率增加 2～3 倍。表 1-6、表 1-7 是部分果蔬的 Q_{10} 值，从表中可见，0～10℃间温度变化对呼吸速率的影响较大。

表 1-6　水果呼吸速率的温度系数 Q_{10}

种　类	温　度/℃				
	0～10	11～21	16.6～26.6	22.2～32.2	33.3～43.3
草莓	3.45	2.10	2.20		
桃子	4.10	3.15	2.25		
柠檬	3.95	1.70	1.95	2.00	
桔子	3.30	1.80	1.55	1.60	
葡萄	3.35	2.00	1.45	1.65	2.50

表 1-7　蔬菜呼吸速率的温度系数 Q_{10}

种类	温度的变化范围/℃		种类	温度的变化范围/℃	
	0.5~10.0	10.0~24.0		0.5~10.0	10.0~24.0
芦笋	3.7	2.5	莴苣	1.6	2.0
豌豆	3.9	2.0	番茄	2.0	2.3
菠菜	3.2	2.6	黄瓜	4.2	1.9
辣椒	2.8	2.3	马铃薯	2.1	2.2
胡萝卜	3.3	1.9	豆角	5.1	2.5

参 考 文 献

1　Koelet C. Industrial Refrigeration. London：The Macmillan Press ltd，1992

2　Goldblith S. A.，Rey L.，and Rothmayr W. W. Freeze Drying and Advanced Food Technology. London：Academic Press，1975

3　Magnus Pyke. Food Science and Technology. 4th ed. John Murray ltd，1981

4　天津轻工业学院，无锡轻工业学院·食品生物化学·北京·中国轻工业出版社，1994

5　Mohamed B. G and Daniel Y. C. F. Critical Review of Water Activities and Microbiology of Drying of Meats. CRC Critical Reviews in Food Science and Nutrition，Vol. 25，1986，159-179

6　Shalaev E. Y and Franks F. Changes in the Physical State of Model Mixtures during Freezing and Drying：Impact on Product Quality. Cryobiology，33，1996，14-26

7　G. M. Hall. Fish Processing Technology，2nd ed. London：Blackie Academic & Professional，1997

第二章 食品冷冻过程的物理化学基础

第一节 食品的物理化学特点

食品不仅是多组分、多相、非均质的物质系统,而且是物理化学性质不稳定的极其复杂的物质系统。现以面包为例加以说明[1]。

一、面包的多组分

面包中主要是面粉(wheat flour)和水,并含有少量的空气、食盐、糖、酵母和发酵的醇。面粉的主要成分是面筋(gluten)、蛋白质(proteins)、淀粉(starch)、脂肪(fats)和其他多糖(polysaccharides)等。

二、面包内的多相

其中的气相有空气、水蒸气和多种挥发物;其中的固相有结晶的、非结晶的。如新鲜面包中少量的淀粉是晶状的,随着存放时间的增长,其晶状的数量也要增多。面包中的蛋白质组分大多是非晶态的。面包中也存在着液相,1988年Belton对于面筋蛋白质进行了核磁共振(proton NMR)研究,发现某些和面筋蛋白质结合的脂质的行为更似液相,而不是固相。

三、面包是非均质的系统

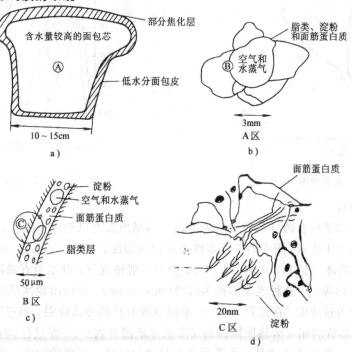

图 2-1 食品(如面包)是多组分、多相、非均质的复杂系统

a)10~15cm b)3~12mm c)50μm d)20nm

从大小不同尺寸来分析，面包都是非均质系统(图 2-1)。先就整条面包而言(图 a)，其表面是部分焦化(partial carbonization)含水量低的面包皮(crust)，而中间是含水量较高的面包芯(crumb)；

如观察到毫米级（mm），就会看到脂质、淀粉和面筋，其中间有一些空间，内含有空气和水蒸气(图 b)；如果观察尺寸缩小到微米(μm)、纳米(nm)级，就会看到更复杂的多组分、非均质的结构(图 c、d)。

四、面包是物理化学不稳定的系统

当新鲜面包被放置一段时间后，其结构要发生变化。面包内水的状态会随着存放条件和存放时间的长短发生明显的变化。

第二节 水的相图和水的冻结特性

一、水和冰的相图

水和冰的相图分别如图 2-2 和图 2-3 所示。

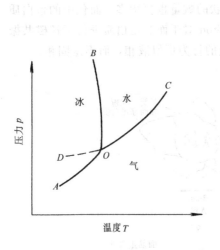

图 2-2 水的相图

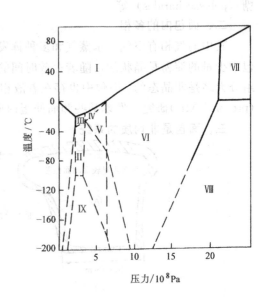

图 2-3 冰的相图

二、降温曲线

我们将一个内盛纯水的样品置于降温槽内。当槽内温度以等速下降时，槽温和样品温度的变化情况如图 2-4 所示。图中的斜长虚线表示槽内温度；实线表示水温。纯水在一个大气压(1at＝98kPa)下的冰点是 273.15K(即 0℃)，但在一般情况下，纯水只有被冷却到低于 0℃的某一温度时才开始冻结。这种现象被称为过冷(subcooling)。开始出现冰晶的温度与相平衡冻结温度之差，称为过冷度。在过程 abc 中，水以释放显热的方式降温；当过冷到点 c 时，由于冰晶开始形成，释放的相变潜热使样品的温度迅速地回升到 0℃，即过程 cd；在过程 de 中，水在平衡的条件下，继续析出冰晶，不断释放大量固化潜热。在此阶段中，样品温度保持恒定的平衡冻结温度 0℃；当全部水被冻结后，固化的样品以较快速率降温。ef 段的降温速率可能远大于槽温的下降速率。

三、过冷和成核

冰晶的成核(nucleation)过程主要由热力学条件决定,而冰晶的生长过程主要由动力学条件决定。

当水处于过冷态(亚稳态)时,可能以两种形式形成冰晶核心(晶核,nuclei),即均匀成核(homogenous nucleation)和非均匀成核(heterogenous nucleation)。均匀成核是指在一个体系内各处的成核几率均相等;由于热起伏(或热涨落)可能使原子或分子一时聚集成为新相的集团(又称为新相的胚芽,embryos),若胚芽大于临界尺寸时就成为晶核。对于均匀成核,要求有较大的过冷度。例如,对很纯的微小水滴,已发现到 -40℃或更低的温度还未结冰。

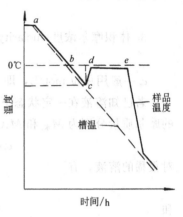

图 2-4 纯水的降温曲线

非均匀成核,又称异相成核,是指水在尘埃、容器表面及其他异相表面等处形成晶核。对于非均匀成核,所要求的过冷度比均匀成核要小得多。对于体积较大的水,一般均具有异相成核的条件,因此只要温度比 0℃稍低几度就能形成冰晶核[2]。

第三节 水溶液的冻结和特性

一、溶液组成的表示法

两种或多种物质均匀混合,而且彼此呈分子状态分布的物质均可称为溶液(solution)。溶液可以是液态的,也可以是气态的或固态的。我们这里讨论的是由水和一种或几种物质组成的液态溶液,且将水称为溶剂(solvent),将其他物质称为溶质(solute)。

人们常用不同的浓度表示法,因此要了解这些表示法的确切含义以及相互之间的转换关系[3]。

1. 摩尔分数(mole fraction)x_s

溶液中某一溶质 s 的摩尔分数被定义为

$$x_s = n_s/(n_水 + \Sigma n_s) = n_s/n_总 \tag{2-1}$$

式中 n_s、$n_水$、Σn_s 及 $n_总$——该种溶质的、水的、各种溶质的以及溶液的 "物质的量",单位为 mol。

按 SI 制,mol 是 "物质的量" 的单位,若一系统中所含的基本单元数与 0.012kg 的 C_{12} 的原子数目相等,则该系统的量为 1mol。摩尔分数又被称为物质的量分数。

2. 质量摩尔浓度(molality)m_s

$$m_s = n_s/(m_水) \tag{2-2}$$

式中 $m_水$——水的质量,单位为 kg。

即 1kg 水(溶剂)中所含某种溶质 s 的摩尔数,单位为 mol/kg。x_s 和 m_s 的关系是

$$x_s = n_s/(n_水 + \Sigma n_s) =$$
$$(n_s/m_水)/[(n_水/m_水) + (\Sigma n_s/m_水)] =$$
$$m_s/(1/M_水 + \Sigma m_s)$$

即 $x_s = M_水\ m_s/[1 + M_水\ \Sigma m_s]$ (2-3)

式中 $M_水$——水的摩尔质量，为 18.015×10^{-3}kg/mol。

对于很稀的溶液

$$x_s = m_s M_水$$ (2-4)

3. 体积摩尔浓度(molarity)c_s

$$c_s = n_s/(溶液的体积)$$ (2-5)

c_s 一般用单位 mol/L，即 mol/dm³。

若已知溶液在一定状态下的密度为 ρ(单位为 kg/m³)，则溶液的质量为 ρV，而水和溶质的摩尔质量分别为 $M_水$ 和 M_s(单位均为 kg/mol)，可以得到下列关系：

$$c_s/x_s = \rho(n_水 + \Sigma n_s)/(n_水\ M_水 + \Sigma n_s M_s)$$ (2-6)

对很稀的溶液，有

$$x_s = c_s M_水/\rho$$ (2-7)

和

$$m_s = c_s/\rho$$ (2-8)

在计算中要留意所用的单位，如 $M_水$ 应取 18×10^{-3}kg/mol，对很稀的溶液 $\rho \approx 10^3$kg/m³ 等。

4. 质量分数(mass percent)w_s

质量分数定义为该种溶质的质量与溶液总质量之比值：

$$w_s = n_s M_s/(n_水\ M_水 + \Sigma n_s M_s)$$ (2-9)

二、稀溶液的依数性质

我们先讨论由水和某种不挥发性非电解质的溶质所组成的二元溶液，存在下列四种依数性质：

1) 稀溶液中水的蒸汽压 $p_水$ 等于纯水的蒸汽压 $p_水^0$ 乘以溶液中水的摩尔分数 $x_水$；或者可以说，溶液中水的蒸汽压的降低值 $p_水^0 - p_水$ 等于纯水的蒸汽压 $p_水^0$ 乘以溶质的摩尔分数 x_s。

$$p_水^0 - p_水 = p_水^0\ x_s$$ (2-10)

这个关系被称为拉乌尔定律(Raoult's Law)。

2) 在相同的外压下，稀溶液的沸点 T_b 要高于纯水的沸点 T_b^0，其沸点升高值(boiling-point elevation)正比于溶液的质量摩尔浓度 m_s。

$$\Delta T_b = T_b - T_b^0 = K_b m_s$$ (2-11)

$$K_b = RM_水(T_b^0)^2/r$$ (2-12)

式中 K_b——沸点升高常数(ebullioscopic constant)；

R——摩尔气体常数，$R = 8.314$J/(K·mol)；

r、$M_水$、T_b^0 纯水的摩尔蒸发热、摩尔质量和沸点。

当 $T_b^0 = 373.15$K 时，$r = 40.6$kJ/mol；可求得 $K_b = 0.51$K/(mol/kg$_水$)。

3) 在相同的外压下，当温度降低时，若水和溶质不生成固溶体，而且生成的固态是纯冰，则稀溶液中水的冰点 T_f 要低于纯水的冰点 T_f^0；其冰点的降低值(freezing point depression)正比于溶液的质量摩尔数。即

$$\Delta T_f = T_f^0 - T_f = K_f m_s$$ (2-13)

$$K_f = RM_水(T_f^0)^2/L_f$$ (2-14)

式中　　K_f——凝固点降低常数(cryoscopic constant)；

　　　　L_f——冰在 T_f^0 温度下的摩尔融化热。

当 $T_f^0 = 273.15K$ 时，$L_f = 6.003kJ/mol$，可得出 $K_f = 1.86K/(mol/kg_{水})$。

4）稀溶液的渗透压的依数性质。这将在后面讨论。

稀溶液的上述性质被称为稀溶液的依数性质(colligative properties)。这是因为当溶剂的种类确定后，稀溶液的这些性质只取决于所含溶质分子的数目，而与溶质的本性无关[2]。

三、实际水溶液的冰点降低性质

对于理想的由非电解质溶质构成的稀溶液，实验已表明其冰点降低正比于溶液的质量摩尔浓度 m_s，即式(2-13)。若溶质是电解质，它可能部分或全部离解成正、负离子。离解后正离子、负离子以及未离解的分子，均能以相当于理想非电解质溶质分子那样的方式，对溶液的冰点降低起作用。亦即式(2-13)中的 m_s 应被 m_+、m_- 和 m_u 三者之和所代替。m_+、m_- 和 m_u 分别为电解质溶液中正离子、负离子以及中性分子的质量摩尔浓度。

对于溶液的非理想性对蒸汽压的影响，常用活度(activity)和活度系数(activity coefficient)来考虑。

对于溶液的非理想性对冰点降低的影响，许多人习惯用渗摩尔浓度(osmolality)来表示，即对非理想的电解质溶液，也直接运用下式表示冰点下降的性质

$$\Delta T_f = K_f \Omega \tag{2-15}$$

这里的值 K_f 与式(2-14)相同；而 Ω 是质量渗摩尔浓度(Osmolality)。非理想溶液的渗摩尔浓度数值上等于能起到相同 ΔT_f 效果的理想稀溶液中的质量摩尔浓度；而 Ω 与溶液的实际质量摩尔浓度 m_s 之比，被称为渗透系数(osmotic coefficient)[2]。

四、水溶液的冻结特性

现以含盐(NaCl)的水溶液为例，说明冻结过程中溶液的温度和浓度的变化关系。图2-5示出的是 NaCl + H_2O 二元溶液相图的左半部分（即低浓度部分）。A 点代表在标准大气压(1atm = 101kPa)下纯水的冰点，即 273.15K；E 点是低共熔点(eutectic point)，是液相和两种固相的三相共存点。曲线 AE 反映了溶液的冰点降低的性质。现在来看溶液的冻结曲线。设溶液的初始质量分数为 w_1，由室温 T_m 开始被冷却。在液相区，其温度降低，但浓度不变，即沿垂直线 a_1b_1 下行；当温度降到 T_{b1} 时($T_{b1} < T_A$，其差值决定于溶液的初始质量摩尔浓度)，溶液中开始析出固相的冰，从此体系的物系点就进入了 ABE 的固液两相共存区。固相冰的状态用 AB 线（质量分数为0）上的点来表示，如 b_1 点的冰点温度就是 T_{b1}；液相的状态用 AE 线上的点表示。对两相共存的体系进行降温，由于固相冰的不断析出，使剩余的液相溶液的质量分数不断提高，冰点不断降低，直至低共熔点 E 后，全部剩余的液相成固态，成为共熔体。

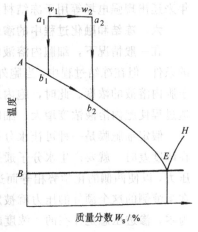

图 2-5　NaCl 水溶液的冻结曲线

若在室温 T_m 下，溶液的初始质量分数由 w_1 提高到 w_2，则溶液中液相部分的状态变化就沿着 a_2b_2E 的曲线进行。

上述讨论的是在一般的降温速率时所发生的均匀冻结情况。如果初始浓度较大，且降温

速率极高，溶液来不及析出冰，溶液温度被降至低于 T_b，甚至低于 T_E，就可能使溶液非晶态固化。我们将在本章第七节详细讨论这个问题。

五、融化过程的特点

融化过程的作用是将已冻结的食品材料进行复温，力求使之恢复到原先未冻结前的状态。虽然它是冻结过程的逆过程，但融化过程的温度控制却比冻结过程要困难得多，也很难达到高的复温速率。

在融化过程中，样品的外层首先被融化，供热过程必须先通过这个已融化的液体层；而在冻结过程中，样品外层首先被冻结，吸热过程通过的是冻结层。表 2-1 列出冰和水一些热物理性质的数据。冰的比热容只有水的一半，热导率却为水的 4 倍，导温系数为水的 8.6 倍。因此，冻结过程的传热条件要比融化过程好得多，在融化过程中，很难达到高的复温速率。

表 2-1 0℃ 水和冰的某些热物理性质的比较

物理量	密度/kg·m^{-3}	比热容/kJ·(kg·K)$^{-1}$	热导率/W·(m·K)$^{-1}$	热扩散率/m²·s^{-1}
冰	917	2.120	2.24	11.5×10^{-7}
水	999.87	4.2177	0.561	1.33×10^{-7}

此外，在冻结过程中，人们可以将库温降得很低，以增大它与食品材料的温度差来加强传热，提高冷却速率。可是在融化过程中，库温却受到食品材料的限制，否则将导致组织破坏。所以融化过程的热控制要比冻结过程更为困难[2]。

用微波技术进行冻结材料的复温也是人们使用的一种方法，它的加热是内部加热，可望得到较高的复温速率和较均匀的温度分布。但它也有自己的问题，如微波功率透过食品材料时的剧烈衰减、组织对最高温度的限制、微波场内材料温度测量和微波功率控制的困难等。近年来还出现强电场等用于冻结材料的复温的新方法。

六、冻结和融化过程中的渗透现象

在一般情况下，细胞内溶液的浓度总要和细胞外溶液的浓度基本相同，即保持内外等渗的条件。但在冻结过程中，当胞外溶液中的水分开始冻结成冰，胞外液相溶液的浓度上升，高于胞内溶液的浓度。此时，胞内水分就有透过细胞膜向外渗透，达到新平衡的趋势。这一渗透过程使胞内溶液浓度增大、细胞体积缩小。

假定细胞膜是一种可让水分子自由通过，而不允许溶质分子通过的半透膜；当膜内外存在浓度差时，就要产生水分子通过细胞膜的渗透。对此情况，我们可以在浓度高的一侧增大压力，以使两侧的化学势相等而达到平衡，阻止渗透。当膜一侧为溶液，另一侧为纯水时，加在溶液侧的这个额外的压力就被定义为溶质的渗透压 Π(osmotic pressure)。因此，只要浓度不为零，渗透压总是存在的，浓度越高，渗透压越大。

对于理想稀溶液，渗透压也是一个依数性质，可以证明渗透压为

$$\Pi = RTx_s / v_{水}^0 \tag{2-16}$$

式中　$v_{水}^0$——纯水的摩尔体积，约为 $18×10^{-3}$ L/mol；

　　　T——热力学温度，单位为 K。

其他符号同前。

按定义 $x_s = n_s/(n_s + n_水)$。对稀溶液，可以近似为 $x_s = n_s/n_水$，而 $n_水 v_{水}^0$ 就是溶液中水的体

积 $V_水$，这样式(2-16)可以改写成：

$$\Pi V_水 = n_s RT \tag{2-17}$$

这个关系式被称为 Van't Haff 方程，它和理想气体的状态方程式具有完全相同的形式；渗透压是状态参数。

由于 $m_s = n_s/m_水$，所以式(2-17)可以改写成：

$$\Pi = K_{os} m_s \tag{2-18}$$

即渗透压正比于溶质的质量摩尔浓度 m_s。K_{os} 称为渗透压常数(osmotic pressure constant)。

对于 37℃的水，渗透压常数 $K_{os} = 2.54 \times 10^6 Pa \cdot (mol/kg_水)^{-1}$。

这意味着只要有很少量的溶质，就能使溶液具有很高的渗透压力。

在单位时间内，由细胞膜的单位面积上渗透出来的水流率 $J_水$ 可以表示为

$$J_水 = p_水(\Pi^e - \Pi^i) \tag{2-19}$$

式中　Π^e、Π^i——膜外和膜内的渗透压；

　　　$p_水$——细胞膜的水渗透率(water permeability of cell membrane)，是个唯象系数，常用单位是 $\mu m^3/(\mu m^2 \cdot min \cdot atm)$。（1atm=0.1MPa）

水渗透所引起的单位时间内细胞内水量减少和细胞体积的降低可表达为

$$J_水 = -(1/A)(dV_水/dt) = -(1/A)(dV_胞/dt) \tag{2-20}$$

式中　A——细胞的表面积；

　　　t——时间。

联立上述两式，即得

$$dV_胞/dt = p_水 A(\Pi^i - \Pi^e) \tag{2-21}$$

此式可以用来反映在冻结过程中，由于胞外冰的形成和增多、胞内外渗透压不同，而引起细胞体积变化的情况[2]。

第四节　食品材料中水的特性

一、食品—水系统的热力学

1. 水在生命系统中的作用

水在生命系统中具有极其重要的作用，是其他物质所无法取代的。水是最好的溶剂，又具有很大的比热容、潜热、介电常数和表面张力等性质。食品中含有大量的水，按其和食品材料的结合情况，水大致可分为两类：一类是束缚水(bound water)。它以强氢链的形式和食品材料结合，很难分离；一类是自由水(free water)。

2. 相平衡热力学

在研究相平衡时，最方便的是应用被称为吉布斯自由能(Gibbs free energy)的热力学性质，定义

$$G = H - TS \tag{2-22}$$

式中　H、T 和 S——焓、热力学温度与熵。

根据热力学第一、二定理得出的热力学微分方程式：

$$TdS = dH - VdP \tag{2-23}$$

$$dG = dH - TdS - SdT \tag{2-24}$$

$$dG = VdP - SdT \qquad (2\text{-}25)$$

对于等压等温的相平衡过程：$dP=0$，$dT=0$

因此

$$dG = 0 \qquad (2\text{-}26)$$

即吉布斯自由能没有变化。

对于多组分系统，各组分的物质的量分别为 n_1，n_2，……，n_1，系统的吉布斯自由能 G 不仅和压力 p、温度 T 有关，而且与其各组分的物质的量有关，即 $G=G(p, T, n_1)$；表示成全微分的形式：

$$dG = \left(\frac{\partial G}{\partial P}\right)_{T,n} dP + \left(\frac{\partial G}{\partial T}\right)_{P,n} dT + \sum_{\lambda} \left(\frac{\partial G}{\partial n_i}\right)_{T,P} dn_i \qquad (2\text{-}27)$$

令

$$\mu_i = \left(\frac{\partial G}{\partial n_i}\right)_{T,p,n} \qquad (2\text{-}28)$$

式中　μ_i——在压力、温度和其他条件不变的情况下，某一组分 i 变化时所引起的化学势的变化。μ_i 被称为偏摩尔量的吉布斯自由能（partial molar Gibbs free energy），或称为第 i 组分的化学势。

这样，

$$dG = Vdp - SdT + \sum_i \mu_i dn_i \qquad (2\text{-}29)$$

现在来分析处于一个绝热容器中的食品，在一定温度 T 下的相平衡情况，如图 2-6 所示。

先讨论水分在食品内部与食品上部的平衡：由于是等温、等压，$dG=0$。水分在食品内部和食品上部之间的组分化学势应相等，即在气相中水分的化学势等于在食品中水分的化学势：

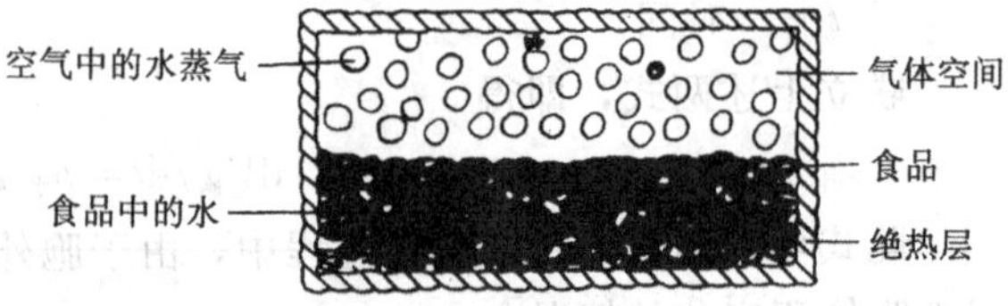

图 2-6　处于一个绝热容器中的食品材料的平衡

$$\mu_w(\text{vapor}) = \mu_w(\text{food}) \qquad (2\text{-}30)$$

二、气相中水分化学势的计算

在食品上面空间中的水蒸气和空气，如果被看作理想气体的混和物，服从理想气体方程 $PV=RT$，即按道尔顿分压定理，可以得到

$$P = n_1 \frac{RT}{V} + n_2 \frac{RT}{V} + \cdots\cdots + n_i \frac{RT}{V} = P_1 + P_2 + \cdots\cdots + P_i = \sum_I P_I \qquad (2\text{-}31)$$

$$d\mu_w(\text{vapor}) = RT \frac{dP_w}{P_w} \qquad (2\text{-}32)$$

此式反应了化学势的变化，但并不知道化学势的绝对值。为此，我们要定义一个参考点，如选择 101325Pa 作为标准压力，水蒸气作为理想气体的化学势为 μ_w^0，那么在任一压力 p，水蒸气的化学势为[4]

$$\mu_w = \mu_w^0 + RT\ln \frac{p_w}{p_0} \qquad (2\text{-}33)$$

若引入新的 μ_w^0 以代替上式的 $\mu_w^0 - RT\ln p_0$，则可以得到

$$\mu_w(\text{vapor}) = \mu_w^0 + RT\ln p_w \qquad (2\text{-}34)$$

此式表示了理想气体中水蒸气压力与其化学势之间的关系。

如果考虑到水蒸气在空气中的性质不能看作理想气体，而应看作实际气体，则上式应修正为

$$\mu_w(\text{vapor}) = \mu_w^0 + RT\ln f_w \qquad (2\text{-}35)$$

这里 f_w 是考虑了实际气体的性质时仍能按上式计算化学势而对压力值进行修正后的值。f_w 被称为"有效压力"或"逸度"（fugacity）。而压力校正因子，即有效压力 f_w 与实际压力 p_w 之比，被称为"逸度系数" r_w（fugacity coefficient）

$$r_w = \frac{f_w}{p_w} \qquad (2\text{-}36)$$

当 $p \to 0$ 时。$f_w \to p_w$，$r_w \to 1$。

三、水蒸气的逸度和逸度系数

表 2-2 给出了水蒸气的逸度和逸度系数。

表 2-2　与饱和液态水相平衡的水蒸气的压力、逸度和逸度系数，

以及在 101325Pa 下水蒸气的逸度[4]

温　度 $T/℃$	（饱和状态）			101325Pa 时水蒸气的逸度 f_w/kPa
	压力 p_w/kPa	逸度 f_w/kPa	逸度系数 $\gamma_w = f_w/p_w$	
0.01	0.611	0.611	0.9995	
20.00	2.337	2.334	0.9988	
40.00	7.376	7.357	0.9974	
60.00	19.920	19.821	0.9950	
80.00	47.362	46.945	0.9912	
100.00	101.32	99.856	0.9855	99.86
150.00	475.96	457.26	0.9607	100.51
200.00	1555.0	1427.8	0.9182	100.81
250.00	3377.5	3414.1	0.8584	100.98
300.00	8591.6	6736.7	0.7841	101.08

在低于 100℃ 的温度范围内，水的逸度系数 γ_w 近似为 1.0；但对高压和高温，逸度系数可能偏离 1.0 较远。

四、溶液中水的活度

理想溶液，具有理想气体相似的性质，其溶剂（水）服从拉乌耳定律。即

$$\mu_w(\text{solution}) = \mu_w^*(p,T) + RT\ln x_w \qquad (2\text{-}37)$$

式中　$\mu_w^*(p,T)$——纯水在一定压力、温度下的化学势；

　　　　x_w——溶液中水的摩尔分数。

对于实际溶液，即非理想溶液，按类比的方法可用下式表示其中溶剂（水）的化学势

$$\mu_w(\text{solution}) = \mu_w^*(p,T) + RT\ln a_w \qquad (2\text{-}38)$$

$$a_w = \gamma_w x_w \qquad (2\text{-}39)$$

式中　a_w——实际溶液中水的活度（activity）；

　　　　γ_w——水的活度因子或称为活度系数。

a_w可以看作实际溶液对理想溶液的校正浓度，有时也被称为"有效浓度"。

当摩尔分数 $x_w \to 1$ 时，$a_w \to x_w$，$\gamma_w \to 1$。

五、食品中水的活度

我们再来看图 2-6，近似地把食品材料看作是溶液，其中水是溶剂，而糖、蛋白质、碳水化合物等看作是溶质。若此食品在温度 T 时和上层空间的空气相平衡，根据相平衡条件，上层空间中水蒸气的化学势应和水在食品中的化学势相等，即

$$\mu_w(\text{vapor}) = \mu_w(\text{food})$$

在上层空气中，计算公式与式(2-35)相同：

$$\mu_w(\text{vapor}) = \mu_w^0 + RT\ln f_w$$

在食品材料中

$$\mu_w(\text{food}) = \mu_w^* + RT\ln a_w \tag{2-40}$$

联立上两式可得

$$RT\ln a_w = RT\ln f_w - (\mu_w^* - \mu_w^0) \tag{2-41}$$

对于纯水，$a_w = 1$，$f_w = f_w^*$（纯水的有效压力、逸度）

这样就可得

$$\mu_w^* - \mu_w^0 = RT\ln f_w^* \tag{2-42}$$

和

$$a_w = \left(\frac{f_w}{f_w^*}\right)_T \tag{2-43}$$

式中　　f_w^*——与纯水平衡时的水蒸气的逸度，亦即纯水的蒸汽压力。

即

$$f_w^* = p_w^*$$

$$f_w = \gamma_w p_w$$

是食品材料水蒸气的逸度（有效压力）。

故食品材料中水分的活度

$$a_w = \left(\frac{\gamma_w p_w}{p_w^*}\right)_T \tag{2-44}$$

由表 2-2 可知，对于低压的情况，$\gamma_w \approx 1.0$，因此

$$a_w \cong \left(\frac{p_w}{p_w^*}\right)_T \cong \text{与之相平衡的周围环境的相对浓度} \tag{2-45}$$

食品材料中水分活度对食品保存有着重要的影响。一般认为如能控制 $a_w < 0.6$，则没有微生物的繁殖[4]。

例如，对于含水量 2%～3%（指水的质量分数为 2%～3%，下文同此）的全脂奶粉、含水量 5%的干蔬菜，$a_w \approx 0.20$；对于含水量 3%～5%的饼干、脆点心、面包皮，$a_w \approx 0.30$；对于含水量 5%的全蛋粉，$a_w \approx 0.40$；对于含水量 12%的糊、酱，含水量 10%的调味品，$a_w \approx 0.5$；而一般新鲜水果、蔬菜、牛奶，$a_w \approx 0.95 \to 1.00$。

食品材料等温吸附的含湿量和温度、水的活度有明显的关系。图 2-7 给出淀粉和果脯、干果在 30℃时水分吸附等温线 其中 W_w 是平衡水分的质量分数，以每千克干食品的水的质量分数表示；a_w 是食品中的水分活度。

六、食品中水分活度的测量方法

根据其测量原理，大致可分为四类[4]：

1. 根据测量依数性质，求得活度 a_w（Measurement based on colligative properties）

1）直接测量水蒸气的压力 p_w，因

$$a_w = \left(\frac{p_w}{p_w^*} \right)_T \tag{2-46}$$

从而求得 a_w

2）测量冰点下降值。此法主要用于 $a_w > 0.85$ 的液态食品。可用下式计算近似值：

$$-\ln a_w = 9.6934 \times 10^{-3} (T_0 - T_f) + 4.761 \times 10^{-6} (T_0 - T_f)^2 \tag{2-47}$$

2. 根据测量与食品相平衡的湿空气的性质，求得食品中水分活度 a_w（measurement based on psychrometry）

当食品与空气流相平衡后，测量湿空气的露点温度（dew point），或干、湿球温度，就可求得空气的相对湿度和水蒸气压力，从而求得与之相平衡的食品中水分活度。此法适用于 a_w 在 $0.75 \sim 0.99$ 的范围。

3. 根据等压传递测量的方法（measurements based on isopiestic transfer）

将待测量的食品和一参考材料放在一起，让他们充分接触以达到水分活度的平衡。根据此参考材料含水量变化的分析，并利用参考材料的校正曲线，就可求出被测材料中的水分活度。

4. 根据测量吸湿能力（suction potential）来测量食品中的水分活度

利用液体表面张力计或土壤湿度计的原理来测量食品凝胶体的吸湿能力。此法也只适用于含水量大的食品。

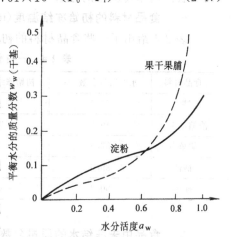

图 2-7　一些食品材料在 30℃ 的水分吸附等温线[4]

七、食品材料的最大许可的水分活度

表 2-3 给出了一些食品材料的最大许可水分活度。

表 2-3　几种未加包装的干食品在 20℃ 时水分活度的最大许可值 a_{wmax}[4]

碳酸氢钠	0.45	奶粉	0.20~0.30
脆点心、饼干	0.43	汤粉	0.60
全蛋粉	0.30	焙炒咖啡	0.10~0.30
明胶	0.43~0.45	可溶咖啡	0.45
硬糖	0.25~0.30	淀粉	0.60
巧克力饼	0.73	小麦制品	0.60
牛奶、巧克力	0.68	糖	0.55~0.92
马铃薯片	0.11	脱水肉	0.72
面粉	0.65	果干、果脯	0.60~0.70
燕麦粉	0.12~0.25	脱水豌豆	0.25~0.45
牛肉汁粒	0.35	脱水豆	0.08~0.12
脱脂奶粉	0.30	橘粉	0.10

第五节 食品材料的冻结特性和冻结率

食品的冻结过程和纯水不同。由于食品是由多元组分所组成的，因而实际上并不出现明显的"冻结平台"。这里我们关心的是两个问题：一是初始冻结温度；二是当冷却到某一温度时，食品内未冷冻水的分数。

一、食品材料的初始冻结温度(initial freezing temperature)

表 2-4 给出了一些食品材料的初始冻结温度。

表 2-4　一些水果、蔬菜和果汁的初始冻结温度[4]

食品材料	水的质量分数/%	初始冻结温度/℃	食品材料	水的质量分数/%	初始冻结温度/℃
苹果汁	87.2	−1.44	草莓	89.3	−0.89
浓缩苹果汁	49.8	−11.33	草莓汁	91.7	−0.89
胡萝卜	87.5	−1.11	甜樱桃	77.0	−2.61
橘汁	89.0	−1.17	苹果酱	92.9	−0.72
菠菜	90.2	−0.56			

二、食品中未冻结水的质量分数的计算方法[4]

1) Larkin(1983)、Heldman(1975、1982)和 Hsieh(1977)等提出了一些用于计算未冻水的质量分数的方法，用这些计算方法得到的结果能和实验值很好地相符。

当温度低于初始冻结温度后，部分水结成冰。食品大体可看成由固体材料、水和冰三部分组成。当更多的水结冰后，溶液浓度进一步提高，冰点进一步降低，整个结冰的过程是在浓度变化的情况下进行的。

对于理想的二元溶液，可用下式表示冰点降低与摩尔分数的关系[3]

$$\frac{L_f}{R}\left[\frac{1}{T_f^0}-\frac{1}{T_f}\right]=\ln x_w \tag{2-48}$$

式中　L_f——纯水在 T_f^0(273.15K)时的摩尔融化热，为 6.003kJ/mol；

R——摩尔气体常数，为 8.314J/(mol·K)；

x_w——水在溶液中的摩尔分数；

T_f——对应于 x_w 时的冻结温度。

水的摩尔分数可表示成：

$$x_w=\frac{w_w/M_w}{w_w/M_w+w_s/M_s} \tag{2-49}$$

式中　w_w——水的质量分数；

M_w——水的摩尔质量，为 18×10^{-3}kg/mol；

w_s——溶质的质量分数；

M_s——溶质的摩尔质量。

因此，冻结温度 T_f 可由下式求得：

$$\frac{1}{T_f}=\frac{1}{T_f^0}-\frac{R}{L_f}\ln x_w \tag{2-50}$$

如果 T_f 接近 T_f^0，式(2-50)可近似为

$$\frac{T_f^0-T_f}{(T_f^0)^2}=-\frac{R}{L_f}\ln x_w=-\frac{R}{L}\ln(1-x_s)\approx\frac{R}{L}x_s \tag{2-51}$$

$$T_f^0-T_{f,z}=\frac{R(T_f^0)^2}{L}x_s \tag{2-52}$$

2）食品中可溶性固体摩尔分数 x_s 可以从式(2-50)、式(2-52)中消去，从而得到

$$w_{w,u}=w_{w,z}\frac{F_z-F_f}{F-F_f} \tag{2-53}$$

式中　$w_{w,u}$——任一温度时未冻水的质量分数；

　　　$w_{w,z}$——初始时水的质量分数。

这里，F 是一个函数，被定义为

$$F=F\{T\}=\exp\left[\frac{L}{RT}\right] \tag{2-54}$$

式中　F_f，F_z 和 F——对应于 T_f^0、$T_{f,z}$ 和 T 的函数值。

在冻结过程中，随温度下降时冰量增加，冰和水总的质量分数保持不变，而冻结水的质量分数 $w_{w,f}$ 为

$$w_{w,f}=w_{w,z}-w_{w,u} \tag{2-55}$$

式中　$w_{w,f}$——任一温度时已冻水的质量分数。

3）上述公式中并未考虑食品材料中不可冻水(unfreezable water)的含量，对于一些不可冻水含量很高的食品，计算结果会和实验值产生很大的区别。

若食品中不可冻水的质量分数为 w_A，则式(2-53)可写成

$$w_{w,u}=(w_{w,z}-w_A)\times\frac{F_z-F_f}{F-F_f}+w_A \tag{2-56}$$

用此式计算得到的值和实验结果符合得很好[4]，如图2-8所示。

4）考虑到潜热随温度的变化，Mannapperuma and Singh（1989）认为在 0～−40℃时，潜热随温度的变化可用下式表示：

$$L_f=L_0+bT \tag{2-57}$$

当温度从 0℃降至 −40℃时潜热约降低27％。这样式(2-56)就可写成：

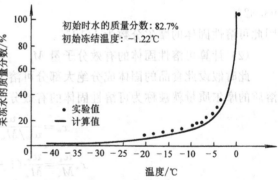

图 2-8　木莓中未冻结水质量分数的计算值和实验值的比较[4]

$$w_w=(w_{w,z}-w_A)\frac{F_z'-F_f'}{F-F_f'}+w_A \tag{2-58}$$

其中

$$F'=F'\{T\}=T^{b/R}\exp\left[\frac{L_0}{RT}\right] \tag{2-59}$$

例 2-1　已知一食品材料，水的质量分数 $w_w=0.85$，固体成分的分子量为 180×10^{-3}kg/mol，求其初始冻结温度 $T_{f,z}$。

解　水的摩尔分数为

$$x_w = \frac{w_w/M_w}{w_w/M_w + w_s/M_s} = \frac{0.85/18\times10^{-3}}{0.85/18\times10^{-3}+0.15/180\times10^{-3}} = 0.9827$$

$$x_s = 1 - x_w = 0.0173$$

$$T_f^0 - T_{f,z} = \frac{R(T_f^0)^2}{L}x_s$$

$$R = 8.314 \text{J}/(\text{K}\cdot\text{mol})$$

$$L = 6.003 \text{kJ/mol}$$

$$T_f^0 - T_{f,z} = 1.79\text{K}$$

$$T_{f,z} = 271.36\text{K}$$

例 2-2 若已知食品的水的质量分数为82.7%,初始冻结温度-1.22℃,试求被冷却到-10℃时,此食品中未冻水的质量分数。

解 (1) 利用式(2-50)或式(2-52),计算食品中的可溶性固体的摩尔分数 x_s

1) 利用式(2-52): $T_f^0 - T_{f,z} = \frac{R(T_f^0)^2}{L}x_s$

可溶性固体的摩尔分数 x_s 和水的摩尔分数 x_w 分别为:

$$x_s = 1.22\times\frac{L}{R(T_f^0)^2} = \frac{1.22\times6.003\times10^3}{8.314\times(273.15)^2} = 1.18\%$$

$$x_w = 98.82\%$$

2) 利用式(2-50): $\frac{1}{T_f^0} - \frac{1}{T_{f,z}} = \frac{R}{L_f}\ln x_w$

食品中水的摩尔分数

$$x_w = \exp\left\{\frac{L_f}{R}\left(\frac{1}{T_f^0}-\frac{1}{T_{f,z}}\right)\right\} = \exp\left\{\frac{6.003\times10^3}{8.314}\times\left(\frac{1}{273.15}-\frac{1}{271.93}\right)\right\} = \exp(-0.011859) = 98.82\%$$

因此可溶性固体的摩尔分数为1.18%。

(2) 计算可溶性固体的有效分子量 M_s

此时假设此食品的固体成分绝大部分可溶于水,不可溶成分可忽略不计。按此法求得的溶质的摩尔质量就被称为可溶性固体的有效分子量 M_s。

$$x_w = \frac{w_w/M_w}{w_w/M_w + w_s/M_s}$$

$$x_w\frac{w_s}{M_s} = \frac{w_w}{M_w}(1-x_w) = \frac{w_w}{M_w}x_s$$

$$M_s = (w_s M_w x_w)/(w_w x_s) = (1-0.827)\times18\times10^{-3}\times0.9882/(0.827\times0.0118)\text{kg/mol} = 0.3153\text{kg/mol}$$

(3) 计算冷却到-10℃时未冻水的有效(表观)摩尔分数(Apparent mole fraction)$x_{w,u}$

1) 用式(2-50)

$$x_{w,u} = \exp\left\{\frac{L_f}{R}\times\left(\frac{1}{T_f^0}-\frac{1}{T}\right)\right\} = \exp\left\{\frac{6003}{8.314}\times\left(\frac{1}{273.15}-\frac{1}{263.15}\right)\right\} = 90.44\%$$

在此温度下,已有相当部分的水结成冰,而溶液的浓度提高,溶液中水的摩尔分数由原来的98.82%降低至90.44%。

从质量分数来分析,最初的水的质量分数 $w_w = 82.7\%$;到-10℃时,水的质量分数分成固态冰的质量分数 $w_{w,f}$ 和液态水的质量分数 $w_{w,u}$ 两部分,其总量保持不变,即 $w_{w,f}+w_{w,u}=$

0.827 和 $w_s = 0.173$ 保持不变。

根据未冻水的摩尔分数(unfrozen water fraction)$x_{w,u}$来计算未冻水的质量分数 $w_{w,u}$:

$$x_{w,u} = \frac{w_{w,u}/M_w}{w_{w,u}/M_w + w_s/M_s},$$

$$x_{w,u}\left(\frac{w_{w,u}}{M_w} + \frac{w_s}{M_s}\right) = \frac{w_{w,u}}{M_w}$$

$$x_{w,u} \times \frac{w_s}{M_s} = \frac{w_{w,u}}{M_w}(1 - x_{w,u})$$

$$w_{w,u} = \frac{x_{w,u}}{1 - x_{w,u}} \times w_s \times \frac{M_w}{M_s} = \frac{0.9044}{(1-0.9044)} \times 0.173 \times \frac{18}{315.3} = 0.0934$$

到 $-10℃$ 时食品中未冻水的质量分数只有 9.34%。

2)上述结果也可以由式(2-53)求得:

$$F = F\{T\} = \exp\left[\frac{L}{RT}\right] = \exp\left[\frac{6.003 \times 10^3}{8.314 \times T}\right]$$

$$T_f = 273.15K, \quad F_f = 14.0604$$

$$T_z = 271.93K, \quad F_z = 14.2282$$

$$T = 263.15K, \quad F = 15.5462$$

$$w_{w,z} = 0.827$$

在 $-10℃$ 食品中未冻水的质量分数

$$w_w = w_{w,z}\frac{F_z - F_f}{F - F_f} = 0.827 \times \frac{14.2282 - 14.0604}{15.5462 - 14.0604} = 0.0934$$

其相对于未冻前水的质量百分含量(percent of original water fraction)$= \dfrac{9.34\%}{82.7\%} = 11.29\%$

即到 $-10℃$ 时食品中的水分 11.29% 尚未冻结成冰;而水分的 88.71% 已被冻结。

第六节 水和溶液的结晶理论

液体的结晶(crystallization)由两个过程组成,一是晶核形成过程(nucleation);另一是晶体生长的过程(crystal propagation)。这两个过程均是由吉布斯自由能驱动,和过冷度(undercooling,或 subcooling)有密切关系。

一、成核理论(Nucleation theory)

在液体中产生稳定的固态核的过程称为成核过程。成核只能是在温度低于融点温度 T_m 的条件下才能产生。根据机理,成核可分为均相成核(homogeneous nucleation)和异相成核(heterogeneous nucleation)两类。

均相成核温度 T_h 要比异相成核温度 T_{het} 低,即 $T_h < T_{het} < T_m$。

1. 成核自由能 $\Delta G_{L \to s}$

根据热力学原理,在等温等压的条件下,自发过程是按吉布斯自由能减少的方向进行的。设在液态水中有一个半径为 r 的固相冰核,由液相转换为固相吉布斯自由能的变化可表述为

$$\Delta G_{l \to s} = \frac{4}{3}\pi r^3 \Delta G_t + 4\pi r^2 \sigma \tag{2-60}$$

式中 σ——冰晶与未冻液相之间界面单位面积的自由能;

ΔG_t——固、液相之间单位体积的自由能之差。

在上式中的 $4\pi r^2\sigma$ 表示表面自由能；$\frac{4}{3}\pi r^3\Delta G_t$ 表示体积自由能。这两项均是半径 r 函数。图 2-9 表示出它们之间的关系。因为在过冷条件下 $\Delta G_t<0$，因此只有当 $r>r^*$ 时成核自由能 $\Delta G_{l\rightarrow s}$ 才能随半径 r 的增大而下降，才是自发的不可逆过程。这里，r^* 称为临界半径，其对应的 $\Delta G_{l\rightarrow s}$ 为最大自由能。对于 $-40℃$ 纯水，Franks 估算 $r^*=1.85nm$，$\Delta G_{l\rightarrow s}=10.5\times10^{-18}J$。成核的临界半径 r^* 是随过冷度的增加而减少的，如图 2-10 所示[2]。

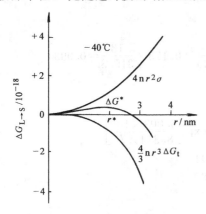

图 2-9 $-40℃$ 时表面自由能、体积
自由能和成核自由能随半径 r 的变化

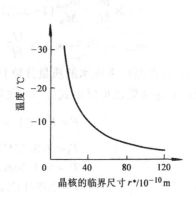

图 2-10 成核的临界半径
r^* 和过冷度的关系

2. 均相成核(homogeneous nucleation)

均相成核点，即溶液相中的晶核点，是由液相的密度随机涨落(random density fluctuation)所形成的。在系统内部各点，均相成核的几率都是一样的。由图 2-10 可看到，当过冷度增大时，r^* 下降，由于涨落形成 r^* 的聚集体(cluster)的几率大大增加。根据 Franks 的估算，对 $-40℃$ 的水，$r^*=1.85nm$ 的聚集体内要聚集的水分子约为 200 个。

单位体积水中，临界晶核的数目 $n(r^*)$ 可按玻耳兹曼分布计算，即

$$n(r^*)=n_1\exp(-\Delta G/RT)。$$

其中，n_1 为单位体积中水的分子数目。若按此式计算，可以求出不同温度下的每克水中所含的临界晶核数，如表 2-5 所示。

表 2-5 过冷水中临界晶核的尺寸和密度

温度/℃	每个晶核的分子数	晶核的半径/nm	$\Delta G/RT$	晶核数个/g
-10	15943	4.20	776	2.3×10^{-315}
-20	1944	2.08	190	1.5×10^{-80}
-30	566	1.38	83	3.8×10^{-14}
-40	234	1.03	45	6.3×10^2
-50	122	0.83	29	7.1×10^9

如果取每克液体有一个 r^* 晶核作为均相成核温度 T_h，那么水的 T_h 约在 $-37℃$ 左右。图 2-11 给出一些溶液的均相平衡冻结温度 T_m、均相成核温度 T_h 和浓度的关系。

成核过程的另一重要参数是单位时间、单位体积中的成核数，即成核率(nucleation rate)。

成核率 [单位为 $(m^3 \cdot s)^{-1}$] 可以近似表示为

$$J \approx A\exp\left[-\beta/T^3(\Delta T)^2\right] \tag{2-61}$$

A 和 β 代表简化后的系数。

实验能探测到的成核率都要求在 $J > 1 (m^3 s)^{-1}$ 以上。当温度 T 降低,而使过冷度 ΔT 增大时,成核率先快速升高;而到一定温度以下,若过冷度再增加,成核率反而快速降低。对于金属材料,β 值较大,成核率很低;而对于水和低浓度溶液,β 值较小,成核率很高,因此要抑制其结晶,达到形成玻璃化的目的是非常困难的。

3. 异相成核(heterogeneous nucleation)

异相成核又称为非均匀成核,是指水在尘埃、异相杂质、容器表面及其他异相表面等处形成晶核。由于异相成核涉及液体与固体表面的接触问题,故要比均相成核复杂得多。对异相成核的研究远不及均相成核那么成熟。但是在实际上,除了对于体积很小的纯洁液体会产生均相成核以外,大多数体积较大的液体内总是发生异相成核的。异相成核的温度 T_{het} 远高于均相成核温度 T_h,而更接近 T_m。一般,T_{het} 只比 T_m 低 5~7K。

异相成核的必要条件是具有成核剂(nucleating agent),它可以是杂质、不可溶材料、容器壁等,可以认为成核剂有着某些催化机理(catalyzed mechanism)。

4. 二次结晶(secondary nucleation)

在间歇结晶器(batch crystallizer)的液态食品冻结浓缩过程中,常会发生二次结晶或接触结晶(contact nucleation)。已经结晶的冰和结晶器的壁、叶轮互相摩擦,产生许多碎的晶体,它们成了液体中的悬浮物,起着生成冰晶的晶核的作用。这种二次结晶的过冷度很小,一般只有 0.05~0.2K[6]。

二、冰晶的生长(ice crystal propagation)

冰晶生长的快慢,可以用线增长速率 U 来表示(单位为 mm/min)。U 值和溶液的性质、浓度有关;更和过冷度有着密切的关系。图 2-12 示出了蔗糖、PVP 和 NaCl 水溶液中冰晶的线增长速率 U 与过冷度的关系。

由此图可看出,在溶液中冰晶生长速率 U 与过冷度的关系存在着峰值的情况。前面已讨论过,溶液的成核率 J 与过冷度的关系也有着

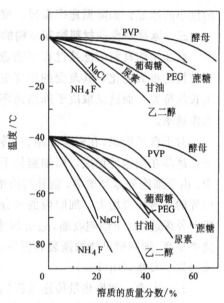

图 2-11 一些溶液的均相平衡冻结温度 T_m、均相成核温度 T_h 和浓度的关系

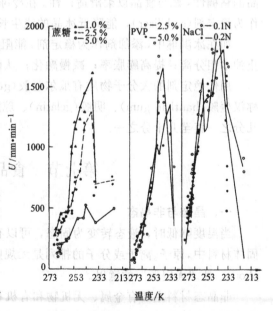

图 2-12 蔗糖、PVP 和 NaCl 水溶液中冰晶的线增长速率与温度的关系[2]

峰值的情况。这样，在溶液结晶的情况中，成核率 J 和生长率 U 都是和溶液的过冷度密切相关的，如图 2-13 所示，而溶液的降温速率却是由外界冷却状况、材料的导热性、热容量等因素所决定的。一般说来，如降温速率很快，成核率 J 很大，而生长率 U 很低，则形成数量多的细小的冰晶；如降温速率很慢，成核率 J 很小，生长率 U 高，则形成数量少的粗大冰晶。

三、冰晶对食品材料微观结构的影响

食品组织材料的冻结过程可能造成食品材料微观结构的重大变化，其改变的程度主要取决于冰晶生长的位置，而这又取决于冻结速率和食品组织的水渗透率。

对于食品组织，在慢速冻结、过冷度较小的情况下，冰晶在细胞外形成，即细胞处于富含冰的基质中。由于细胞外冰晶增多，胞外溶液浓度升高，细胞内外的渗透压差增大，细胞内的水分不断穿过细胞膜向外渗透，以至细胞收缩，过分脱水；如果水的渗透率很高，细胞壁可能被撕裂和折损。在解冻过程中又会发生失水(drip loss)。

另一方面，如果热量传递过程比水分渗透过程快，细胞内的水来不及渗透出来而被过冷形成冰晶。这样，细胞内外均形成数量多而体积小的冰晶。细胞

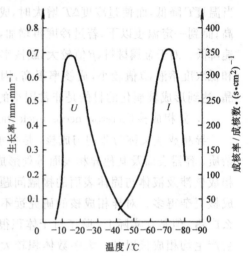

图 2-13　50%PVP 水溶液的二维
冰晶径向生长速率和成核率随温度的关系

内冰晶的形成以及在融化过程中冰晶的再结晶都是造成细胞破裂、食品品质下降的原因。

有一些被称为增稠剂的食品添加剂，如琼脂、明胶等，能改善食品的物理性质、增加食品的粘稠性，赋与食品以柔滑适口性。在冷冻食品中，利用这些增稠剂的吸附水分的作用，可作为稳定剂(stabilizer)，能降低冰晶的线生长速率。

如在冰淇淋中，添加剂作为稳定剂，能阻止冻结和融化过程中在冰淇淋内的冰晶生长；防止油水相分离；提高膨胀率；减慢融化；从而使冰淇淋具有柔软、疏松和细腻的形态。

用作稳定剂的大分子物质有瓜尔豆胶(guar gum)、角豆胶(locust bean gum)、黄原胶(又称汉生胶，hanthan gum)、明胶(gelatin)、琼胶(agar)等。它们能使冰晶生长速率降至原先的几分之一直至几十分之一。

第七节　食品材料的玻璃化

一、晶态与非晶态

当温度降低时，液态转变为固态，可以有两种不同的状态——晶态和非晶态。在非晶态固体材料中，原子、离子或分子的排列是无规则的。非晶态的英文为 non-crystalline，或者 amorphous，是"无定形"的意思。

非晶态材料主要有金属、无机物和有机物三大类。因为人们已习惯将融化物质在冷却过程中不发生结晶的无机物质称为玻璃(glass)，所以后来逐渐扩大地将其他非晶态均称为玻璃态(glassy)。

二、玻璃化过程和结晶过程的区别

1）结晶过程是在某一确定的温度 T_m（称为凝固温度或熔融温度）下进行的，在此过程中，物质放出相变潜热，相变前后的体积 V、熵 S 都发生非连续性变化。由于 V 和 S 都是吉布斯化学势 G 的一阶导数，即

$$V = \left(\frac{\partial G}{\partial p}\right)_T, \quad S = -\left(\frac{\partial G}{\partial T}\right)_p$$

所以结晶相变又叫"一级相变"。

2）在玻璃化过程中，物质不放出潜热，不发生一级相变，即其比体积 v 和熵 S 是连续变化。但是，比体积 v 和熵 S 的变化斜率发生阶跃变化，即等压热膨胀系数 α、等压压缩系数 β 和比热容 c_p 等发生阶跃变化。

由于 α、β、c_p 都是吉布斯化学势 G 的二阶导数，即

$$\alpha = \frac{1}{v}\left(\frac{\partial v}{\partial T}\right)_p = \frac{1}{v}\frac{\partial}{\partial T}\left[\left(\frac{\partial G}{\partial p}\right)_T\right]_p \tag{2-62}$$

$$\beta = -\frac{1}{v}\left(\frac{\partial v}{\partial p}\right)_T = -\frac{1}{v}\frac{\partial}{\partial p}\left[\left(\frac{\partial G}{\partial p}\right)_T\right]_T = -\frac{1}{v}\left(\frac{\partial^2 G}{\partial p^2}\right)_T \tag{2-63}$$

$$c_p = T\left(\frac{\partial S}{\partial T}\right)_p = -T\frac{\partial}{\partial T}\left[\left(\frac{\partial S}{\partial T}\right)_p\right]_p = -T\left(\frac{\partial^2 G}{\partial T^2}\right)_p \tag{2-64}$$

所以，这类变化在热力学上被称为二级转变(second order transition)。在低温工程中由正常氦 He-Ⅰ 转变为超流氦 He-Ⅱ，就属于此类转变。

3）从热力学观点，晶态是稳定的，而玻璃态是亚稳态(metastable)。在玻璃化转变过程中，虽然 α、β、c_p 等均发生变化，但始终未发现新的相，所以严格来讲，玻璃化转变过程不能被称为二级相变。

三、水溶液的玻璃化

1. 玻璃态的粘度

玻璃态可以被看作凝固了的过冷液体。从热力学角度来看，它是固态，因为它的粘度 η 很大，高于 $10^{12} \sim 10^{14} Pa \cdot s$。

图 2-14 给出了玻璃态和部分结晶的聚合物的粘度 η 和温度的关系，其纵坐标是 $\lg\eta$，横坐标是相对温度，即融化温度与实际温度之比 T_m/T [9]。

现在大多数人已同意将 $\eta > 10^{14} Pa \cdot s$ 作为玻璃态的一个判断标志，而对应 $\eta = 10^{14} Pa \cdot s$ 的温度称为玻璃化温度 T_g (glass transition temperature)。当 $T < T_g$ 时，称为玻璃态区。

虽然从热力学角度来看玻璃态是亚稳态，但从动力学角度来看，它却是很稳定的，因为它的粘度极大，分子运动性几乎为零，所以在有限的时间内不可能进行结构调整转化为晶体。

2. 水的玻璃化

在常温下水的粘度很小，0℃时 $\eta = 1.79 \times 10^{-3} Pa \cdot s$。若要使 η 上升到 $10^{14} Pa \cdot s$，其相应的温度 T_g 要降至

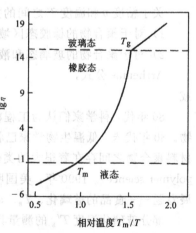

图 2-14 聚合物的粘度
和相对温度的关系

−134℃左右。

实际上，在水的冷却过程中，当 $T<0℃$ 时，就会出现晶核和冰晶增长。只有在水的颗粒很小、冷却速率极高时，才可能把结晶率 x 降到很小。

实现玻璃化所需的冷却速率被称为临界冷却速率 v_{cc}。对于直径为 $1\mu m$ 的纯水，要求全部玻璃化（$x<10^{-6}$），其冷却速率要求高达 $10^7 K/s$。

3. 水溶液的玻璃化和部分玻璃化

提高水溶液的浓度，能大大地降低其玻璃化的临界冷却速率 v_{cc}。对于质量分数为 45％ 的乙二醇溶液和质量分数为 45％ 的甘油溶液，要求全部玻璃化（$x<10^{-6}$），它们的临界冷却速率 v_{cc} 分别为 $6.1\times10^3 K/min$ 和 $8.1\times10^3 K/min$；如结晶率允许到 $x=0.5％$，它们的临界冷却速率 v_{cc} 分别为 $354K/min$ 和 $475K/min$[2]。

图 2-15 给出聚合物水溶液的状态图[8]。由此图可看出，其玻璃化温度 T_g 是随着浓度升高的。对于有一定体积和质量的溶液来说，在一般的速率下，溶液不可能一下子达到玻璃化温度，而总是先沿平衡冻结线，生成部分冰晶；而未冻的溶液的浓度会逐渐升高；当浓度达到 w'_g（温度达到 T'_g）时，剩余部分的液体就会被玻璃化。这个过程被称为部分玻璃化过程，T'_g 称为部分玻璃化温度。

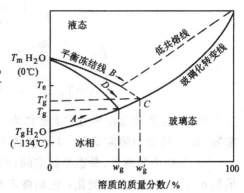

图 2-15 聚合物水溶液的温度—浓度
（指溶质的质量分数）状态图[8]

四、食品的聚合物科学

50 年代，科学家们提出了合成聚合物科学（synthetic polymer science）以研究工程材料的玻璃态现象和玻璃化转变。他们把聚合物的冷却过程分为三个区域，即液态区、橡胶态区和玻璃态区，如图 2-14 所示。随后，又发现了测量 T_g、T'_g 的热分析方法。

关于粘度 η 和温度 T 之间的关系，对聚合物水溶液的三个不同区域，有着不同的关系式：

1）对于聚合物的橡胶态区域，一般用 WLF（Williams-Landel-Ferry）经验公式。

2）对于聚合物的玻璃态和液态区域，一般用下列公式：

Arrhenius 公式，$\quad\quad\quad\quad\quad\quad \eta=A\exp(-B/T)$ （2-65）

或 $\quad\quad\quad\quad\quad\quad\quad\quad \eta=A\exp(-B/(T-T_0))$ （2-66）

80 年代，科学家们认为工程材料聚合物的上述研究方法可以应用于生物材料、食品聚合物。80 年代末，低温生物学家已将此法用于细胞的玻璃化低温保存。由于食品聚合物和工程材料聚合物之间存在着很大的类似性，80 年代末发展一门新学科——食品聚合物科学（food polymer science）。1990 年，美国明尼苏达大学食品科学系首次开设研究生课程"食品科学进展专题——食品的玻璃化、T_g、a_w 和物质性质"，标志了食品聚合物科学得到重视和认可。

部分玻璃化温度 T'_g 的测量具有重要的实用意义。目前一般采用热分析方法，特别是用差示扫描量热法（DSC）。但是，对于复杂的食品材料，不同研究者测得的 T'_g 有的相差甚大。近年来我们研究了用一种新的方法——低温显微 DSC 法——来测量部分玻璃化温度 T'_g。此法同时用低温显微的光学信息和 DSC 的热学信息两种方法测量 T'_g，获得很好的结果[10]。本书的第七章将详细讨论这些问题。

参 考 文 献

1 Bald W. B. Food Freezing. Today and Tomorrow. London：Springer-Verlag press，1991

2 华泽钊，任禾盛著. 低温生物医学技术. 北京：科学出版社，1994

3 傅献彩，沈文霞，姚天扬编. 物理化学. 北京：(第四版)，高教出版社，1990

4 Rao M A，Rizvi S S H. Engineering Properties of Foods. New York：2nd ed. by Marcel Dekker，Inc. 1995

5 Gekas V. Transport Phenomena of Foods and Biological Materials. Florida：CRC press，Bocaraton，1992

6 Jeremiah L. E. Freezing Effects on Food Quality. New York：Marcel Dekker，Inc.，1995

7 (日)作花剂夫著. 玻璃非晶态科学. 蒋幼梅译. 北京：中国建筑工业出版社，1986

8 Levine H.，Slade K. Interpreting the Behavior of Low-moisture Food in Water and Food Quality. ed by T. M. Hardman，England：Elserler Science Publishers Ltd，1989

9 Slad L.，Levine H. Glass Transitions and Water Food Structure Interactions. in Advances in Food and Nutrition Research. San Diego：ed. by J. E. Kinsella，Vol. 38，Academic press，1994

10 刘宝林，华泽钊. 用低温显微 DSC 系统测定冻结食品的玻璃化转变温度. 上海：华东工业大学学报，第 18 卷，第 1 期，51～57，1996

第三章　食品材料的热物理性质和水分的扩散系数

第一节　水和冰的热物理性质[6~8,1]

由于水在食品中占很大比例，因此在讨论食品的热物理性质之前，先讨论水的热物理性质是必要的。

一、水和冰的密度 ρ

水和冰的密度见表 3-1a、b。

表 3-1a　水的密度 ρ

$T/\mathrm{℃}$	0	3.98	5	10	20
$\rho/(10^3 \mathrm{kg \cdot m^{-3}})$	0.99987	1.00000	0.99999	0.99973	0.99823

表 3-1b　冰的密度 ρ

$T/\mathrm{℃}$	0	−25	−50	−75	−100
$\rho/(10^3 \mathrm{kg \cdot m^{-3}})$	0.917	0.921	0.924	0.927	0.930

二、水和冰的体膨胀系数 β

水和冰的体膨胀系数见表 3-2a、b。

表 3-2a　水的体膨胀系数 β

$T/\mathrm{℃}$	0	2	4	6	8
$\beta/(10^{-6}\mathrm{K^{-1}})$	−68.1	−32.7	0.27	31.24	60.41

表 3-2b　冰的体膨胀系数 β

$T/\mathrm{℃}$	0	−25	−50	−75	−100	−125	−150	−175
$\beta/(10^{-6}\mathrm{K^{-1}})$	57	50	43	38	31	24	17	12

由上述数据可以看出，水的密度 ρ 在 3.98℃ 时最大值为 $1.00000 \times 10^3 \mathrm{kg/m^3}$，而在 0℃ 时 $\rho = 0.99987 \times 10^3 \mathrm{kg/m^3}$。而冰在此 0℃ 时的密度为 $0.917 \times 10^3 \mathrm{kg/m^3}$，即 0℃ 的冰的体积比水要增大约 9%。再比较体膨胀系数，在 0℃ 时冰的 $\beta = 57 \times 10^{-6} 1/\mathrm{K}$，水的 $\beta = -68.1 \times 10^{-6} 1/\mathrm{K}$。这说明温度下降时，冰的体积将收缩（$\beta > 0$），但其收缩率为 $10^{-5} \sim 10^{-6}$，远远低于水结冰产生的体积膨胀。

含水分多的食品材料被冻结时体积将会膨胀。由于冻结过程是从表面逐渐向中心发展的，即表面水分首先冻结；而当内部的水分因冻结而膨胀时就会受到外界层的阻挡，于是产生很高的内压（被称为冻结膨胀压），而使外层破裂或食品内部龟裂，或使细胞破坏，细胞质流出，食品品质下降[2]。

三、水和冰的比热容 c_p

水和冰的比热容见表 3-3a、b。

表 3-3a 水的比热容 c_p

$T/℃$	0	10	20	30
$c_p/[kJ \cdot (kg \cdot K)^{-1}]$	4.2177	4.1922	4.1819	4.1785

表 3-3b 冰的比热容 c_p

$T/℃$	0	−10	−20	−30	−40	−50
$c_p/[kJ \cdot (kg \cdot K)^{-1}]$	2.12	2.04	1.96	1.88	1.80	1.73
$T/℃$	−60	−70	−80	−100	−120	−140
$c_p/[kJ \cdot (kg \cdot K)^{-1}]$	1.65	1.57	1.49	1.34	1.18	1.03

四、水和冰的热导率 λ

水和冰的热导率见表 3-4a、b。

表 3-4a 水的热导率 λ

$T/℃$	0	5	10	15	20	25	30
$\lambda/[W \cdot (m \cdot K)^{-1}]$	0.561	0.570	0.579	0.588	0.597	0.606	0.613

表 3-4b 冰的热导率 λ

$T/℃$	0	−20	−40	−60	−80	−100	−120
$\lambda/[W \cdot (m \cdot K)^{-1}]$	2.24	2.43	2.66	2.91	3.18	3.47	3.81

五、水和冰的热扩散率 a

水和冰的热扩散率见表 3-5a、b。图 3-1 给出了水和冰的比热容、热导率和热扩散率的比较。

表 3-5a 水的热扩散率 a

$T/℃$	0	10	20	30	40
$a/(10^{-6}m^2 \cdot s^{-1})$	0.133	0.138	0.143	0.147	0.150

表 3-5b 冰的热扩散率 a

$T/℃$	0	−25	−50	−75	−100
$a/(10^{-6}m^2 \cdot s^{-1})$	1.15	1.41	1.75	2.21	2.81

六、冰的融化热(Latent heat of fusion of water)

冰在 0℃的融化热为 333.2kJ/kg 或 6.03kJ/mol。

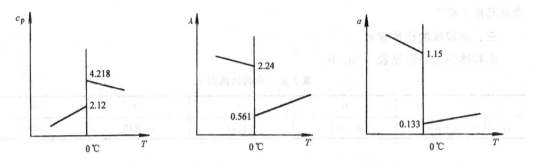

图 3-1　水和冰的比热容、热导率和热扩散率的比较

第二节　食品材料热物理性质的测量

一、比热容(Specific heat)

传统的方法是在恒温槽中直接测量使食品材料温度升高 1K 所需的热量。近年来发展用差示扫描量热术(Differential Scanning Calorimetry ,DSC)来测量材料的比热容。此法所用的样品少(5～15mg)，而且因其能测很大的温度范围，故特别适合于测量食品材料的比热容和温度的关系。但是此法也有其弱点：DSC 仪器较贵，技术要求高；DSC 是比较测量法，需用某些标准物质进行校核。

对于食品材料，因其相变不是在一个确定温度上，而是在一段温度范围内进行的，可以用 DSC 法测其焓值随温度的变化，再通过微分求得表观比热容 c_{pa}。

二、焓(Enthalpy)

焓值是相对值，过去的教材中多取−20℃冻结态的焓值为其零点；近年来多取−40℃的冻结态为其零点。

过去，物质的焓值一般均按冻结潜热、冻结率和比热容的数据计算而得，直接测量的数据很少，但对于食品材料，实际上很难确定在某一温度时食品中被冻结的比例，而不同的冻结率对应不同的焓值。

近年来发展了一种用 DSC 直接测量食品焓值的新方法，其温度扫描从−60℃开始到 1℃以上。这是因为到−60℃时，食品中的水分已全部冻结；而到 1℃以上水分已全部融化成液体。

三、热导率(Thermal conductivity)

测量食品材料的热导率要比测量比热容困难得多，因为热导率不仅和食品材料的组分、颗粒大小等因素有关，还与材料的均匀性有关。一般用于测量工程材料的热导率的标准方法，如平板法、同心球法等稳态方法已不能很好地用于食品材料，因为这些方法需要很长的平衡时间，而在此期间，食品材料会产生水分的迁移而引起热导率的变化。

目前认为测量食品材料热导率较好的方法是探针法。参考文献［3］介绍的探针，外径为0.66mm，长为39mm，其中的加热丝直径为 0.077mm，长度和探针接近，加热丝的材料是康铜，其电阻值随温度变化很小，而且不易折断。测温度用的镍铬-康铜热电偶，直径为0.051mm，置于探针长度方向的中间位置。

被测食品材料原处于某一均匀温度，当探针插进后，加热丝提供一定的热量，热电偶不断测量温度变化。经一段过渡期后，温度 T 和时间的对数 $\ln t$ 出现线性关系。根据此直线的斜率可以求出食品材料的热导率 λ。

$$\lambda = Q \frac{\ln\left[\frac{(t_2-t_0)}{(t_1-t_0)}\right]}{4\pi(T_2-T_1)} \tag{3-1}$$

式中 Q——加热功率，单位为 W/m。

此法的加热功率水平为 $5\sim30$W/m，测量时间为 $3\sim12$s，采样间隔为 $20\sim50$ms。

四、热扩散率(Thermal diffusivity)

一般说来，热扩散率 a 是根据比热容 c_p、热导率 λ 和密度 ρ 的数据计算而得的，即 $a=\lambda/(\rho c_p)$。但也可以用实验测量，它主要是用一个瞬间加热的类似于测热导率的探头和热电偶，再在与它有一定距离处加上另一个热电偶以测量样品温度的变化曲线。这个距离和所测得的热扩散率数据有着很大的关系，但在食品材料中精确控制这个距离也不是容易的事。

第三节 食品材料的热物理数据

食品材料的热物理性质的测量是从 18 世纪开始的。目前的数据中有三分之二左右是在本世纪 $50\sim60$ 年代发表的。其中，只有一部分数据说明了材料的情况和实验的条件，而大部分数据没有给出这些条件，有的甚至没给出含水量。许多数据的离散度很大，因此实际上并没有多大的用处。

关于食品材料热物理性质的数据，收集最全的是美国供热制冷空调工程师协会(ASHRAE)出版的手册[5]。

Sweat 等(1995 年)收集和比较了 400 多篇关于食品材料热物理性质数据的文章，发现食品材料的热物理性不仅和其成分有关(如水、蛋白质、脂肪、碳水化合物等)，而且与其处理方法有关[3]。因此，热物理性质数据应指明实验的材料尺寸大小、表面情况、空隙度、纤维方向等，给出食品的处理过程。

严格地讲，实验数据应讲清实验方法、实验条件(如温度、压力、相对湿度等)，而实验结果应给出数据的偏差范围及测量精度，目前的数据大都达不到这些要求。

一、比热容

参考文献 [5] 给出了许多食品材料的比热容数据，其中部分列于表 3-6 中。但应当指出，这些并非实验数据，是按近似公式近似得到的。

表 3-6 一些食品材料的含水量(指质量分数)、冻前比热容、冻后比热容和融化热数据[5]

	水的质量分数 /%	初始冻结温度 /℃	冻前比热容 /kJ·(kg·K)⁻¹	冻后比热容 /kJ·(kg·K)⁻¹	融化热 /kJ·kg⁻¹
1. 蔬菜					
芦 笋	93	-0.6	4.00	2.01	312
干菜豆	41	—	1.95	0.98	37
甜菜根	88	-1.1	3.88	1.95	295
胡萝卜	88	-1.4	3.88	1.95	295
花椰菜	92	-0.8	3.98	2.00	308
芹 菜	94	-0.5	4.03	2.02	315

（续）

	水的质量分数 /%	初始冻结温度 /℃	冻前比热容 /kJ・(kg・K)$^{-1}$	冻后比热容 /kJ・(kg・K)$^{-1}$	融化热 /kJ・kg^{-1}
甜玉米	74	−0.6	3.53	1.77	248
黄 瓜	96	−0.5	4.08	2.05	322
茄 子	93	−0.8	4.00	2.01	312
大 蒜	61	−0.8	3.20	1.61	204
姜	87	−	3.85	1.94	291
韭 菜	85	−0.7	3.80	1.91	285
莴 苣	95	−0.2	4.06	2.04	318
蘑 菇	91	−0.9	3.95	1.99	305
青 葱	89	−0.9	3.90	1.96	298
干洋葱	88	−0.8	3.88	1.95	295
青豌豆	74	−0.6	3.53	1.77	248
四季萝卜	95	−0.7	4.06	2.04	318
菠 菜	93	−0.3	4.00	2.01	312
西红柿	94	−0.5	4.03	2.02	315
青萝卜	90	−0.2	3.93	1.97	302
萝 卜	92	−1.1	3.98	2.00	308
水芹菜	93	−0.3	4.00	2.01	312
2. 水果					
鲜苹果	84	−1.1	3.78	1.90	281
杏	85	−1.1	3.80	1.91	285
香 蕉	75	−0.8	3.55	1.79	251
樱桃（酸）	84	−1.7	3.78	1.90	281
樱桃（甜）	80	−1.8	3.68	1.85	268
葡萄柚	89	−1.1	3.90	1.96	298
柠 檬	89	−1.4	3.90	1.96	298
西 瓜	93	−0.4	4.00	2.01	312
橙	87	−0.8	3.85	1.94	292
鲜 桃	89	−0.9	3.90	1.96	298
梨	83	−1.6	3.75	1.89	278
菠 萝	85	−1.0	3.80	1.91	285
草 莓	90	−0.8	3.93	1.97	302
3. 鱼					
大马哈鱼	64	−2.2	3.28	1.65	214
金枪鱼	70	−2.2	3.43	1.72	235
青鱼片	57	−2.2	3.10	1.56	191

（续）

	水的质量分数 /%	初始冻结温度 /℃	冻前比热容 /kJ·(kg·K)$^{-1}$	冻后比热容 /kJ·(kg·K)$^{-1}$	融化热 /kJ·kg^{-1}
4. 贝类					
扇贝肉	80	−2.2	3.68	1.85	268
小 虾	83	−2.2	3.75	1.89	278
美洲大龙虾	79	−2.2	3.65	1.84	265
5. 牛肉					
胴体(60%瘦肉)	49	−1.7	2.90	1.46	164
胴体(54%瘦肉)	45	−2.2	2.80	1.41	151
大腿肉	67		3.35	1.68	224
小牛胴体 (81%瘦肉)	66	—	3.33	1.67	221
6. 猪肉					
腌熏肉	19	—	2.15	1.08	64
胴体(47%瘦肉)	37	—	2.60	1.31	124
胴体(33%瘦肉)	30	—	2.42	1.22	101
后腿(轻度腌制)	57	—	3.10	1.56	191
后腿(74%瘦肉)	56	−1.7	3.08	1.55	188
7. 羊羔肉					
腿肉(83%瘦肉)	65	—	3.30	1.66	218
8. 乳制品					
奶油	16	—	2.07	1.04	54
干酪(瑞士)	39	−10.0	2.65	1.33	131
冰淇淋(10%脂肪)	63	−5.6	3.25	1.63	211
罐装炼乳(加糖)	27	−15.0	2.35	1.18	90
浓缩乳(不加糖)	74	−1.4	3.53	1.77	248
全脂乳粉	2	—	1.72	0.87	7
脱脂乳粉	3	—	1.75	0.88	10
鲜乳(3.7%脂肪)	87	−0.6	3.85	1.94	291
脱脂鲜乳	91	—	3.95	1.99	305
9. 禽肉制品					
鲜 蛋	74	−0.6	3.53	1.77	247
蛋 白	88	−0.6	3.88	1.95	295
蛋 黄	51	−0.6	2.95	1.48	171
加糖蛋黄	51	−3.9	2.95	1.48	171
全蛋粉	4	—	1.77	0.89	13
蛋白粉	9	—	1.90	0.95	30

（续）

	水的质量分数 /%	初始冻结温度 /℃	冻前比热容 /kJ·(kg·K)$^{-1}$	冻后比热容 /kJ·(kg·K)$^{-1}$	融化热 /kJ·kg^{-1}
鸡	74	-2.8	3.53	1.77	248
火鸡	64	—	3.28	1.65	214
鸭	69	—	3.40	1.71	231
10. 杂项					
蜂蜜	17	—	2.10	1.68	57
奶油巧克力	1	—	1.70	0.85	3
花生酥	2	—	1.72	0.87	7
带皮花生	6	—	1.82	0.92	20
带皮花生（烤熟）	2	—	1.72	0.87	7
杏仁	5	—	1.80	0.9	17

计算冻结前比热容的近似公式：

$$c_p = 0.837 + 3.349w \quad (\text{Siebel}, 1892 \text{ 年}) \tag{3-2}$$

$$c_p = 1.200 + 2.990w \quad (\text{Backstrom \& Emblik}, 1965 \text{ 年}) \tag{3-3}$$

$$c_p = 1.382 + 2.805w \quad (\text{Dominguez}, 1974 \text{ 年}) \tag{3-4}$$

$$c_p = 1.256 + 2.931w \quad (\text{Comini}, 1974 \text{ 年}) \tag{3-5}$$

$$c_p = 1.470 + 2.720w \quad (\text{Lamb}, 1976 \text{ 年}) \tag{3-6}$$

$$c_p = 1.672 + 2.508w \quad (\text{Riedel}, 1956 \text{ 年}) \tag{3-7}$$

计算冻结后比热容的近似公式：

$$c_p = 0.837 + 1.256w \quad (\text{Siebel}, 1892 \text{ 年}) \tag{3-8}$$

上述公式中 c_p 的单位都是 kJ/(kg·K)；w 是食品材料中水的质量分数。

Sweat(1995)[3]发表了其综合大量实验数据，并将它们画在 c_p-w 图上，如图 3-2 所示。由图可以看出，对于含水量较高的食品材料，实测数据很一致，说明其比热容基本上可由含水量所确定；但对于含水量较低的食品材料，实测数据很分散，说明其比热容受到其他组分的强烈影响。

二、焓值

对于如水这样的单一组分的物质，冻结相变过程是在确定的温度下进行的。因此，只要知道相变潜热（冰的融化热为 334.5kJ/kg）、固相比热容和液相比热容，就可以计算冻结的冷负荷，没有必要计算焓值。

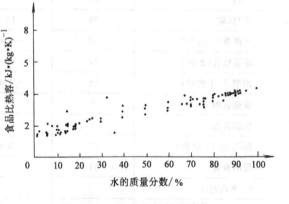

图 3-2　一些食品材料的冻前
比热容与含水量的实测数据分布[3]

对于食品材料，因其含有许多组分，冻结过程从最高冻结温度（或称初始冻结温度）开始，在较宽的温度范围内不断进行，一般至 -40℃才完全冻结（有的个别食品到 -95℃还没完全冻结），在此温度范围内不会出现明显的温度平台。对于这样的情况，虽然可以用"表观比热容"表达,但使用并不方便,所以常用焓值直接表达,而设食品材料在－40℃的焓值为零。

由于我们只关心冻结过程中食品焓值的变化,因已取－40℃食品材料的焓值为零,若已知其原始含水量、冻前比热容、冻后比热容,以及到某一温度时未冻水的质量分数(或冻结水的质量分数),那么就能计算出该温度下食品的焓值。

关于冷却到某一温度时食品材料中未冻水的质量分数的计算方法已在第二章作了介绍。

Sweat(1995)给出一些食品材料在冷却时未冻水的质量分数和比焓值,见表 3-7。

Riedel 和 Dickerson 绘制了牛肉、水果汁和蔬菜汁的比焓值与含水量的关系线图,如图 3-3、图 3-4 所示。这些线图取－40℃食品材料比焓值为 0[5],Manmap(1990)列出鳕鱼比焓值与温度的关系[4],如图 3-5 所示。

由表 3-7 可看出,对于含水量很高的食品,当温度稍低于 0℃时,就有部分水被冻结。未冻水质量分数很快降低。以水的质量分数为 90% 的食品为例,当温度降到－3℃时,其中已有多于 60% 的水被冻结;而对于水的质量分数为 60% 的食品,只有温度降至－6～－7℃才开始冻结;而到－20℃左右,才能使其中约 60% 的水被冻结。

三、热导率

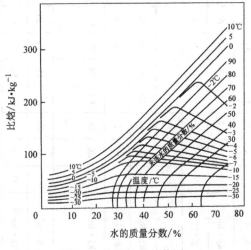

图 3-3 牛肉的比焓值图

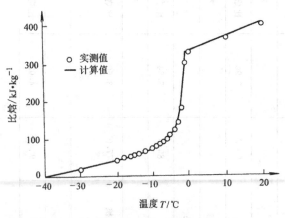

图 3-5 鳕鱼的比焓值与温度的关系[4]

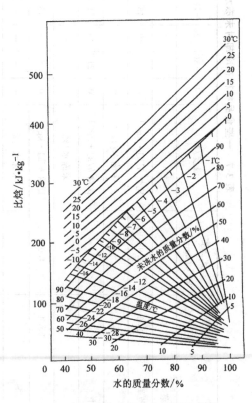

图 3-4 水果汁和蔬菜汁的比焓值图

表 3-7　一些食品材料在冷却和冻结时未冻水的质量分数和比焓值[3.5]

	水的质量分数/%	比热容/kJ·(kg·K)$^{-1}$	温度/℃	0	-1	-2	-3	-4	-5	-6	-7	-8	-9	-10	-12	-14	-16	-18	-20	-30	-40
1. 蔬菜																					
去皮芦笋	92.6	3.98	比焓 h/kJ·kg^{-1}	381	243	155	123	108	99	90	83	77	73	69	61	55	50	45	40	19	0
			未冻水/%	100	58	29	20	17	15	12	10	8	7	—	6	5	—	—	—	—	—
胡萝卜			比焓 h/kJ·kg^{-1}	361	357	218	166	139	124	111	102	94	87	81	72	64	57	51	46	21	0
			未冻水/%	100	100	53	37	29	24	20	18	17	15	14	11	9	8	7	—	—	—
黄瓜	95.4	4.02	比焓 h/kJ·kg^{-1}	390	184	125	104	93	85	79	74	70	67	64	57	51	47	43	39	18	0
			未冻水/%	100	37	20	14	11	—	—	—	—	5	—	—	—	—	—	—	—	—
洋葱	85.5	3.81	比焓 h/kJ·kg^{-1}	353	349	263	196	163	141	125	115	105	97	91	81	71	62	55	50	23	0
			未冻水/%	100	100	71	49	38	31	26	23	20	19	18	16	14	12	10	8	5	—
菠菜	90.2	3.90	比焓 h/kJ·kg^{-1}	371	224	145	117	108	94	86	79	74	70	66	60	54	49	44	40	19	0
			未冻水/%	100	53	28	19	16	13	11	9	—	—	7	6	—	—	—	—	—	—
2. 水果																					
草莓	89.3	3.94	比焓 h/kJ·kg^{-1}	367	318	191	150	127	114	102	95	88	81	76	67	60	54	49	44	20	0
			未冻水/%	100	86	43	30	24	20	18	16	14	12	11	9	7	6	—	5	—	—
无核樱桃（甜）	77.0	3.60	比焓 h/kJ·kg^{-1}	324	320	317	276	225	190	166	149	133	123	114	100	87	76	66	58	26	0
			未冻水/%	—	—	100	86	67	55	47	40	36	32	29	26	21	19	17	15	9	—
番茄酱	92.9	4.02	比焓 h/kJ·kg^{-1}	382	266	166	131	114	103	93	87	81	75	71	63	57	52	47	42	20	0
			未冻水/%	—	—	100	86	67	55	47	40	36	32	29	26	21	19	17	15	9	—

（续）

食品	水的质量分数/%	比热容/kJ·(kg·K)⁻¹	温度/℃	-40	-30	-20	-18	-16	-14	-12	-10	-9	-8	-7	-6	-5	-4	-3	-2	-1	0
3. 蛋																					
蛋白	86.5	3.81	未冻水/%	—	—	—	—	5	—	6	7	8	10	12	14	16	18	24	33	65	100
			比焓 h/kJ·kg⁻¹	0	18	39	43	48	53	58	65	68	72	75	81	87	96	109	134	210	352
蛋黄	50.0	3.10	未冻水/%	—	—	10	—	—	—	—	13	—	—	—	18	20	23	28	40	82	100
			比焓 h/kJ·kg⁻¹	—	18	39	43	48	53	59	65	68	71	75	80	85	91	99	113	155	228
蛋黄	40.0	2.85	未冻水/%	—	—	—	—	—	24	—	16	—	—	—	—	21	22	27	34	60	100
			比焓 h/kJ·kg⁻¹	0	19	40	45	50	56	62	68	72	76	80	85	92	99	109	128	182	191
带皮蛋	66.4	3.31	未冻水/%	20	17	—	22	—	24	—	27	28	29	31	33	35	38	45	58	94	100
			比焓 h/kJ·kg⁻¹	0	17	36	40	45	50	55	61	64	67	71	75	81	88	98	117	175	281
4. 鱼，肉																					
鳕鱼	80.3	3.69	未冻水/%		19	42	47	53	59	66	74	79	84	89	96	105	118	137	177	298	323
			比焓 h/kJ·kg⁻¹	0	19	42	47	53	59	66	74	79	84	89	96	105	118	137	177	298	323
鲈鱼	79.1	3.60	未冻水/%	10	10	11	12	12	13	14	15	16	17	18	20	22	26	32	44	87	100
			比焓 h/kJ·kg⁻¹	0	19	41	46	52	58	65	72	76	81	86	93	101	112	129	165	284	318
瘦牛肉(鲜)	74.5	3.52	未冻水/%	10	10	11	12	13	14	15	16	17	18	20	22	24	31	40	55	95	100
			比焓 h/kJ·kg⁻¹	0	19	42	47	52	58	65	72	76	81	88	95	105	113	138	180	285	304
5. 面包																					
白面包	37.3	2.60	比焓 h/kJ·kg⁻¹	0	17	35	39	44	49	56	67	75	83	93	104	117	124	128	131	134	137
全粉面包	42.4	2.68	比焓 h/kJ·kg⁻¹	0	17	36	41	48	56	66	78	86	95	106	119	135	150	154	157	160	163

ASHRAE 手册列出了一些研究者发表的食品材料热导率的实验数据,以及对这些实验数据可靠性的评估[5](图 3-6、图 3-7)。表 3-8 中选择了一些被认为较可靠的数据。

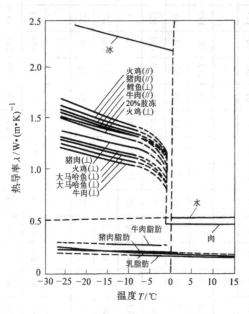

图 3-6 食品材料热导率和温度的关系[5]

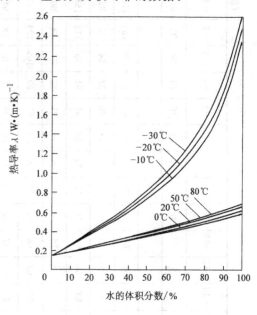

图 3-7 食品材料热导率
和含水量、温度的关系[5]

表 3-8 一些食品材料热导率的实验数据

	温度/℃	水的质量分数/%	$\lambda/W \cdot (m \cdot K)^{-1}$(实验者)
苹果汁	20	87	0.599(Ricdel)
	80		0.631
	20	70	0.504
	80		0.564
	20	36	0.389
	80		0.435
苹果	8		0.418(Gane)
干苹果	23	41.6	0.219(Sweat)
干杏	23	43.6	0.375(Sweat)
草莓酱	20	41.0	0.338(Sweat)
牛肉脂肪	35	0	0.190(Poppendick)
	35	20	0.230
瘦牛肉=	3	75	0.506(Lentz)
	-15		1.42
瘦牛肉=	20	79	0.430(Hill)
	-15		1.43
瘦牛肉⊥	20	79	0.408(Hill)
	-15		1.12
瘦牛肉⊥	3	74	0.471(Lentz)
	-15		1.12

（续）

	温度/℃	水的质量分数/%	$\lambda / W \cdot (m \cdot K)^{-1}$（实验者）
猪肉脂肪	3	6	0.215(Lentz)
	−15		0.218
瘦猪肉＝	4	72	0.478(Lentz)
(6.1%脂肪)	−15		1.49
＝	20	76	0.453(Hill)
(6.7%脂肪)	−13		1.42
⊥	4	72	0.456(Lentz)
(6.1%脂肪)	−15		1.29
⊥	20	76	0.505(Hill)
(6.7%脂肪)	−14		1.30
蛋黄(32.7%脂肪,16.75 蛋白质)	31	50.6	0.420(Poppendick)
鳕鱼⊥	3	83	0.534
(0.1%脂肪)	−15		1.46
鲑鱼⊥	3	67	0.531(Lentz)
(12%脂肪)	−5		1.24
全奶(3%脂肪)	28	90	0.580(Leidenfrost)
巧克力蛋糕	23	31.9	0.106(Sweat)

注：表中符号＝和⊥分别表示平行和垂直纤维方向。

注意图 3-7 的横坐标是含水量的体积分数，而不是质量分数。在转换时可以利用下列密度数据：脂肪 920kg/m³、蛋白质 1350kg/m³、碳水化合物 1550kg/m³。

四、热扩散率

热扩散率 a 是研究非稳态传热的重要物性。对于各个同性均匀介质，在没有相变情况下，其导热方程为

$$\frac{\partial T}{\partial t} = a\left[\frac{\partial^2 T}{\partial x^2} + \frac{\partial^2 T}{\partial y^2} + \frac{\partial^2 T}{\partial z^2}\right] \qquad (3-9)$$

$$a = \lambda / \rho c_p$$

a 的实测数据很少，而且均是针对未冻结食品的，ASHRAE 手册给出了一些实测值，这些实测值绝大多数分布在 0.10～0.13mm²/s 之间；而水在 25℃时的 a 值为 0.145×10^{-6}m²/s $=0.145$mm²/s。

第四节 食品材料热物理性质的估算方法

本节讨论如何根据食品的组分、各组分的热物理性质，来估算食品材料热物理性质的方法。这方法在工程上有重要的应用，但对某些食品仍有较大偏差，这是因为热物理性质不仅与其含水量、组分、温度有关，而是还与食品的结构、水和组分的结合情况等有关。表3-9给出了一些食品组分的热物理性质。

表 3-9 一些食品组分的热物理性质[9]

组分	密度/kg·m^{-3}	比热容 c_p/kJ·kg^{-1}	热导率 λ/W·(m·K)$^{-1}$
水	1000	4.182	0.60
碳水化合物	1550	1.42	0.58
蛋白质	1380	1.55	0.20
脂肪	930	1.67*	0.18
空气	1.24	1.00	0.025
冰	917	2.11	2.24
矿物质	2400	0.84	

注：*固体脂肪的比热容为 1.67kJ/kg；而液态脂肪的比热容为 2.094kJ/kg。

一、密度

Hsiek(1972 年)提出用下式计算食品材料的密度：

$$\frac{1}{\rho}=w_v\left(\frac{1}{\rho_v}\right)+w_s\left(\frac{1}{\rho_s}\right)+w_i\left(\frac{1}{\rho_i}\right)=\sum_i\frac{w_i}{\rho_i} \qquad (3\text{-}10)$$

式中 ρ_v、ρ_s、ρ_i——未冻水、固体成分和冰的密度；

w_v、w_s、w_i——未冻水、固体成分和冰的质量分数。

当冷却至某一温度时，未冻水和冰的质量分数 w_v、w_i 可以根据第二章提供的方法计算。以草莓为例，其水的质量分数为 89.3%，初始冻结温度为 -0.89℃。用上述方法可计算求得其密度随温度的变化，见图 3-8。当其由 0℃ 冷却至 -40℃时，其密度由 1050kg/m³ 降至 960kg/m³。

如食品中有明显的空隙(porosity)ε，Mannapanpperuma 和 Singh(1990)建议用下式计算密度：

$$\frac{1}{\rho}=\frac{1}{1-\varepsilon}\sum_i\frac{w_i}{\rho_i} \qquad (3\text{-}11)$$

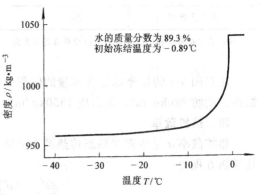

图 3-8 草莓密度随温度的变化[4]

二、比热容

1. 高于初始冻结温度的情况

食品材料的比热容和含水量有着明显的关系，这在第三节中已作了讨论，并可按式(3-2)至式(3-7)计算。

这里讨论用各种组分计算比热容的方法。

Heldman 和 Singh(1981 年)

$$c_p=4.18w_w+1.549w_p+1.424w_c+1.675w_f+0.837w_a \qquad (3\text{-}12)$$

Choi 和 Okos(1983 年)

$$c_p=4.180w_w+1.711w_p+1.574w_c+1.928w_f+0.908w_a \qquad (3\text{-}13)$$

式中 w_w、w_p、w_c、w_f、w_a——食品中水分、蛋白质、碳水化合物、脂肪、和灰分含量的质量分数。

2. 低于初始冻结温度的情况

如食品中的水分已被全部冻结，则可用 Seibel 建议的式(3-8)

$$c_p = 0.837 + 1.256w$$

实际上食品冻结并不在一个恒定的温度下进行。当温度低于其初始冻结温度后，食品开始结冰，冰点开始下降，一直要降到很低的温度。在其初始冻结温度以下的一段温度范围内，相变是逐渐进行，结冰是不断增加的。即，人们用一个新的名词"表观比热容"c_{pa}(appparent specific heat)来表示。

$$c_{pa} = \left(\frac{\partial H}{\partial T} \right)_p \tag{3-14}$$

在这里，H 是食品材料的焓，其相变潜热已被计入表观比热容 c_{pa} 中。

对于含水量较高的食品，其初始冻结温度为$-1\sim-3℃$，而主要相变区在其以下 $4\sim10$K，但要完全冻结则要降到很低的温度。如新鲜的牛肉即使冷却到$-62℃$，橘汁冷却到$-95℃$，其中仍有部分水未冻结。

图 3-9 给出了 Heldman(1982 年)关于欧洲樱桃(sweet cherries)表观比热容与温度的关系。此樱桃水的质量分数为 77%，而初始冻结温度为$-2.61℃$。在此温度以下区域，表观比热容的剧烈变化，实际上反映了食品中的水分不断冻结吸取大量潜热。

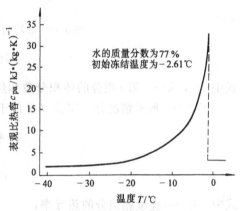

图 3-9 欧洲甜樱桃的
表观比热容与温度的关系

三、热导率

1. 高于初始冻结温度的情况

Choi 和 Okos(1983 年)提出

$$\lambda \approx 0.61w_w + 0.20w_p + 0.205w_c + 0.175w_f + 0.135w_a \tag{3-15}$$

Sweat(1995 年)提出

$$\lambda \approx 0.58w_w + 0.155w_p + 0.25w_c + 0.16w_f + 0.135w_a \tag{3-16}$$

式中 w_w、w_p、w_c、w_f、w_a——食品中水分、蛋白质、碳水化合物、脂肪、和灰分的质量分数。

如果不清楚食品材料的详细组分，只知道水的质量分数，也有一些计算公式：

$$\lambda = 0.26 + 0.34w \text{(Backstrom,1965 年)} \tag{3-17}$$

$$\lambda = 0.056 + 0.567w \text{(Bowman,1970 年)} \tag{3-18}$$

$$\lambda = 0.26 + 0.33w \text{(Comini,1974 年)} \tag{3-19}$$

$$\lambda = 0.148 + 0.493w \text{(Sweat,1974 年)} \tag{3-20}$$

实际上蛋白质和碳水化合物的 λ 值是和它们的化学、物理状态有关，因此一些不同的计算式之间的偏差仍很大。

上述关系并不适用于多孔的疏松的食品，因为多孔性食品的热导率和空隙度有很大关系，有时影响比含水量的影响还大。

食品材料在许多情况下是非均相物质，如食品由两种组分组成，这可以有三种情况，由三种不同方式对热导率做贡献。

图 3-10a 所示情况是传热方向与两组分系统的界面平行，其热导率为

$$\lambda = v_1\lambda_1 + v_2\lambda_2 \tag{3-21}$$

式中　v_i，λ_i——第 i 组分的体积分数和热导率。

图 3-10b 所示情况是传热方向与两组分系统的界面垂直，其热导率为

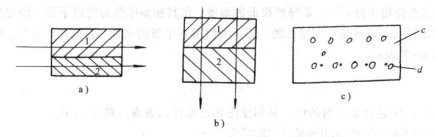

图 3-10　非均相食品计算总热导率的三种情况

$$\lambda = \left(\frac{v_1}{\lambda_1} + \frac{v_2}{\lambda_2}\right)^{-1} \tag{3-22}$$

式中　v_i，λ_i——第 i 组分的体积分数和热导率。

图 3-10c 所示情况是一组分 d 扩散于另一组分 c 中，其热导率为

$$\lambda = \lambda_c \times \frac{1-c}{1-c(1-v_d)} \tag{3-23}$$

$$c = v_d^2\left(1 - \frac{\lambda_d}{\lambda_c}\right) \tag{3-24}$$

式中　λ_c——连续相组分的热导率；

　　　λ_d——扩散相组分的热导率；

　　　v_d——扩散相组分所占的体积分数。

2. 低于初始冻结温度的情况

0℃冰的热导率为 2.24W/(m·K)，远大于 0℃水的热导率 0.567W/(m·K)，所以冻结食品的热导率也远高于未冻食品。

要预测冻结食品的热导率是极困难的，这不仅因为热导率与纤维方向有关，而且因为在冻结过程中食品的密度、空隙度等都会有明显的变化，而这些都对热导率产生很大的影响。

Choi 和 Okos(1984 年)提出根据各组分的体积分数和热导率计算食品材料热导率的方法[4]：

$$\lambda = \rho \sum_i \lambda_i \frac{v_i}{\rho_i} \tag{3-25}$$

式中　v_i、ρ_i、λ_i——各组分的体积分数、密度和热导率；在计算过程中未冻水和已冻冰作为两个组分处理。

图 3-11 给出了几种食品的热导率的计算值与实验值的比较。

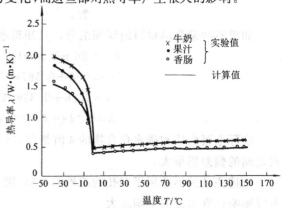

图 3-11　牛奶、果汁、香肠热导率
计算值和实验值的比较[4]

第五节　包装材料的性质

一、食品容器材料的热物理性质

表 3-10 给出了一些食品容器材料的热物理性质。

表 3-10　一些食品容器材料的热物理性质[5]

	热导率 /W · (m · K)$^{-1}$	比热容 /kJ · (kg · K)$^{-1}$	有效密度 /kg · m^{-3}	热扩散率 /m^2 · s^{-1}
不锈钢	16	0.50	7900	4.0
硼硅玻璃	1.10	0.84	2200	0.60
尼龙	0.24	1.7	1100	0.13
聚乙烯(高密度)	0.84	2.3	960	0.22
聚乙烯(低密度)	0.33	2.3	930	0.15
聚丙烯	0.12	1.9	910	0.069
聚四氟乙烯	0.26	1.0	2100	0.12

二、常用包装材料的厚度和热阻

表 3-11 给出了几种常用包装材料的厚度和热阻。

表 3-11　几种常用包装材料的厚度和热阻[11]

材　　料	厚度 δ/mm	热阻 δ/λW · (m^2 · K)$^{-1}$
蜡纸板	0.625	0.0096
带玻璃纸的蜡纸板	0.568	0.0109
铝箔	0.509	0.0070
	0.599	0.0095
	0.568	0.0075
双层蜡防水纸	0.212	0.0035

三、食品包装膜的气体渗透率(gas permeability)

表 3-12 给出了一些食品包装膜的气体渗透率。

表 3-12　一些食品包装膜的气体渗透率 $\overline{p}$(25℃)[10]

$\overline{p}$	O$_2$	CO$_2$	$\overline{p}$	O$_2$	CO$_2$
聚乙烯(PE)(低密度)	8500	45000	聚丙烯(polypropylene)	1500	2300
(高密度)	9300	7000	聚氯乙烯(PVP)(软)	150	6000
玻璃纸	15	200			

注：$\overline{p}$ 的单位是 cm^3 · mil/(m^2 · 24h · atm)。

　　(1mil=10^{-3}in=0.0154mm,1atm=101.325kPa)

四、包装材料的水蒸气渗透率

表 3-13 给出了一些包装材料的水蒸气渗透率。

表 3-13 在膜内外相对湿度差为 90 ％时，一些食品包装膜的水蒸气渗透率(37.8℃)[10]

$\bar{p}$	水蒸气	$\bar{p}$	水蒸气
聚乙烯（PE）（低密度）	20	聚丙烯（polypropylene）	5
（高密度）	5	聚氯乙烯（PVP）（软）	90
玻璃纸	5		

第六节 食品材料中水分的扩散系数

分子扩散是由于分子的无规则运动引起的质量迁移。对于一个两元系统 (A,B) 在单位时间内，组分 A 通过单位面积的质量迁移流为 J_A，按 Fick's 定律

$$J_A = -D_{AB}\frac{\mathrm{d}\rho_A}{\mathrm{d}Z} \tag{3-26}$$

式中　ρ_A——组分 A 的质量浓度，单位为 kg/m^3；

　　　Z——扩散途径，单位为 m；

　　　D_{AB}——组分 A 对组分 B 的扩散系数，单位为 m^2/s；

　　　J_A——扩散质量流，单位为 $kg/(m^2 \cdot s)$。

因此，扩散系数的量纲为 m^2/s。

扩散系数是此系统的物理性质，对于食品材料来说，多组分的系统，可以研究若干种扩散组分在食品系统中的扩散系数。对本书目的而言，我们更关心水分在食品材料中的扩散系数。

一、气体组分在空气中的扩散系数

表 3-14 给出了一些气体组分在空气中的扩散系数。

表 3-14 在大气压力下各种气体和蒸汽在空气中的扩散系数(单位为 $10^{-5}m^2/s$)

H_2	O_2	CO_2	水蒸气	乙醇	乙酸	醋酸乙醛	环巳烷	丁醛
6.11	1.78	1.38	2.60	1.06	1.33	0.71	0.80	0.7

二、组分在液体中的扩散系数

表 3-15 给出了某些组分在液体中的扩散系数。

表 3-15 某些与食品有关的组分在稀水溶液中(25℃)的扩散系数

(单位为 $10^{-9}m^2/s$)

O_2	CO_2	SO_2	乙醛	乙酸	尿素	催化酶
2.41	2.00	1.70	1.24	1.26	1.37	0.041
蔗糖	乳糖	NaCl	咖啡因	肌红蛋白	大豆蛋白	过氧化酶
0.56	0.49	1.61	0.63	0.113	0.03	0.012

三、组分在固体中的扩散系数

表 3-16 给出了某些组分在固体中的扩散系数。

表 3-16　某些与食品有关的组分在固体中的扩散系数　（单位为 $10^{-11} m^2/s$）

扩散组分	固体材料	温度/℃	$D/10^{-11} m^2 \cdot s^{-1}$
O_2	橡胶	25	21
CO_2	橡胶	25	11
N_2	橡胶	25	15
水	醋酸纤维素 （水的质量分数为12%） （水的质量分数为5%）	25 25	0.32 0.20
NaCl	离子交换树脂 （Dowex50）	25	9.5
环乙烷	马铃薯	20	20
蔗糖	琼脂凝胶（冻粉）	5	25

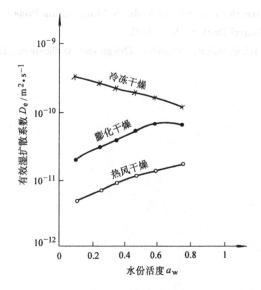

图 3-12　经不同方法脱水的
马铃薯的有效湿扩散系数（30℃）

四、食品材料中的水分迁移

在食品处理中,水分的迁移是个复杂的过程,它可能包括分子扩散、毛细管流动、Knudsen 流动、流体流动等多种因素。用实验方法测得的用于表征此过程的是有效湿扩散系数(apparent diffusivity of moisture) D_e。此数据通常是从干燥或吸收速率的实验数据中得到的。

食品的物理结构对水分的扩散性能起了重要的作用,多空结构(如用冷冻干燥处理过的),其有效湿扩散系数 D_e 明显增大,而脂肪会使 D_e 明显降低。例如 30℃ 的水在全人豆中有效湿扩散系数 $D_e = 2.0 \times 10^{-12} m^2/s$,而在脱脂大豆中 $D_e = 5.4 \times 10^{-12} m^2/s$。

参 考 文 献

1 华泽钊，任禾盛著. 低温生物医学技术. 北京：科学出版社，1994

2 冯志哲，张伟民，沈月新编著. 食品冷冻工艺学. 上海：上海科技出版社，1984

3 Sweat V. E. Thermal properpies of foods, in "Engineering Properties of Foods" 2nd. ed. by M. A. Rao. New York：Marcel Dekker，Inc. 1995

4 Singh，R. P. Thermal properties of frozen foods. in "Engineering Properties of Foods" 2nd. ed. by M. A. Rao. New York：Marcel Dekker，Inc. 1995

5 ASHRAE，1993. ASHRAE Handbook(Fundamentals). American Society of Heating，Refrigerating and Air-conditioning Engineers. Altanta，Ga. USA

6 George，S. K. Thermal Expansivity and Compressibility of Liquid water from 0℃ to 150℃. J. of Chemical and Engineering Data，20(1)，97-105，1975

7 Touloukian Y. S. Thermophysical properties of matters. New York：McGraw Hill，1975

8 Powell T. W. Thermal Conductivities and expansion coefficient of water and ice. Advances in physics. 7 (26)，276-297，1958

9 Gekas V. Transport phenomena of foods and biological materials. Florida：CRC Press，1992

10 Saravacos G. D. Mass transfer properties of foods. in "Engineering Properties of Foods" 2nd. ed. by M. A. Rao. New York：Marcel Dekker，Inc. 1995

11 Koelat P. C. Industrial refrigeration：Principles，Design and Applications. London：Macmillan Press Ltd，1992

第四章　食品冷冻的制冷技术

第一节　食品冷冻的主要方法

食品冷冻的方法按被冷冻所用的介质来分类。

一、用空气鼓风冷冻(Air-Blast Systems)

所用的介质是低温空气。常见的是鼓风冻结隧道(Blast freezing tunnel),主要有下列两种形式[1]:

1) 被冷冻的食品装在小车上推进隧道,在隧道中被鼓进的低温空气冷却、冻结后再推出隧道。主要用于产量小于200kg/h的场合。

目前所用的低温气流,流速为2～3m/s;温度为－35～－45℃,其相应制冷系统蒸发器温度为－42～－52℃。食品在隧道中停留的时间,对包装食品为1～4h;对较厚食品为6～12h。

2) 被冷却的食品也可以用传送带输入隧道,食品在传送带上连续进出。食品可以是包装好的,也可以是散装的。传送带上有许多小孔,冷空气由小孔吹向食品。

对于已包装好的食品,此类冻结机也可做成螺旋式,被称为螺旋式冻结装置(Spiral conveyor blast freezer,见第九章图9-7)。

对于散装的食品,如切成小块的胡萝卜、梨等,食品被冷风吹起悬浮在传送带的上空,能得到很好的冷却与冻结。此法又称为流态化冻结装置(fluid bed freezing tunnel),如第九章图9-12至图9-14所示。此法的产量可以很大,冻结时间很短,一般只有几分钟,可达到单体快速冻结(individual quick freezing,简称IQF)。

二、直接接触冷却食品(亦称为板式冻结器,plate freezer)

此法采用低温金属板(冷板)为蒸发器,内部是制冷工质直接蒸发,也可以是载冷剂,如盐水等,食品与冷板直接接触进行冻结。对于－35℃的冷板,一般食品的冻结速度约为25mm/h。参见第九章图9-15至图9-17。

三、利用低温工质CO_2和液氮对食品的喷淋冷冻

由于CO_2和液氮的正常沸点都很低,分别为－78℃和－196℃,故被称为低温冻结(Cryogenic freezing)液氮喷淋冷冻的装置见第九章图9-23和图9-24。此法的传热效率很高,初投资很低,可以达到快速冻结的目的,但运行费用较高。

四、冷冻干燥(freeze-drying)

食品先被冻结,再在真空下升华脱水,就可密封在常温下保藏。

根据上述情况,本章将讨论制冷的基本方法、有关制冷剂(包括CO_2和液氮)、载冷剂、湿空气等的性质,以及真空冷冻干燥的知识。

第二节　制冷的基本方法和基本循环

一、制冷的基本方法

我们可以将制冷的机制分解为两个过程。一是使制冷工质"降温"的过程,二是制冷工质

56

在低温下"吸热"(如从食品中吸热以冷冻食品)的过程[2]。

1.使制冷工质"降温"的方法

有绝热节流、绝热膨胀、半导体的热电效应(帕尔帖效应)、涡流管、绝热去磁、He³稀释等。对于食品冻结来说,最主要的是前两种方法。

1) 绝热节流 让高压流体绝热地流经节流装置以降低压力,从热力学角度来说,它是个等焓降压过程,其温度变化的效应 α_h 被称为焦耳-汤姆逊效应(J-T Effect)。

对于处于汽液两相区的流体,绝热节流一定能达到降温的效果,因为在两相区内,饱和温度是压力的单调函数。对于气相区,只有当气体温度低于其转变温度时,绝热节流才有降温效应。

目前最常用的蒸汽压缩式制冷,都是利用绝热节流来降温的。

2) 绝热膨胀作功 主要用于气体。当气体通过膨胀机绝热膨胀作功时,总能达到降温的效果。

2."吸热"的方式

对于常用的制冷系统,制冷工质是以"潜热"或以"显热"的方式吸热的。

二、制冷的基本循环

与食品冷冻有关的制冷循环主要有两种:

1.蒸汽压缩式制冷循环

其基本循环框图和压-焓图示于图4-1中。此循环中工质降温的方法是两相区内绝热节流(过程3-4);吸热的方式主要是吸收"潜热"(过程4-1)。压缩机的作用是提高蒸汽压力以构成循环。压缩机的形式可以是机械式(如活塞式、螺杆式、涡旋式、离心式等);也可以是利用高温热能的"热压缩",如吸收式、吸附式、蒸汽喷射式等。

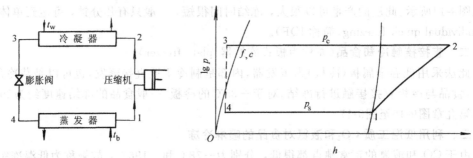

图4-1 蒸汽压缩式制冷循环及其 $\lg p$-h 图

2.气体绝热膨胀制冷

主要用于低温制冷和飞机空调。在此法中,工质的降温是靠绝热膨胀作功,而吸热是"显热"。食品冷冻所用的液氮的生成主要就利用这种制冷方法。

这里简单介绍使氮气液化的克劳德循环。它是上述两种方法的结合。在常温气相区,用绝热膨胀降温(过程3-e)、显热吸热(g-1);在低温区用的绝热节流降温(过程5-6)、潜热吸热(6-g),如图4-2所示。

其液化率

$$y=\frac{\dot m_f}{\dot m}=\frac{h_1-h_2}{h_1-h_f}+x\left(\frac{h_3-h_e}{h_1-h_f}\right) \tag{4-1}$$

式中 x——进入膨胀机的流量 $\dot m_e$ 与进入压缩机的流量 $\dot m$ 之比。

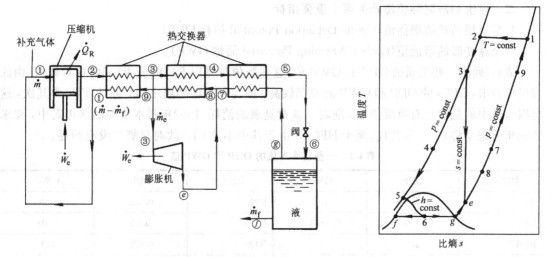

图4-2 氮气液化的制冷循环及其 *T-S* 图

$\dot{m}_f$—单位时间的液化量 $\dot{m}_e$—进入膨胀机的质量流量

W_e—膨胀机对外输出功率 $\dot{m}$—进入压缩机的质量流量

W_c—压缩机的输入功率 Q_R—压缩机与外界的换热率

第三节 制冷工质的发展与 CFCs 的替代[1,2]

一、制冷工质的发展

蒸汽压缩式制冷循环的制冷工质，在最初用过乙醚（1850年）、二氧化硫（1874年）、氨（1870年）和二氧化碳（1886年）等。1929～1930美国通用电气公司的 Thomas Midgley 首次用 CCl_2F_2 作为制冷工质，取得很好的效果。而生产此工质的杜邦公司，将其标名为氟利昂12（Freon12）简称 F12。此后，F11、F502、F13等在制冷上广泛应用，占据了很大的领域，有人将由此开始的制冷50年称为氟利昂的时代。

1974年美国加州大学的 Rowland 教授和他的博士后 Molina（此两人和德国的 Crutzen 一起获得1995年诺贝尔化学奖）在"自然"杂志上发表论文，指出氟利昂在紫外线的作用下会释放出氯离子，而氯离子会消耗地球周围热成层（stratosphere）中的臭氧（O_3），而使太阳的紫外线不被 O_3 吸收而直照地面，造成人类的皮肤癌。1987年，36国签订了关于禁用和逐步替代消耗臭氧层物质的蒙特利尔协定书。1992年97国在哥本哈根开会决定加速禁用和替代破坏臭氧层物质的进程。

常用作制冷工质的碳氢化合物，按其含氯、氟、氢的情况，大致可分为三类：

1) CFCs 是英文 chlorofluorocarbons 的缩写，是含氯氟烃。它们是饱和碳氢化合物（如甲烷（CH_4）、乙烷（C_2H_6）、丙烷（C_3H_8）等）的氯氟衍生物。如 R11(CCl_3F)、R12(CCl_2F_2)、R113($C_2Cl_3F_3$)等。

2) HCFCs 是英文 hydrochlorofluorocarbons 的缩写，是含氢氯氟烃，如 R21($CHCl_2F$)、R22($CHClF_2$)、R123($C_2HCl_2F_3$)等。

3) HFCs 是英文 hydrofluorocarbons 的缩写，是含氢氟烃，如 R23(CHF_3)、R134(C_2-H_2F_4)等。

二、评价物质对环境影响的两个重要指标

1. 臭氧层消耗的潜能值（Ozone Depletion Potential 简称 ODP）
2. 全球变暖的潜能值（Global Warming Potential 简称 GWP）

表4-1列出一些工质的 ODP 和 GWP 值。这些数值都是以 R11 的值为 1.0 的相对数值。由此表可以看出，CFCs 的 ODP 和 GWP 的值都较高，被列入立即禁用之列；而 HCFCs 为其次，这是因为其中的氢对氯有束缚作用，削弱了氯对臭氧的消耗。1992年哥本哈根的修正案中，要求2030年前完全将 HCFCs 替代。至于 HFCs，由于其中不含 Cl，故对臭氧层没有消耗。

表4-1 一些制冷工质的 ODP 和 GWP 值

制冷工质	ODP	GWP	制冷工质	ODP	GWP
R11	1.0	1.0	R22	0.055	0.36
R12	1.0	2.8～3.4	R123	0.02	0.02
R12B1	3.0	—	R124	0.022	0.1
R13	0.45	6.0	R124b	0.065	0.42
R13B1	10～13	0.8	R23	0	—
R113	0.8～0.9	1.2～2.0	R32	0	0.13
R114	0.6～0.8	3.4～4.5	R134a	0	0.25
R115	0.3～0.5	5.0～9.0	R125	0	0.34
R500	0.74～0.87	3.38～4.87	R143a	0	0.76
R502	0.17～0.29	2.66～4.78	R152a	0	0.03

至于 CFCs 和 HCFCs 的替代，可以用 HFCs，如 R134a、R143a、R152a 等；也可以用氨（NH_3）、丙烷（C_3H_8）、丁烷（C_4H_{10}）和混合制冷剂 R404a、R507等。

第四节 制冷工质的命名法[4]

1957年美国供暖制冷与空调工程师学会（ASHRAE）制定了统一代号编码原则。这个原则1960年被国际标准化组织（ISO）认可。我国也在1982年制定了相应的标准，这些标准均规定制冷工质以"R"表示，而代号原则如下：

一、饱和碳氢化合物及其卤素衍生物

参照过去习惯对氟利昂的命名法。即，$C_aH_bCl_cF_d$＝＞（被命名为）R(a−1)(b+1)d，若其最左边第一位为0，则不标出。表4-2给出了常用饱和碳氢化合物及其卤素衍生物用作制冷工质的命名。

二、非饱和碳氢化物及其卤素衍生物

用4位数字编号。最左的数字是1，而其余3位数的编号原则与饱和碳氢化物衍生物相同，如 C_2H_4 为 R1150；C_3H_6 为 R1270；C_2HCl_3 为 R1120；$CF_2＝CCl_2$ 为 R1112a。

三、环状化合物（cyclic organic compounds）

用 RC XXX 表示，如 C_4F_8 为 RC318；$C_4Cl_2F_6$ 为 RC316。

四、无机化合物

用 R7XX 表示，其右面2位数字是该化合物的分子量。表4-3为无机化合物用作制冷工质的

命名。

表4-2　常用饱和碳氢化合物及其卤素衍生物用作制冷工质的命名

甲烷	CH$_4$	R50	F=0	C$_2$Cl$_6$	R110
	CH$_3$Cl	R40		C$_2$H$_5$F	R161
F=0	CH$_2$Cl$_2$	R30	F=1	C$_2$H$_4$ClF	R151
	CHCl$_3$	R20		⋮	⋮
	CCl$_4$	R10			
	CH$_3$F	R41		C$_2$Cl$_5$F	R111
F=1	CH$_2$ClF	R31		C$_2$H$_4$F$_2$	R152
	CHCl$_2$F	R21	F=2	⋮	⋮
	CCl$_3$F	R11		C$_2$Cl$_4$F$_2$	R112
	CH$_2$F$_2$	R32		C$_2$H$_3$F$_3$	R143
F=2	CHClF$_2$	R22	F=3	⋮	⋮
	CCl$_2$F$_2$	R12		C$_2$Cl$_3$F$_3$	R113
	CHF$_3$	R23		C$_2$H$_2$F$_4$	R134
F=3	CClF$_3$	R13	F=4	⋮	⋮
F=4	CF$_4$	R14		C$_2$Cl$_2$F$_4$	R114
乙烷	C$_2$H$_6$	R170		C$_2$HF$_5$	R125
	C$_2$H$_5$Cl	R160	F=5	C$_2$ClF$_5$	R115
F=0	C$_2$H$_4$Cl$_2$	R150	F=6	C$_2$F$_6$	R116
	⋮	⋮			

注：1. 上述化合物中 Cl 若被 Br 所替代，则称为"哈龙"（"halons"）。如 R13（CClF$_3$）中的 Cl 被 Br 替代，构成 CBrF$_3$，则被标为 R13B1或称哈龙1301。这里的4个数字分别表示 C、F、Cl、Br 元素的原子数目。

　　2. 对于同分异构体（isomers）则用附角处加 a 等表示。如 R114代表 CClF$_2$-CClF$_2$，R114a 代表 CClF-CF$_3$。

表4-3　无机化合物用作制冷工质的命名

H$_2$O	H$_2$	He	空气	CO$_2$	N$_2$O	SO$_2$	N$_2$	NH$_3$
R718	R702	R704	R729	R744	R744a	R764	R728	R717

五、共沸混合物（azeotropic mixfures）

用 R5XX 表示，已规定的有：

R500：表示 R12/R152a 的共沸混合物（质量比为73.8%/26.2%）

R501：表示 R22/R12的共沸混合物（质量比为75.0%/25.0%）

R502：表示 R22/R115的共沸混合物（质量比为48.8%/51.2%）

R503：表示 R13/R23的共沸混合物（质量比为40.1%/59.9%）

R507：表示 R125/R143a 的共沸混合物（质量比为50%/50%）

六、非共沸混合物（zeotropic 或 non-azeotropic mixtures）

用 R4XX 表示，如 R400是 R12和 R114的非共沸混合物，R404a 是 R125/R143a/R134a 的非（近）共沸混白物。

七、其他的有机混合物

用 R6XX 表示，如丁烷（butane）CH$_3$CH$_2$CH$_2$CH$_3$为 R600；乙醚（ethylether）C$_2$H$_5$OC$_2$H$_5$为 R610。

第五节 常用制冷工质的热力学性质

一、常用工质的正常沸点、冰点和临界点（见表4-4）

表4-4 一些常用制冷工质的物理参数

代号	名称	分子式	分子量	正常沸点 /℃	冰点 /℃	临界温度 /℃	临界压力 /kPa
R718	水	H_2O	18.02	100.0	0	374.2	22103
R610	乙醚	$C_4H_{10}O$	74.12	34.6	-116.3	194.0	3603
R11	三氯氟甲烷	CCl_3F	137.38	23.82	-111	198.0	4406
R21	二氯氟甲烷	$CHCl_2F$	102.93	8.9	-135	178.5	5168
R600	丁烷	C_4H_{10}	58.13	-0.5	-138.5	152.0	3794
R764	二氧化硫	SO_2	64.07	-10.0	-75.5	157.5	7875
R152a	二氟乙烷	CH_3CHF_2	66.05	-25.0	-117	113.5	4492
R134a	四氟乙烷	CF_3CH_2F	102.03	-26.16	-96.6	101.1	4067
R717	氨	NH_3	17.03	-33.3	-77.7	133.0	11417
R22	氯二氟甲烷	$CHClF_2$	86.48	-40.76	-160	96.0	4974
R290	丙烷	C_3H_8	44.10	-42.07	-187.7	96.8	4254
R744[①]	二氧化碳	CO_2	44.01	-78.4[①]	-56.6	31.1	7372
R13	氯三氟甲烷	$CClF_3$	104.47	-81.4	-181	28.8	3865
R50	甲烷	CH_4	16.04	-161.5	-182.2	-82.5	4638
R728	氮	N_2	28.013	-195.8	-210	-146.9	3396

注：此表按正常沸点高低为序排列。

①对 CO_2，-78.4℃是其升华温度；-56.6℃是其三相点温度。

二、几种制冷工质饱和压力与温度的关系（见图4-3）

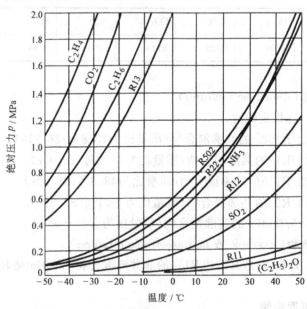

图4-3 几种制冷工质饱和压力和温度的关系[3]

第六节　氨

一、氨的热力学性质

氨($R717$,NH_3)的正常沸点为-33.4℃,凝固点为-77.7℃,临界温度为133.0℃,临界压力为11417kPa。氨很适合于作为-65℃以上温度范围内的制冷工质,因为在此温度范围内,其对应的饱和压力比较适中。特别是在CFCs被禁用后,NH_3就具有更重要的意义。图4-4和表4-5给出NH_3的压焓图和其饱和液、气的主要热物理性质。

由此表可以看出,氨的单位容积制冷量很大,热导率大,粘度小,流动阻力小,具有较理想的制冷性质。

二、氨的物理化学性质

氨能以任意比例与水相溶解。若氨中溶有少数水分,即使在一般的低温时,水也不会从溶液中析出而冻成冰,所以氨系统中不必设干燥器。一般限制氨中含水量小于0.2%,因为含水会使制冷量减少,而且在有水分时会加剧对金属的腐蚀。

氨在润滑油中的溶解度很小,故油易沉积在换热器内表面而影响传热系数,故在系统中要设分油器。润滑油的密度比氨大,一般沉积在贮液器的下部,易被放走。

在含水的情况下,氨对铜起腐蚀作用。

三、关于氨的毒性、易爆性的讨论[1]

氨具有强烈的刺激性臭味,当达到一定浓度时会对人的眼睛、呼吸器官等产生刺激和损伤,甚至中毒。在空气中氨含量达到$11\%\sim14\%$时,即为可燃,且可能引起爆炸。上述这些缺点使得在过去几十年内CFCs在许多制冷领域中替代了NH_3。但是随着CFCs的禁用,人们重新研究了NH_3的毒性等问题,并进行了仔细的分析。许多专家,特别是欧洲的专家们,认为NH_3的一些缺点在实际上并不形成危险。他们认为NH_3不仅可用于工业冷冻,还可用于空气调节。

这些专家认为,氨确实具有强烈刺激臭味,但正由于这样,所以极容易被检验出来,反而成为安全保证;现在密封技术已能保证氨不被泄漏,氨系统用的是钢管,用电焊和法兰连接,其可靠性要比CFCs系统的铜管、钎焊和扩口连接要强得多。他们认为空气中氨气的浓度只要达到5×10^{-6}就能被鼻子嗅出,而达到200×10^{-6}才会使人眼、鼻产生刺痛、发炎等症状;在25×10^{-6}浓度下每天工作8小时,才会对人产生危险。至于可燃性,纯氨并不能燃烧。而当氨和空气混合浓度达到$16\%\sim20\%$是会因着火而爆炸。氨的着火温度高达630℃,着火所需能量为0.1J(而氢只需10^{-4}J)。

与此相反,CFCs是无色无味的,泄漏不易被发现。CFCs亦并非完全无毒,在高温下,CFCs和明火或热表面接触会产生剧毒的碳酸氯(光气,$COCl_2$)。如空气中CFCs的含量达$10\%\sim20\%$,人在其中停留2h会造成致命恶果。

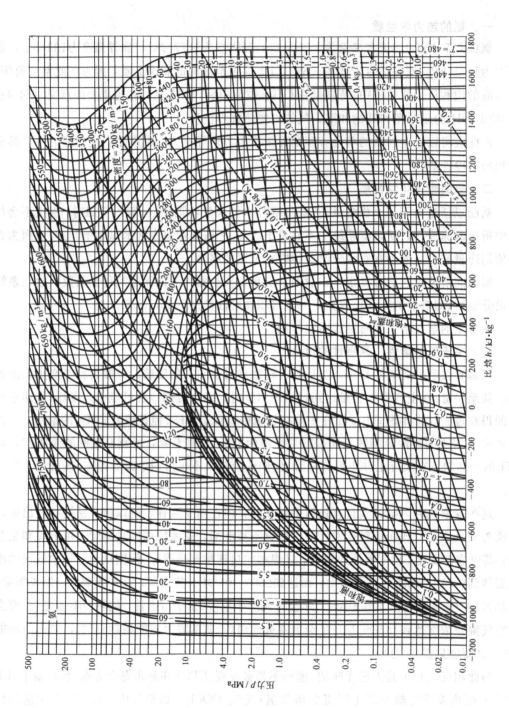

图4-4 氨（R717）的压-焓图

表 4-5 饱和状态下氨的主要热物理性质

温度/℃	压力/MPa	液体密度/kg·m⁻³	蒸汽比体积/m³·kg⁻¹	比焓/kJ·kg⁻¹		熵/kJ·(kg·K)⁻¹		比热容/kJ·(kg·K)⁻¹		粘度/Pa·s		热导率/mW·(m·K)⁻¹	
				液体	蒸汽	液体	蒸汽	液体	蒸汽	液体	蒸汽	液体	蒸汽
-77.66	0.00604	733.9	15.732	-147.36	1342.85	-0.4930	7.1329	—	1.988	505.8	6.86	—	12.83
-70.00	0.01089	725.3	9.0520	-111.74	1357.04	-0.3143	6.9179	—	2.008	460.4	7.06	—	13.65
-60.00	0.02185	713.9	4.7166	-67.67	1375.00	-0.1025	6.6669	—	2.047	391.8	7.33	—	14.68
-50.00	0.04081	702.0	2.6300	-24.17	1392.17	0.0968	6.444	—	2.102	333.1	7.61	—	15.72
-40.00	0.07168	689.9	1.5536	19.60	1408.41	0.2885	6.2455	4.396	2.175	287.0	7.90	601.4	16.79
-33.33b	0.10133	681.6	1.1241	49.08	1418.67	0.4129	6.1240	4.430	2.235	261.9	8.10	587.8	17.48
-30.00	0.11944	677.5	0.96377	63.86	1423.60	0.4741	6.0664	4.448	2.268	250.7	8.19	581.0	17.83
-20.00	0.19011	664.9	0.62356	108.67	1437.64	0.6542	5.9041	4.501	2.379	221.3	8.49	560.7	18.96
-10.00	0.29075	652.0	0.41823	154.03	1450.42	0.8294	5.7559	4.556	2.510	196.8	8.79	540.5	20.19
0.00	0.42941	638.6	0.28929	200.00	1461.81	1.0000	5.6196	4.617	2.660	175.8	9.09	520.2	21.84
10.00	0.61504	624.8	0.20545	246.62	1471.66	1.1666	5.4931	4.683	2.831	157.6	9.40	499.8	23.55
20.00	0.85744	610.4	0.14923	293.96	1479.78	1.3295	5.3746	4.758	3.027	141.6	9.71	479.2	25.38
30.00	1.1671	595.4	0.11048	342.08	1485.93	1.4892	5.2623	4.843	3.252	127.6	10.02	458.3	27.30
40.00	1.5553	579.5	0.08311	391.11	1489.82	1.6461	5.1546	4.943	3.516	115.2	10.35	437.1	29.34
50.00	2.0339	562.9	0.06334	441.18	1491.09	1.8009	5.0497	5.066	3.832	104.3	10.70	415.6	31.54
60.00	2.6154	545.2	0.04878	492.50	1489.32	1.9541	4.9460	5.225	4.221	94.5	11.08	393.6	34.00
70.00	3.3133	526.2	0.03785	545.41	1483.94	2.1067	4.8416	5.441	4.716	85.7	11.50	371.0	36.86
85.00	4.6099	494.5	0.02605	628.97	1467.38	2.3377	4.6785	5.955	5.794	73.7	12.26	335.6	42.31
100.00	6.2553	456.9	0.01783	720.44	1436.53	2.5783	4.4973	6.959	7.739	62.7	13.31	296.8	50.11
132.22	11.333	235.0	0.00426	1105.47	1105.47	3.5006	3.5006	—	—	—	—	—	—

第七节　CO₂和液氮

随着食品冷冻温度的不断降低，快速冻结、食品玻璃化保存的发展，要求制冷工质的温度进一步降低，就要用到固态CO_2（干冰）和液氮。

一、CO_2的性质与相图[2,3]

在常温常压下，CO_2是气体，无色无味。图4-5示出CO_2的三相图。其三相点的压力为0.518MPa，温度为$-56.6℃$。因此在101.325kPa下不可能被液化，$-78.5℃$是固态CO_2（干冰）的升华温度。干冰可以在101.325kPa和低于$-78.5℃$供应；而液态CO_2一般储存在压力为2.2MPa温度低于$-16℃$的压力容器内，可以用于喷淋冷却食品，此时一部分成为CO_2蒸气，另一部分成为似雪状的干冰。图4-6是CO_2的三相压焓简图，图4-7是CO_2的压焓图。

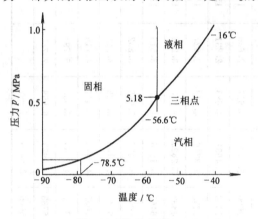

图4-5　CO_2的相图

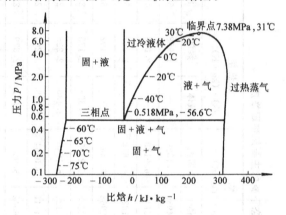

图4-6　CO_2的气液固三相压焓简图

二、干冰的制造

CO_2的临界温度只有31℃，如构成蒸气压缩式制冷循环，冷凝器中CO_2被冷却到温度将接近或超过临界温度（31℃），绝热节流前的焓值很高，制干冰的得率很低。为了提高干冰的产量，应尽量降低节流前CO_2的焓值。图4-8示出典型干冰生产机的系统图和压焓图。在此系统中压缩分两级进行，中间被冷蒸气冷却。经两级压缩后的蒸气被冷凝后（6），先经过第一膨胀阀（ex1），节流降温进入汽液分离器，其气相（8）用于压缩机的级间冷却，液相（7）再经过第二膨胀阀（ex2），进入固-气两相区。固相干冰（密度约为1450kg/m³）从制冷机底部产出；气相的CO_2再返回压缩机重新压缩。

根据稳定流动能量方程，对气液分离器可有：

$$\frac{\dot{m}_7}{\dot{m}_6}=\frac{h_8-h_6}{h_8-h_7} \tag{4-2}$$

对制冰机可有：

$$\frac{\dot{m}_9}{\dot{m}_7}=\frac{h_{10}-h_7}{h_{10}-h_9} \tag{4-3}$$

三、液氮的热力学性质

氮的原子序数为7，原子量为14.008，它由原子量分别为14和15的两种稳定的同位素组成，它们的相对丰度为10000:38。在一般情况下，这两种同位素很难分离。氮的化学性质相当不活

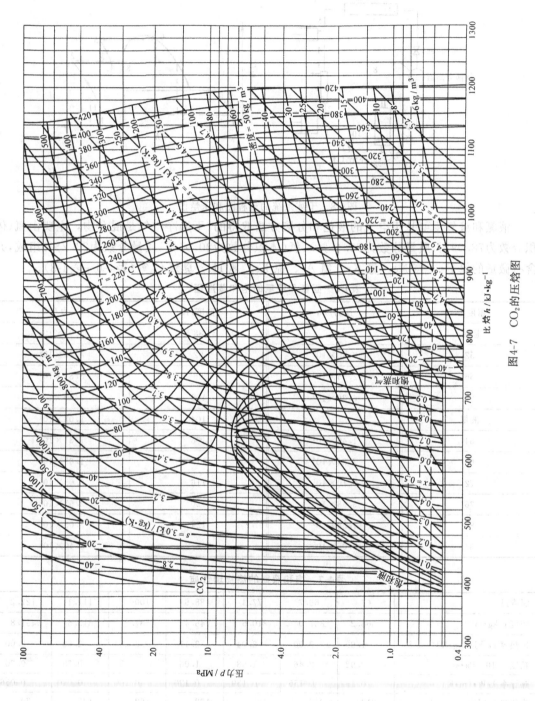

图 4-7　CO₂ 的压焓图

跃，且无毒、不爆炸。液氮正常沸点为77.3K（－196℃），密度为810kg/m³，比水稍轻。液氮是无色、透明的，是被广泛应用的安全、廉价的低温液体。

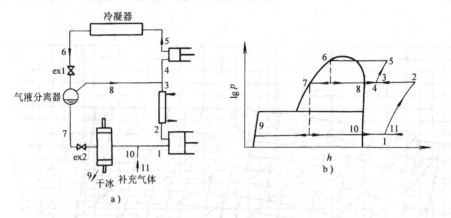

图4-8　干冰系统的流程图和压焓图

液氮和液氧主要是用空气的液化和分馏方法取得的。干燥净空气是混合物，主要由氮（体积分数为78.09%，质量分数为75.45%）、氧（体积分数为20.95%，质量分数为23.2%）组成，并含有微量的氦 He、氖 Ne、氪 Kr、氩 Ar、氙 Xe、氢 H_2、臭氧 O_3 等（表4-6～表4-8）。

表4-6　固氮和液氮的饱和蒸汽压[4,6]

温度/K	压力/Pa	温度/K	压力/Pa
固氮		88	3.01×10^5
52	7.60×10^2	92	4.26×10^5
56	2.35×10^3	96	5.84×10^5
60	6.29×10^3	100	7.80×10^5
液氮		104	1.02×10^6
64	1.46×10^4	108	1.31×10^6
68	2.84×10^4	112	1.65×10^6
72	5.10×10^4	116	2.05×10^6
76	8.58×10^4	120	2.51×10^6
80	1.36×10^5	124	3.06×10^6
84	2.05×10^5	126.2	3.40×10^6

表4-7　饱和液氮的热物理性质

温度/K	63	66.7	77.4	88.9	100	111.1	122.2
密度 ρ/kg·m^{-3}	868.2	857.0	810.5	746.4	687.2	613.5	491.8
比热容 c_p/kJ·(kg·K)$^{-1}$	1.99	2.00	2.04	2.11	2.25	2.58	3.00
粘度 μ/10^{-4}Pa·s	2.92	2.46	1.58	1.06	0.85	0.75	0.70
热导率 λ/W·(m·K)$^{-1}$	0.163	0.155	0.139	0.120	0.100	0.080	0.056
汽化热 h/kJ·kg^{-1}	213	210	199	182	162	133	79
Pr 数	4.30	3.16	2.31	1.86	1.92	2.41	3.77

表4-8 饱和状态下氮的热力学性质

温度/K	压力/MPa	蒸气比体积/m³·kg⁻¹	液体密度/kg·m⁻³	比焓/kJ·kg⁻¹		比熵/kJ·(kg·K)⁻¹	
				液体	蒸气	液体	蒸气
＊＊63.15	0.012530	1.4817	867.78	−150.45	64.739	2.4271	5.8381
65	0.017418	1.0942	860.78	−146.79	66.498	2.4841	5.7688
70	0.038584	0.52685	840.77	−136.67	71.058	2.6338	5.6042
75	0.076116	0.28217	819.22	−136.39	75.275	2.7750	5.4664
80	0.13699	0.16409	796.24	−116.02	79.065	2.9078	5.3486
85	0.22903	0.10174	771.87	−105.56	82.334	3.0333	5.2455
90	0.3671	0.06631	745.99	−94.914	84.982	3.1530	5.1531
95	0.54090	0.04491	718.38	−83.991	86.890	3.2684	5.0680
100	0.77886	0.03132	688.65	−72.666	87.901	3.3811	4.9873
105	1.0842	0.02228	656.20	−60.785	87.791	3.4926	4.9078
110	1.4671	0.01602	620.04	−48.119	86.203	3.6048	4.8258
115	1.9390	0.01150	578.14	−34.247	82.471	3.7211	4.7358
120	2.5133	0.008035	525.12	−18.105	74.996	3.8495	4.6251
125	3.2099	0.004863	431.03	6.015	55.882	4.0342	4.4331
＊126.20	3.400	0.003184	314.0	30.70	30.70	4.227	4.227

注：＊＊代表三相点；＊代表临界点。

第八节 湿空气性质的表征

一、湿空气性质的表征

湿空气是干空气和水蒸气的混合物。可以有几种方法来表征空气中水蒸气的含量：

1.含湿量(humidity ratio)W

是指每公斤干空气中含水蒸气的公斤数，即 kg水蒸气/kg干空气；而饱和湿空气的含湿量记为 W_s。

2.相对湿度(relative humidity)ϕ

$\phi=$湿空气中水蒸气的实际分压力 p_w/在同样温度下纯水的饱和蒸汽压力 p_{ws} (4-4)

3.湿球温度(wet-bulb temperature)T_w

是指湿空气经绝热饱和过程所达到的温度，实用上就是湿球温度计的正确读数。

4.湿空气的比焓 h

湿空气可以近似看作是干空气和水蒸气的理想气体混合物。

如取 $T=0℃$ 时干空气的比焓值为0；那么湿空气的比焓可以写成：

$$h=C_pT+Wh_g \tag{4-5}$$

式中　C_p——干空气的比热容；

　　　W——含湿量；

T——空气温度，单位为℃；

h_g——水蒸气的比焓。h_g 近似地等于在同一温度 T 下饱和水蒸气的比焓值。

在使用时，只要有上述参数的任一个，再有空气的温度（也称干球温度），就可完全确定湿空气的状态。

二、参数之间的关系

1. 含湿量 W 与水蒸气的摩尔分数 x_w、干空气的摩尔分数 x_a 之间的关系

$$W = 18.01528x_w/28.9645x_a = 0.62198x_w/x_a \tag{4-6}$$

2. 含湿量 W 与水蒸气分压力 p_w、空气总压力 p 之间的关系

因为

$$x_a = p_a/(p_a + p_w) = p_a/p \tag{4-7}$$

$$x_w = p_w/(p_a + p_w) = p_w/p \tag{4-8}$$

$$W = 0.62198p_w/(p - p_w) \tag{4-9}$$

而饱和湿空气的含湿量

$$W_s = 0.62198p_{ws}/(p - p_{ws}) \tag{4-10}$$

3. 相对湿度 ϕ 与水蒸气的摩尔分数 x_w，或水蒸气的分压力 p_w 的关系

$$\phi = x_w/x_{ws} \tag{4-11}$$

$$\phi = p_w/p_{ws} \tag{4-12}$$

4. 湿量 W 与干球温度 T、湿球温度 T_s 的关系

这个关系比较复杂，是从绝热饱和过程的能量平衡关系推出，即

$$h + (W_{ss} - W)h_{ws} = h_{ss} \tag{4-13}$$

这里 W_{ss}、h_{ws}、h_{ss} 分别是对应于 T_s 温度的饱和空气的含湿量、水的比焓和饱和湿空气的比焓值。而

$$h_{ws} \approx 4.186T_s \tag{4-14}$$

三、湿空气的热力学性质

干空气的热物理性质和水蒸气的热物理性质都是通过实验测得的。由于湿空气可以看作是干空气和水蒸气的理想气体混合物，因此湿空气的性质图表是可以根据干空气和水蒸气的性质计算获得的。一般空调工程书籍和热力学书籍中大多介绍了0℃以上湿空气的性质图表。这里侧重介绍计算方法，以便于计算0℃以下干空气和水蒸气的热物理性质，以及计算和构成0℃以下湿空气性质图和表。

1. 干空气的比焓 h_a

若取在101.325kPa下 $T=0$℃干空气的比焓（单位为 kJ/kg）值为0，

$$h_a = C_{Pa}T \approx 1.006T \tag{4-15}$$

2. 饱和水蒸气的热力学性质（见表4-9）

3. 湿空气比焓 h 的近似计算方法[4]

$$h = h_a + Wh_g \tag{4-15)'}$$

$$h_a = 1.006 \times T$$

饱和水蒸气比焓 h_g 的计算方法

由饱和水蒸气性质（表4-9）可以看出

$$h_g \approx 2501 + 1.805 \times T \tag{4-16}$$

表4-9 饱和水蒸气、水和冰的热力学性质

温度/℃	饱和压力/kPa	蒸汽比体积/m³·kg⁻¹	比焓/kJ·kg⁻¹	
			液体、固体	蒸汽
−60	0.00108	90942.00	−446.40	2389.89
−55	0.00209	48061.05	−438.00	2399.12
−50	0.00394	26145.01	−429.41	2408.39
−45	0.00721	14512.36	−420.65	2417.65
−40	0.01285	8376.33	−411.70	2426.90
−35	0.02235	4917.10	−402.56	2436.16
−30	0.03802	2951.64	−393.25	2445.42
−25	0.06329	1809.35	−383.74	2454.67
−20	0.10326	1131.27	−374.06	2463.91
−15	0.16530	720.59	−364.18	2473.15
−10	0.25990	467.14	−354.12	2482.37
−5	0.40176	307.91	−343.87	2491.58
0(冰)	0.61115	206.16	−333.43	2500.77
0(水)	0.6112	206.143	−0.04	2500.77
5	0.8725	147.032	21.02	2488.94
10	1.2280	106.328	42.01	2519.12
15	1.7055	77.898	62.97	2528.26
20	2.3388	57.773	83.90	2537.38
25	3.1692	43.351	104.81	2546.47
30	4.2460	32.889	125.72	2555.52
35	5.6278	25.212	146.62	2564.53
40	7.3835	19.521	167.52	2573.50
45	9.4932	15.256	188.42	2582.41
50	12.3499	12.029	209.33	2591.27

四、饱和湿空气的热力学性质(见表4-10)

表4-10 饱和湿空气的热力学性质(压力为101.325kPa)

温度/℃	含湿量/kg水·kg干⁻¹	比体积/m³·kg干⁻¹	比焓/kJ·kg干⁻¹		
			h_a	h_w	h
−60	0.0000067	0.6027	−60.351	0.017	−60.334
−55	0.0000129	0.6170	−55.319	0.031	−55.288
−50	0.0000243	0.6312	−50.289	0.059	−50.230
−45	0.0000445	0.6455	−45.259	0.108	−45.151
−40	0.0000793	0.6597	−40.229	0.192	−40.037
−35	0.0001379	0.6740	−35.200	0.336	−34.864
−30	0.0002346	0.6884	−30.171	0.574	−29.597
−25	0.0003905	0.7028	−25.143	0.959	−24.184
−20	0.0006373	0.7173	−20.115	1.570	−18.545
−15	0.0010207	0.7320	−15.088	2.504	−12.560
−10	0.0016062	0.7469	−10.057	3.986	−6.072
−5	0.0024862	0.7622	−5.029	6.192	1.164
0	0.0037895	0.7781	0.000	9.473	9.473

（续）

温度/℃	含湿量/kg$_水$·kg$_干^{-1}$	比体积/m³·kg$_干^{-1}$	比焓/kJ·kg$_干^{-1}$		
			h_a	h_w	h
5	0.005424	0.7944	5.029	13.610	18.639
10	0.007661	0.8116	10.059	19.293	29.352
15	0.010692	0.8300	15.090	27.023	42.113
20	0.014758	0.8498	20.121	37.434	57.555
25	0.020170	0.8717	25.153	51.347	76.500
30	0.027329	0.8962	30.185	69.820	100.006
35	0.036756	0.9242	35.219	94.236	129.455
40	0.049141	0.9568	40.253	126.430	166.683
45	0.065411	0.9955	45.289	168.874	214.164
50	0.086858	1.0425	50.326	225.019	275.345
60	0.15354	1.1752	60.405	400.458	460.863
70	0.27916	1.4049	70.489	732.959	803.448
80	0.55295	1.8810	80.581	1461.200	1541.781
90	1.42031	3.3488	90.681	3776.918	3867.599

五、湿空气的迁移性质（见图4-9和图4-10）

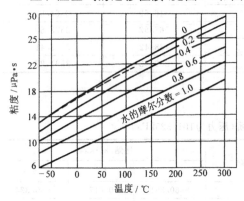

图4-9　湿空气的粘度

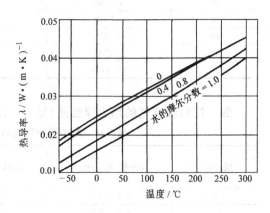

图4-10　湿空气的热导率

第九节　载冷剂的性质

在食品工业中，常用的载冷剂有水、盐水、溶液和有机物溶液。水只能用于0℃以上；一般盐水和有机物溶液可用于-20℃至-50℃；若要达到更低的温度，则要使用特殊的有机物溶液，如聚二甲基硅醚（polydimethylsiloxane mixture）和右旋柠檬碱（d-limonene）。

一、水的热物理性质[6]

此内容已在第三章中论述。

二、盐水的热物理性质（见图4-11、图4-12及表4-11至表4-13）

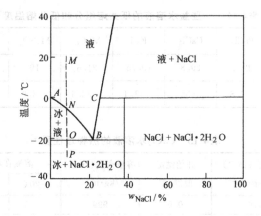

图4-11　NaCl/H₂O 二元系统的固液相图[6]

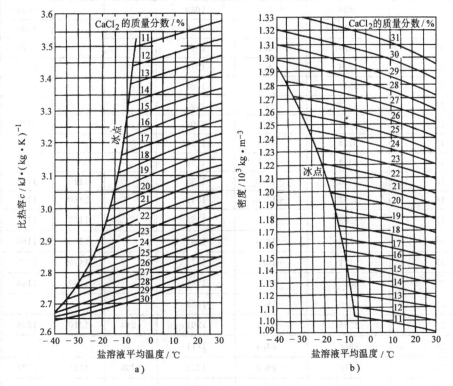

图4-12　CaCl₂溶液的比热容和密度

a)比热容　b)密度

表4-11　NaCl/H₂O 溶液的凝固温度与质量分数的关系[5]

质量分数 w_{NaCl}/%	0	1	2	3	4	5	6	7	8	9
融点/℃	0	−0.58	−1.13	−1.72	−2.35	−2.97	−3.63	−4.32	−5.03	−5.77
质量分数 w_{NaCl}/%	10	11	12	13	14	15	16	17	18	19
融点/℃	−6.54	−7.34	−8.17	−9.03	−9.94	−10.88	−11.90	−12.93	−14.03	−15.21
质量分数 w_{NaCl}/%	20	21	22	23	23.3E	24	25	26	26.3	
融点/℃	−16.46	−17.78	−19.19	−20.69	−21.13	−17.0	−10.4	−2.3	0	

注：表中的 E 点为低共熔点。其低共熔温度为−21.13℃，低共熔质量分数为23.3%。

表4-12　一些盐水溶液的低共熔组分和低共熔温度[5]

物质	BaCl$_2$	CaCl$_2$	KCl	MgCl$_2$	MgSO$_4$	NH$_4$Cl	NaCl	NaSO$_4$
质量分数/%	22.5	29.8	19.75	21.6	19	18.6	23.3	12.7
低共熔温度/℃	−7.8	−55	−11.1	−33.6	−3.9	−15.8	−21.13	−3.55

表4-13　CaCl$_2$水溶液的热物理性质[4]

质量分数 w_{CaCl_2}/%	比热容(15℃)/J·(kg·K)$^{-1}$	开始结晶温度/℃	溶液密度(16℃)/kg·m^{-3}	溶液在不同温度下的密度/kg·m^{-3}			
				−20℃	−10℃	0℃	10℃
0	4184	0.0	999				
5	3866	−2.4	1044			1042	1041
6	3824	−2.9	1049			1051	1050
7	3757	−3.4	1059			1060	1059
8	3699	−4.1	1068			1070	1068
9	3636	−4.7	1078			1079	1077
10	3577	−5.4	1087			1088	1086
11	3523	−6.2	1095			1097	1095
12	3464	−7.1	1104			1107	1104
13	3414	−8.0	1113			1116	1114
14	3364	−9.2	1123			1126	1123
15	3318	−10.3	1132		1140	1136	1133
16	3259	−11.6	1141		1150	1145	1142
17	3209	−13.0	1152		1160	1155	1152
18	3163	−14.5	1161		1170	1165	1162
19	3121	−16.2	1171		1179	1175	1172
20	3084	−18.0	1180		1189	1185	1182
21	3050	−19.9	1189				
22	2996	−22.1	1201	1214	1210	1206	1202
23	2958	−24.4	1211				
24	2916	−26.8	1223	1235	1231	1227	1223
25	2882	−29.4	1232				
26	2853	−32.1	1242				
27	2816	−35.1	1253				
28	2782	−38.8	1264				
29	2753	−45.2	1275				
29.87	2741	−55.0	1289				
30	2732	−46.0	1294				
32	2678	−28.6	1316				
34	2636	−15.4	1339				

注：CaCl$_2$水溶液的共熔温度为−55℃，低共熔质量分数为29.87%。

三、有机载冷剂的物理性质（见表4-14至表4-16）

表4-14 乙二醇水溶液的冰点和沸点[4]

质量分数/%	体积分数/%	冰点/℃	沸点/℃
0	0.0	0.0	100.0
5.0	4.4	−1.4	100.6
10.0	8.9	−3.2	101.1
15.0	13.6	−5.4	101.7
20.0	18.1	−7.8	102.2
25.0	22.9	−10.7	103.3
30.0	27.7	−14.1	104.4
35.0	32.6	−17.9	105.0
40.0	37.5	−22.3	105.6
45.0	42.5	−27.5	106.7
50.0	47.6	−33.8	107.2
55.0	52.7	−41.1	108.3
60.0	57.8	−48.3	110.0
65.0	62.8	<−50	112.8
70.0	68.3	<−50	116.7
75.0	73.6	<−50	120.0
80.0	78.9	−46.8	123.9
85.0	84.3	−36.9	133.9
90.0	89.7	−29.8	140.6
95.0	95.0	−19.4	158.3

表4-15 丙二醇水溶液的冰点和沸点[4]

质量分数/%	体积分数/%	冰点/℃	沸点/℃
0	0.0	0.0	100.0
5.0	4.8	−1.6	100.0
10.0	9.6	−3.3	100.0
15.0	14.5	−5.1	100.0
20.0	19.4	−7.1	100.6
25.0	24.4	−9.6	101.1
30.0	29.4	−12.7	102.2
35.0	34.4	−16.4	102.8
40.0	39.6	−21.1	103.9
45.0	44.7	−26.7	104.4
50.0	49.9	−33.5	105.6
55.0	55.0	−41.6	106.1

74

质量分数/%	体积分数/%	冰点/℃	沸点/℃
60.0	60.0	−51.1	107.2
65.0	65.0	<−51	108.3
70.0	70.0	<−51	110.0
95.0	95.0	<−50.0	154.4

表4-16 聚二甲基硅醚(polydimethylsiloxane mixture)和右旋柠檬碱(d-limonene)的热物理性质[4]

	聚二甲基硅醚	右旋柠檬碱		聚二甲基硅醚	右旋柠檬碱
闪点(闭杯法)/℃	46.7	46.1	冰点/℃	−111.1	−96.7
沸点/℃	175	154.4	运行温度范围/℃	−73.3至260	未见发表

第十节　冷冻干燥技术

一、冷冻干燥技术的范围

冷冻干燥技术(简称冻干技术),英语名为Freeze drying 或 Lyophilization。其基本方法是先将物料低温冻结,然后用真空技术将物料中的水分抽干,使之干燥。

虽然冷冻干燥技术的起源可以追溯到上个世纪,但其实质性的发展是在1942年,R.I.W.Greaves成功地冻干保存血清和血浆,因为当时低温和真空技术已有相当基础。此后冻干技术得到很快的发展和应用。

目前,冻干技术主要应用以下几个方面[8]。

1)食品材料,特别是价贵、营养食品、调味品等的保存。

2)无活力的生物材料的冻干保存,如血浆、血清、荷尔蒙(hormone)等以及作为移植骨架用的动脉、骨骼、皮肤等。

3)有活力的生物材料的冻干保存,即经冻干后仍能得到活的生物体。其中主要是指多种微生物冻干保存。

4)制造超细微粒。近代电子、冶金、航空工业需要制备超细微粒,而冷冻干燥是一种近年开始应用的有效方法。其基本程序是先将材料制成均匀的溶液,然后用喷雾的方法,将溶液以雾状颗粒喷入−196℃液氮,使颗粒快速固化;再用真空泵将物料干燥,能形成毫微米(10^{-9} m)级的超细微粒。

二、真空技术

1.真空

真空是指压力低于大气压力的气体状态。目前常用的几种压力单位之间存在下列关系:

1标准大气压(atm)=$1.01×10^5$帕(Pa)=760毫米汞柱(torr)。

按习惯,人们按压强的高低,划出几个真空区域

低真空　　$1×10^5 \sim 1×10^2$Pa

中真空　　$1×10^2 \sim 1×10^{-1}$Pa

高真空 $1\times10^{-1}\sim1\times10^{-6}$Pa

超高真空 $<1\times10^{-6}$Pa

对于食品材料冷冻干燥,常用的真空范围是1～100Pa,属于中真空的范围。

2.真空的获得[7,8]

真空是靠真空泵(Vacuum pump)抽走气体而形成的。真空泵的工作原理大致有以下几类:

(1)利用压缩膨胀　包括往复式、液环泵、旋转泵和罗茨泵。

(2)利用粘性抽吸原理　如蒸汽喷射泵(vapar ejector pump)。

(3)利用扩散抽吸原理　如蒸汽扩散泵。

(4)利用分子和离子作用　分子泵、离子泵。

(5)利用化学吸附和物理吸附原理　吸附泵、低温泵等。

在冻干技术中用的真空泵主要有旋转泵、罗茨泵、蒸汽喷射泵和蒸汽扩散泵。

真空泵的最主要参数有两个:

1)极限压力,即最低可达的压力(lowest pressure)。

2)抽气速率(pumping speed)。

这里举例说明几种真空泵的参数[8]。

(1)旋片式真空泵(rotating vane vacuum pump)　这是旋转泵的一种型式,我国生产的 2x 系列旋片泵的主要技术性能(见图4-13):

极限压力:1～6×10^{-2}Pa

抽速:0.5～70L/s

采用油密封。

(2)罗茨泵(Roots pump)　这是由两个腰形转子组成的。由于没有像旋片泵中的摩擦件,所以转速可以提高到1450、2950r/min,抽气速率可增大到30～20000L/min,极限压力可高达5×10^{-2}Pa,但要求配置前级泵。对于30～300L/ min 抽速的,可用旋片式作前级泵;对大于 300L/min 的,要用机械增压泵(ZJ)或滑阀泵(H)作前级泵。

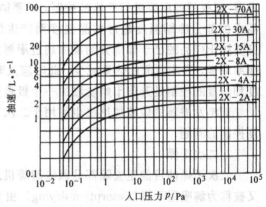

图4-13　2x 系列旋片泵的抽气特性曲线[8]

(3)扩散泵(Diffusion pump)　通常用油加热沸腾形成蒸汽,通过喷嘴形成高速射流,而将容器中的气体吸出,向油蒸汽中扩散,而被带走。

扩散泵的特点是极限压力可以达到1×10^{-3}Pa,抽气速率也可以很大,但需要一个前级泵(粗泵),先形成$10^{-1}\sim10^{-2}$Pa 的中真空,这可以用机械泵来完成。图4-14给出了几种油扩散泵的抽空特性曲线。

三、冷冻干燥技术

1.生物样品中的水分

食品材料中含水量一般很大,按其去除难易程度,水分大致可分为两类:

(1)食品材料中的自由水　这部分水分可以通过升华(即一次干燥)去除。

(2)生物材料内部的结构水　它们是以吸附、渗透等物化形态存在;或者以化学结合的形态存在于材料的组织结构中,这些水分无法用升华方法去除,而必须用加热、蒸发的方法,这就是二次干燥。

2. 一次干燥

一次干燥就是利用升华(sublimation)办法去掉食品材料中的自由水。

水的固、液、汽三相共存点为0.01℃和610.2Pa。对于温度处于三相点以下的固相，欲使其升华为气体，有两个方法：一是升温，另一是抽空降压。从理论上讲这两种方法均能产生升华干燥的效果。实际上光靠抽空降压很难达到干燥的目的，因为在低温下冰的蒸汽压力很低，由于压力差产生的蒸汽扩散很小；而且升华过程本身也要吸热(0℃冰的升华热为2800kJ/kg)。所以，在实际一次干燥过程总是加热和抽空两种方法均使用的。升华阶段的加热一般通过提高冻干机中隔板温度来实现。当隔板温度提高后，热量通过固体传导、辐射，以及内部气流的对流，传给样品，使之升温。隔板的温度要进行严格的控制，既要防止样品中的部分冻结温度超过共晶温度而产生熔化，

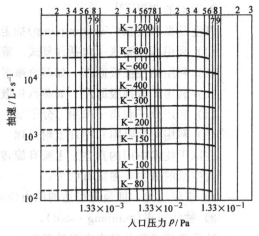

图4-14　几种油扩散泵的抽空特性曲线[8]

图上的 K-80，K-100等均指油扩散泵的型号

又要防止样品的已干燥部分的温度超过崩解温度而产生性变。随着干燥任务的逐步完成，升华速率减慢，升华所需的热量减少，此时应及时降低加热量，否则也会损伤样品。总之，隔板温度和热量的控制是升华干燥阶段的一个极重要的内容。

近年发展新的微波加热法也可用于二次干燥的加热，在加热过程中也同样需考虑样品温度控制的问题。

3. 二次干燥

二次干燥的目的是去除部分因吸附等机理存在于食品材料中的结构水，所以，二次干燥又被称为解吸附干燥(Desorption drying)。由于吸附的能量很大，所以在二次干燥中必须提供足够的热量。二次干燥的温度可以提得较高，也可以采用扩散泵，或用五氧化二磷作吸附剂。

参 考 文 献

1　Koelet，P.C. Industrial Refrigeration：Principles，Design and Applications. London：The Macmillan Press Ltd.，1992

2　华泽钊. 制冷原理讲义. 上海理工大学，1997

3　Gosney，W.B. Principles of Refrigeration Cambridge，UK：Cambridge University Press，1982

4　ASHRAE. 1990 USA：ASHRAE HANDBOOK，1990

5　华泽钊，刘道平，吴兆琳，邬志敏编著. 蓄冷技术及其在空调工程中的应用. 北京：科学出版社，1997

6　华泽钊，任禾盛著. 低温生物医学技术. 北京：科学出版社，1994

7　Roth，A. Vacuum Technology. Amsterdam：North-Holland Pub. Comp，1976

8　徐成海等编著. 真空低温技术与设备. 北京：冶金工业出版社，1995

第五章 食品冷却与冷藏

冷却与冷藏是食品保鲜的常用方法之一。冷却是冷藏的必要前处理，是一个短时的换热降温过程，冷却的最终温度在冰点(freezing point)以上。冷藏是冷却后的食品在冷藏温度(常在0℃以上)下保持食品不变质的一个贮藏方法。对于果蔬食品的冷藏，应该使其生命的代谢过程尽量缓慢进行，延迟其成熟期的到来，保持其新鲜度。对于动物性食品的冷藏，应该降低食品中微生物的繁殖能力和自身的生化反应速率，可作为暂时贮藏或作为冻结与冻藏的前处理。

第一节 食品冷却中的传热方式

食品冷却中采用的基本传热方式与食品种类、形状和所用冷却介质等有关。导热主要发生在食品的内部、包装材料以及用固体材料作为冷却介质的冷加工中；对流主要发生在以气体或液体作为冷却介质的冷加工和冷藏中；辐射主要发生在仅有自然对流或流速较小的冷加工和冷藏中。在实际生产中，往往是以一种或两种为主，而其他为辅的传热方式。

一、基本方式

1. 导热

(1) 食品内部的导热问题 食品冷却时，其表面温度首先下降，并在表面与中心部位间形成了温度梯度，在此梯度的作用下，食品中的热量逐渐从其内部以导热的方式传向表面。当食品的平均温度达到冷藏入库规定的温度时，冷却过程结束。

食品内部的导热方程为：

$$Q = -\lambda A \frac{\partial T}{\partial x} \tag{5-1}$$

式中 Q——通过截面 A 上的热流量，单位为 W；

λ——食品的热导率，单位为 W/(m·K)；

A——垂直于导热方向的截面积，单位为 m^2；

$\frac{\partial T}{\partial x}$——导热方向上的温度梯度，单位为 K/m。

(2) 食品外部包装材料的导热问题 带有包装的食品在冷却过程中，包装材料的导热问题应该考虑进去，常见包装材料的导热热阻列于表 3-11 中。

2. 对流

采用气体或液体作为冷却介质时，食品表面的热量主要由对流换热方式带走，其传热方程为：

$$Q = \alpha A \Delta T \tag{5-2}$$

式中 α——对流表面传热系数，单位为 W/(m^2·K)；

A——与冷却介质接触的食品表面积，单位为 m^2；

ΔT——食品表面与冷却介质间的温度差，单位为 K。

对流表面传热系数与冷却介质种类、流动状态、食品表面状况等许多因素有关，表 5-1 是常见几种冷却方式下的对流表面传热系数。

表 5-1　几种冷却方式下的对流表面传热系数

冷 却 方 式	$\alpha/\mathrm{W} \cdot (\mathrm{m}^2 \cdot \mathrm{K})^{-1}$
空气自然对流或微弱通风的库房	3~10
空气流速小于 1.0m/s	17~23
空气流速大于 1.0m/s	29~34
水自然对流	200~1000
液氮喷淋	1000~2000
液氮浸渍	5000

3. 辐射

在空气自然对流环境下，用冷却排管冷却食品时，冷却排管与食品表面间的辐射换热是不能忽略的。

在热平衡条件下，辐射换热的基本方程为：

$$Q_{1-2} = \varepsilon_s A_1 F_{1-2} \sigma (T_1^4 - T_2^4) \tag{5-3}$$

式中　Q_{1-2}——食品与冷却排管或冷却板间的辐射热流量，单位为 W；

ε_s——系统发射率，亦称系统黑度，与两个辐射表面发射率（即黑度）及形状因数有关；

A_1——食品表面面积，单位为 m^2；

F_{1-2}——食品表面对冷却排管表面的形状因数，与辐射换热物体的形状、尺寸以及食品与冷却排管间的相对位置有关；

σ——斯忒藩-玻耳兹曼常量，亦称黑体辐射常数，取 $5.669 \times 10^{-8} \mathrm{W}/(\mathrm{m}^2 \cdot \mathrm{K}^4)$；

T_1、T_2——食品表面和冷却排管表面温度，单位为 K。

在食品工程中，几种简单情况下的系统黑度为[1]：

1) 对于任意位置的两个表面之间的辐射换热：

$$\varepsilon_s = \cfrac{1}{\left[1 + F_{1-2}\left(\cfrac{1}{\varepsilon_1} - 1\right) + F_{2-1}\left(\cfrac{1}{\varepsilon_2} - 1\right)\right]} \tag{5-4}$$

2) 对于两个大平行板之间的辐射换热，其形状因数 $F_{1-2} = F_{2-1} = 1$，由式（5-4）得：

$$\varepsilon_s = \cfrac{1}{\left(\cfrac{1}{\varepsilon_1} + \cfrac{1}{\varepsilon_2} - 1\right)} \tag{5-5}$$

3) 对于一个凸表面 1 置于一个密闭空腔 2 中的辐射换热，形状因数 $F_{1-2} = 1$，$F_{2-1} < 1$，又根据形状因数的相对性 $F_{1-2}A_1 = F_{2-1}A_2$，由式（5-4）得：

$$\varepsilon_s = \cfrac{1}{\left[\cfrac{1}{\varepsilon_1} + \cfrac{A_1}{A_2}\left(\cfrac{1}{\varepsilon_2} - 1\right)\right]} \tag{5-6}$$

4) 如果凸表面 A_1 与空腔内表面 A_2 相差很小，即 $A_1/A_2 \approx 1$，由式（5-6）可知，系统发射率（黑度）可按大平行平板计算。

　　5) 如果凸表面 A_1 比空腔内表面 A_2 小很多，即 $A_1/A_2 \approx 0$，式(5-6)变为 $\varepsilon_s = \varepsilon_1$。

　　6) 如果两表面的发射率(黑度)都比较大($\geqslant 0.8$)时，系统发射率(黑度)近似为 $\varepsilon_s = \varepsilon_1 \varepsilon_2$。

式中　ε_1、ε_2——食品表面和冷却排管表面的发射率(黑度)；

　　　　F_{2-1}——冷却排管表面对食品表面的形状因数；

　　　　A_2——冷却排管表面积，单位为 m^2。

表 5-2　部分材料表面的发射率(黑度)[2]

材　料	温度/℃	发射率(黑度)(emissivity)ε	材　料	温度/℃	发射率(黑度)(emissivity)ε
冷表面上的霜		0.98	抛光不锈钢	20	0.24
肉		0.86~0.92	铝(光亮)	170	0.04
水	32	0.96	砖	20	0.93
玻璃	90	0.94	木材	45	0.82~0.93
纸	95	0.92			

二、食品冷却计算中常用的两个准则数

1. 毕渥数 Bi(Biot modulus)

$$Bi = \frac{\alpha L}{\lambda} \qquad (5-7)$$

式中　α——对流表面传热系数，单位为 $W/(m^2 \cdot K)$；

　　　　λ——食品内部热导率，单位为 $W/(m \cdot K)$；

　　　　L——食品的特征尺寸(characteristic dimension)，单位为 m。对于大平板状食品，L 为其厚度的一半；对于长圆柱状和球状食品，L 为半径。

　　由式(5-7)可知，毕渥数反映固体内部单位导热面积上的导热热阻与单位表面积上的对流换热热阻之比$\left(Bi = \dfrac{L/\lambda}{1/\alpha} \right)$，用于固体与流体之间的换热。毕渥数对食品内部温度变化的影响示于图 5-1 中[3]。传热学中已经证明，当毕渥数 $Bi < 0.1$ 时，食品内的温度分布与空间坐标无关，

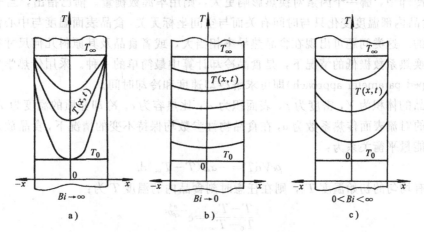

图 5-1　大平板状食品在不同毕渥数时的温度分布

只是时间的函数，即 $T = f(t)$，这时内部导热热阻可以忽略；当 $Bi > 40$ 时，表面对流换热热阻可以忽略，这时可用冷却介质温度代替食品表面温度；当 $0.1 < Bi < 40$ 时，内部导热热阻与表面对流换热热阻均需考虑，食品内的温度分布是空间坐标和时间变量的函数，即 $T = f(x, y,$

$z,t)$。

2. 傅里叶数 Fo(Fourier modulus)

$$Fo = \frac{at}{L^2} \tag{5-8}$$

$$a = \frac{\lambda}{\rho c} \tag{5-9}$$

式中　a——食品的热扩散系数，单位为 m^2/s；

　　t——食品冷却时间，单位为 s；

　　L——食品的特征尺寸，同式(5-7)，单位为 m；

　　λ——食品内部热导率，单位为 $W/(m \cdot K)$；

　　ρ——食品的密度，单位为 kg/m^3；

　　c——食品的比热容，单位为 $J/(kg \cdot K)$。

傅里叶数的物理意义可以理解为两个时间间隔相除所得的无量纲时间$\left(Fo = \dfrac{t}{L^2/a} \right)$。分子 t 是从边界上开始发生扰动的时刻起到所计算的时刻为止的时间间隔；而分母 L^2/a 可以视为使热扰动扩散到 L^2 的面积上所需的时间，它反映导热速率与固体中热能储备速率之比，用于非稳态传热分析。显然，在非稳态导热中，傅里叶数越大，说明热扰动就越深入地传播到物体内部，因而物体内部各点的温度越接近于周围介质的温度。

第二节　毕渥数小于 0.1 时的冷却问题

当食品表面突然受到冷却时，食品内部的温度变化取决于两方面的因素：一个是食品表面与周围环境的换热条件；另一个是食品内部的导热条件。如果换热条件越强烈，则热量进入食品表面越迅速；如果食品内部导热热阻越小，则为传递一定的热量所需的温度梯度也越小。食品冷却中，哪一个因素对换热影响更大，则用毕渥衡量。前已指出，当毕渥数 $Bi <$ 0.1 时，食品内部温度变化只与时间有关而与空间坐标无关，食品表面温度与中心温度可以认为是相等的。这类问题可出现在食品热导率相当大，或者食品及其原料几何尺寸很小，或者表面对流换热系数极低的情况下，是食品冷却计算中最简单的一种。采用传热学中的集总参数法(lumped parameter approach)即可求解冷却速度和冷却时间。

设食品的体积为 V，密度为 ρ，表面积为 A，比热容为 c。冷却介质的温度为 T_∞，食品与冷却介质的对流表面传热系数为 α，在食品物性参数均保持不变的情况下，食品放入冷却介质中后，其能量平衡关系为：

$$\rho c V \mathrm{d}T = -\alpha A (T - T_\infty) \mathrm{d}t \tag{5-10}$$

设食品具有均匀的初始温度 T_0，则在任意时刻食品内的温度 T 为：

$$\frac{T - T_\infty}{T_0 - T_\infty} = \mathrm{e}^{-\frac{\alpha A}{c \rho V} t} \tag{5-11}$$

式(5-11)指数可作如下变化，

$$\frac{\alpha A}{\rho c V} t = \frac{\alpha V}{\lambda A} \frac{\lambda A^2}{\rho c V^2} t = \frac{\alpha (V/A)}{\lambda} \frac{at}{(V/A)^2} = (Bi_v)(Fo_v) \tag{5-12}$$

$$\frac{T - T_\infty}{T_0 - T_\infty} = \mathrm{e}^{-(Bi_v)(Fo_v)} \tag{5-13}$$

式中　下标 ν 表示毕渥数和傅里叶数中的特征尺寸为 V/F。

例 5-1　用 $T_\infty = 0℃$ 的空气冷却青豌豆,青豌豆的初温 $T_0 = 25℃$,冷却终了的温度为 $T = 3℃$,青豌豆可以看作是 $R = 5mm$ 的球体,密度 $\rho = 950 kg/m^3$,求以自然对流方式冷却青豌豆所需要的冷却时间。

解　(1) 计算所需要的参数

由表 3-6 查得青豌豆的含水率为 74%;

由式(3-3)得青豌豆的比热容:$c = (1.2 + 2.99 \times 0.74) kJ/(kg \cdot K) = 3.41 kJ/(kg \cdot K)$;

由式(3-20)得热导率为:$\lambda = (0.148 + 0.493 \times 0.74) W/(m \cdot K) = 0.513 W/(m \cdot K)$;

查表 5-1 取自然对流表面传热系数为 $10 W/(m^2 \cdot K)$;

(2) 估算青豌豆冷却时的毕渥数 Bi 为:

$$Bi = \frac{\alpha R}{\lambda} = \frac{10 \times 0.005}{0.513} = 0.0975 < 0.1$$

因此,可以采用集总参数法求冷却时间。

$$\frac{T - T_\infty}{T_0 - T_\infty} = e^{-\frac{\alpha A t}{\rho c V}}$$

$$\frac{T - T_\infty}{T_0 - T_\infty} = \frac{3 - 0}{25 - 0} = \frac{3}{25}$$

$$\frac{V}{A} = \frac{\frac{4}{3}\pi R^3}{4\pi R^2} = \frac{R}{3}$$

$$t = -\frac{\rho c V}{\alpha A} \ln \frac{3}{25} = -\frac{950 \times 3.41 \times 10^3 \times 0.005}{10 \times 3} \times (-2.12)s = 1144.6s = 19.1min$$

例 5-2　某种罐头食品,其罐头高 $5 \times 10^{-2}m$,直径 $5 \times 10^{-2}m$,初始温度为 $-18℃$,热导率为 $2 W/(m \cdot K)$,比热容为 $2510 J/(kg \cdot K)$,密度 $\rho = 961 kg/m^3$,空气对流表面传热系数为 $5.7 W/(m^2 \cdot K)$。现将罐头放于静止的空气中解冻,空气温度为 $21℃$,试计算半小时后的罐头温度。

解　其毕渥数 Bi 为:

$$Bi = \frac{5.7 \times 2.5 \times 10^{-2}}{2} = 0.07$$

因此,可用集总参数法求解。

$$面积 A = \pi(5 \times 10^{-2})(5 \times 10^{-2})m^2 + 2\left[\frac{\pi(5 \times 10^{-2})^2}{4}\right]m^2 = 1.18 \times 10^{-2}m^2$$

$$体积 V = \left(\frac{\pi(5 \times 10^{-2})^2}{4}\right)(5 \times 10^{-2})m^3 = 9.82 \times 10^{-5}m^3$$

$$\frac{T - T_\infty}{T_0 - T_\infty} = e^{-\frac{(5.7)(1.18 \times 10^{-2})(0.5)(3600)}{2510 \times 961 \times 9.82 \times 10^{-5}}} = e^{-0.51} = 0.6$$

$$T = [0.6(-18 - 21) + 21]℃ = -2.4℃$$

第三节　大平板状、长圆柱状和球状食品的冷却过程

一、解析法计算食品冷却速度

1. 大平板状食品冷却情况

（1）食品内部的温度变化

1）$0.1 < Bi < 40$ 的情况：图 5-2 是厚度为 δ 的大平板状食品，其初始温度为常数，在 $t >$ 0 时置于温度为 T_∞ 的冷却介质中进行对流换热，由于平板两侧属于对称冷却，因此，在 $x =$ 0 处的中心面为对称绝热面，在 $x = \pm \delta/2$ 处为对称换热面。

其导热微分方程是：

$$\frac{\partial T}{\partial t} = a \frac{\partial^2 T}{\partial x^2} \qquad (5\text{-}14)$$

边界条件：$x = \pm \dfrac{\delta}{2}$ 时，$\qquad -\lambda \dfrac{\partial T}{\partial x} = \alpha(T - T_\infty)$

初始条件：$t = 0$ 时，$\qquad T = T_0$

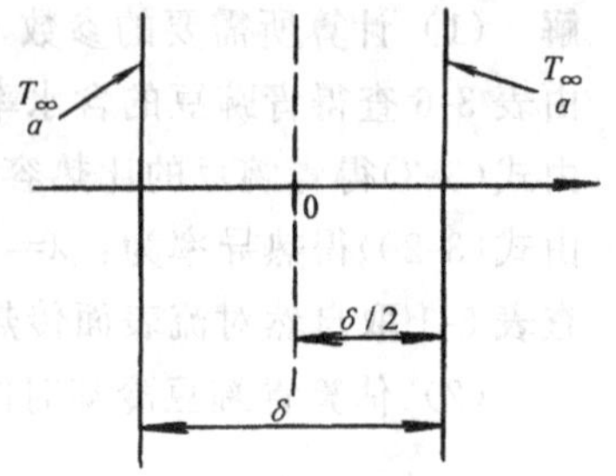

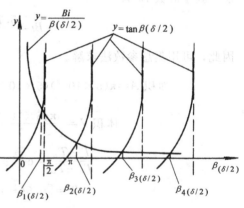

图 5-2 大平板对流换热简图

式中 a——食品的热扩散系数，单位为 m^2/s；

     t——食品冷却时间，单位为 s；

     x——食品厚度方向坐标，$x = 0$ 为食品中心对称平面；

     T——食品冷却中某一时刻的温度，单位为 ℃；

     T_0——食品的初始温度，单位为 ℃；

     T_∞——冷却介质温度，单位为 ℃；

     α——食品表面对流表面传热系数，单位为 $W/(m^2 \cdot K)$；

     δ——平板状食品的厚度，单位为 m。

引入过余温度 $\theta = T - T_\infty$，$\theta_0 = T_0 - T_\infty$，使式（5-14）变为：

$$\frac{\partial \theta}{\partial t} = a \frac{\partial^2 \theta}{\partial x^2} \qquad (5\text{-}15)$$

$$x = \frac{\delta}{2} \text{ 时，} \qquad -\lambda \frac{\partial \theta}{\partial x} = \alpha \theta$$

$$t = 0 \text{ 时，} \qquad \theta = \theta_0$$

式（5-15）经过分离变量后，其解形式为 $\theta(x,t) = X(x)\Gamma(t)$，而其中 $X(x)$ 是一个特征值问题。利用上述边界条件和初始条件，得式（5-15）的解为：

$$\frac{\theta}{\theta_0} = \frac{T - T_\infty}{T_0 - T_\infty} = \sum_{i=1}^{\infty} \frac{2\sin\mu_i}{\mu_i + \sin\mu_i\cos\mu_i} \cos(\beta_i x) e^{-\frac{\mu_i^2}{(\delta/2)^2}at}$$

$$(5\text{-}16)$$

式中 $\mu_i = \beta_i\left(\dfrac{\delta}{2}\right)$，$\beta_i$ 为特征值，是曲线 $y = \tan\beta$ $\left(\dfrac{\delta}{2}\right)$ 及 $y = \dfrac{Bi}{\beta\left(\dfrac{\delta}{2}\right)}$ 交点上的值。由于 $y = \tan\beta$ $\left(\dfrac{\delta}{2}\right)$ 是以 π 为周期的函数，因此，交点将有无穷多个。如图 5-3 所示。

$$\mu_i \tan\mu_i = Bi \qquad (5\text{-}17)$$

图 5-3 决定特征方程式根的图解曲线

由于式（5-16）是一个衰减很快的无穷级数，取第一项作为其近似值，有：

$$T - T_\infty = (T_0 - T_\infty)\frac{2\sin\mu}{\mu + \sin\mu\cos\mu}\cos(\beta x)e^{-\frac{\mu^2}{(\delta/2)^2}at} \qquad (5\text{-}18)$$

式中　μ——是超越方程(5-17)的根，可查表 5-3 获得。

表 5-3　超越方程式 $\mu\tan\mu = Bi$ 的第一个根

Bi	μ	Bi	μ	Bi	μ
0	0	3.0	1.1925	15.0	1.4729
0.001	0.0316	4.0	1.2646	20.0	1.4961
0.01	0.0998	5.0	1.3138	30.0	1.5202
0.1	0.3111	6.0	1.3496	40.0	1.5325
0.5	0.6533	7.0	1.3766	50.0	1.5400
1.0	0.8603	8.0	1.3978	60.0	1.5451
1.5	0.9882	9.0	1.4149	100.0	1.5552
2.0	1.0769	10.0	1.4289	∞	1.5708

2）$Bi > 40$ 的情况：如果毕渥数 $Bi > 40$，这时食品表面的温度近似等于冷却介质的温度。式(5-14)中的边界条件由第三类边界条件也就转变为第一类边界条件，即 $x = \dfrac{\delta}{2}$ 时，$T = T_\infty$。式(5-16)简化为：

$$T - T_\infty = (T_0 - T_\infty)\frac{4}{\pi}\cos\left(\frac{\pi}{2(\delta/2)}x\right)e^{-\frac{(\pi/2)^2}{(\delta/2)^2}at} \tag{5-19}$$

（2）冷却时间计算　食品冷却计算中，往往需要知道冷却至某一温度所用的时间，对此问题，需要指明衡量温度的标准，目前常用食品平均温度和食品中心温度分别作为衡量指标。

1）用食品平均温度作为衡量指标来计算冷却时间：食品的平均温度可由式(5-18)求积分获得，

$$\overline{T} = \frac{1}{(\delta/2) - 0}\int_0^{\frac{\delta}{2}}T(x)\mathrm{d}x$$

积分后平均温度为：

$$\overline{T} - T_\infty = (T_0 - T_\infty)\frac{2\sin^2\mu}{\mu(\mu + \sin\mu\cos\mu)}e^{-\frac{\mu^2}{(\delta/2)^2}at} \tag{5-20}$$

令　$\phi = \dfrac{2\sin^2\mu}{\mu(\mu + \sin\mu\cos\mu)}$

由式(5-20)得冷却时间 t：

$$t = 2.3\frac{1}{a}\frac{(\delta/2)^2}{\mu^2}\left(\lg\frac{T_0 - T_\infty}{\overline{T} - T_\infty} + \lg\phi\right) \tag{5-21}$$

当 $0 < Bi < 30$ 时[4]，

$$t = 0.2185\frac{\rho c}{\lambda}\delta\left(\delta + \frac{5.12\lambda}{\alpha}\right)\left(\lg\frac{T_0 - T_\infty}{\overline{T} - T_\infty} + \lg\phi\right) \tag{5-22}$$

当 $Bi \leqslant 8$ 时，$\phi \approx 1$，上式简化为：

$$t = 0.2185\frac{\rho c}{\lambda}\delta\left(\delta + \frac{5.12\lambda}{\alpha}\right)\left(\lg\frac{T_0 - T_\infty}{\overline{T} - T_\infty}\right) \tag{5-23}$$

2）用食品中心温度作为衡量指标来计算冷却时间：由式(5-18)可知，只要令 $x = 0$，既得中心温度的表达式：

$$\frac{T^* - T_\infty}{T_0 - T_\infty} = \phi e^{-\frac{\mu^2}{(\delta/2)^2}at} \tag{5-24}$$

式中 T^* ——食品的中心温度,单位为℃。经简化整理后得冷却时间的表达式,

$$t=0.23\frac{\rho c}{\lambda}\delta\left(\delta+4.8\frac{\lambda}{\alpha}\right)\lg\frac{T_0-T_\infty}{T^*-T_\infty}+0.0253\frac{\rho c}{\lambda}\delta^2\frac{\delta+4.8\dfrac{\lambda}{\alpha}}{\delta+2.6\dfrac{\lambda}{\alpha}} \tag{5-25}$$

当 $Bi>40$ 时,由式(5-19)可得其中心温度($x=0$)的表达式为:

$$\frac{T^*-T_\infty}{T_0-T_\infty}=\frac{4}{\pi}e^{-\left(\frac{\pi}{\delta}\right)^2at}$$

整理后 t 的表达式为:

$$t=2.3\frac{1}{a}\left(\frac{\delta}{\pi}\right)^2\left(\lg\frac{T_0-T_\infty}{T^*-T_\infty}+\lg\frac{4}{\pi}\right) \tag{5-26}$$

例 5-3 用 $T_\infty=-2℃$ 的空气冷却牛胴体,牛肉的初始温度 $T_0=25℃$,冷却终了的平均温度 $\overline{T}=2℃$。牛胴体可近似作为 $\delta=18cm$ 的大平板,密度 $\rho=960kg/m^3$,试求空气自然对流和强制对流下以及 $Bi>40$ 情况下牛胴体的冷却时间。

解 (1) 计算所需要的参数

由表 3-8 得,瘦牛肉的含水率为 75%;在温度为 3℃时的热导率 $\lambda=0.506W/(m\cdot K)$;

由式(3-3)得,瘦牛肉的比热容为 $c=3.443kJ/(kg\cdot K)$;

由表 5-1 得,空气自然对流和大于 1m/s 时强制对流表面传热系数分别为 $\alpha_1=10W/(m^2\cdot K)$ 和 $\alpha_2=30W/(m^2\cdot K)$。

(2) 空气自然对流时,由以上条件得:

$$Bi=\frac{10\times0.09}{0.506}=1.78<8$$

由式(5-23)求得冷却时间为:

$$t=0.2185\frac{\rho c}{\lambda}\delta\left(\delta+\frac{5.12\lambda}{\alpha}\right)\left(\lg\frac{T_0-T_\infty}{\overline{T}-T_\infty}\right)s=$$

$$0.2185\frac{960\times3.443\times10^3}{0.506}\times0.18\times\left(0.18+\frac{5.12\times0.506}{10}\right)\times\lg\frac{25+2}{2+2}s=$$

$$93465s=25.96h$$

(3) 空气强制对流时,由已知条件得:

$$Bi=\frac{30\times0.09}{0.506}=5.34<8$$

由式(5-24)可得冷却时间,

$$t=0.2185\frac{960\times3.443\times10^3}{0.506}\times0.18\times\left(0.18+\frac{5.12\times0.506}{30}\right)\times\lg\frac{25+2}{2+2}s=$$

$$56748s=15.8h$$

(4) $Bi>40$ 的情况 对于牛胴体厚度不变条件下,对流表面传热系数应该满足下式:

$$\alpha>\frac{Bi\lambda}{\delta/2}=\frac{40\times0.506}{0.09}W/(m^2\cdot K)=224.9W/(m^2\cdot K)$$

由表 5-3 可知,$Bi=40$ 时,$\mu=1.5325$,根据式(5-21)得:

$$t=2.3\frac{960\times3.443\times10^3}{0.506}\times\frac{0.18^2}{9.3944}\times\left(\lg\frac{25+2}{2+2}+\lg0.8296\right)s=$$

$$38825s=10.78h$$

例 5-4 若上题中牛肉冷却结束时的中心温度为 2℃，其他条件均不变，试分别计算空气自然对流和强制对流时的冷却时间。

解（1）空气自然对流时，牛肉的冷却时间可由式(5-25)求得：

$$t = 0.23 \frac{\rho c}{\lambda} \delta \left(\delta + 4.8 \frac{\lambda}{\alpha} \right) \lg \frac{T_0 - T_\infty}{T^* - T_\infty} + 0.0253 \frac{\rho c}{\lambda} \delta^2 \frac{\delta + 4.8 \frac{\lambda}{\alpha}}{\delta + 2.6 \frac{\lambda}{\alpha}}$$

$$t = 0.23 \frac{960 \times 3.443 \times 10^3}{0.506} \times 0.18 \times \left(0.18 + \frac{4.8 \times 0.506}{10} \right) \lg \frac{25 + 2}{2 + 2} s +$$

$$0.0253 \times \frac{960 \times 3.443 \times 10^3}{0.506} \times 0.18^2 \frac{0.18 + 4.8 \times \frac{0.506}{10}}{0.18 + 2.6 \times \frac{0.506}{10}} s =$$

$$100180s = 27.8h$$

（2）空气强制对流时，冷却时间为：

$$t = 0.23 \frac{960 \times 3.443 \times 10^3}{0.506} \times 0.18 \times \left(0.18 + \frac{4.8 \times 0.506}{30} \right) \lg \frac{25 + 2}{2 + 2} s +$$

$$0.0253 \times \frac{960 \times 3.443 \times 10^3}{0.506} \times 0.18^2 \frac{0.18 + 4.8 \times \frac{0.506}{30}}{0.18 + 2.6 \times \frac{0.506}{30}} s =$$

$$63462s = 17.63h$$

2. 长圆柱状食品冷却情况

（1）食品内部的温度变化 长圆柱状食品，$0 \leqslant r \leqslant R$，初始温度为常数 T_0，当时间 $t > 0$ 时，$r = R$ 处的边界以对流方式向温度为 T_∞ 的冷却介质中放热，假设温度分布只与径向坐标和时间有关，引入过余温度 $\theta = T - T_\infty$，$\theta_0 = T_0 - T_\infty$，其导热微分方程为：

$$\frac{\partial \theta}{\partial t} = a \left(\frac{\partial^2 \theta}{\partial r^2} + \frac{1}{r} \frac{\partial \theta}{\partial r} \right) \tag{5-27}$$

$$r = R \text{ 时}, \quad -\lambda \frac{\partial \theta}{\partial r} = \alpha \theta$$

$r = 0$ 时，温度为有限值。

$t = 0$ 时，$\theta = \theta_0$

用分离变量法求解式(5-27)的步骤与求解大平板状导热方程基本一样，最后得过余温度与径向坐标和时间的表达式：

$$\frac{\theta}{\theta_0} = \frac{2}{R} \sum_{i=1}^{\infty} e^{-\beta_i^2 at} \frac{\frac{\alpha}{\lambda}}{\left(\beta_i^2 + \left(\frac{\alpha}{\lambda} \right)^2 \right) J_0^2(\beta_i R)} J_0(\beta_i r) \tag{5-28}$$

式中 β_i——空间变量函数的特征值，由下列方程给出。令 $\mu_i = \beta_i R$，则

$$\mu_i J_1(\mu_i) = Bi J_0(\mu_i) \tag{5-29}$$

式中 $J_0(\beta_i R)$——第一类零阶贝塞尔函数；

$J_1(\beta_i R)$——第一类一阶贝塞尔函数。

对上式无穷级数取第一项作为其近似值，

$$\frac{\theta}{\theta_0} = 2e^{-\left(\frac{\mu}{R}\right)^2 at} \frac{BiJ_0(\beta r)}{(\mu^2 + Bi^2)J_0(\mu)} \tag{5-30}$$

$$Bi = \frac{\alpha R}{\lambda}$$

(2) 冷却时间

1) 用长圆柱状食品的平均温度计算冷却时间：长圆柱状食品平均温度 $\overline{T}$ 为：

$$\overline{T} = \frac{1}{\pi R^2} \int_0^R 2\pi r T(r,t) \mathrm{d}r \tag{5-31}$$

根据贝塞尔函数的对称性质以及特征方程(5-29)，$\mu_1 J_1(\mu_1) = Bi J_0(\mu_1)$，得到长圆柱状食品的平均温度表达式为：

$$\frac{\overline{T} - T_\infty}{T_0 - T_\infty} = \frac{4Bi^2}{\mu^2(\mu^2 + Bi^2)} e^{-\left(\frac{\mu}{R}\right)^2 at} \tag{5-32}$$

表 5-4 是针对无穷级数(式 5-28)取第一项作为计算值时，特征方程(5-29)的解。利用这个表，我们就可以根据不同的毕渥数 Bi，查出相对应的 μ 值，再利用式(5-32)计算出长圆柱状食品的平均冷却温度。

表 5-4 超越方程 $\mu J_1(\mu) = Bi J_0(\mu)$ 的第一个根

Bi	μ	Bi	μ	Bi	μ
0	0	4 0	1.9081	20.0	2.2880
0.01	0.1412	5.0	1.9898	30.0	2.3261
0.1	0.4417	6.0	2.0490	40.0	2.3455
0.5	0.9408	7.0	2.0937	50.0	2.3572
1.0	1.2558	8.0	2.1286	60.0	2.3651
1.5	1.4569	9.0	2.1566	80.0	2.3750
2.0	1.5994	10.0	2.1795	100.0	2.3809
3.0	1.7887	15.0	2.2509	∞	2.4048

令 $\phi = \frac{4Bi^2}{\mu^2(\mu^2 + Bi^2)}$，从式(5-32)可得：

$$t = 2.3 \frac{1}{a} \frac{R^2}{\mu^2} \left(\lg \frac{T_0 - T_\infty}{\overline{T} - T_\infty} + \lg \phi \right) \tag{5-33}$$

经简化与整理后得：

$$t = 0.3565 \frac{\rho c}{\lambda} R \left(R + \frac{3.16\lambda}{\alpha} \right) \left(\lg \frac{T_0 - T_\infty}{\overline{T} - T_\infty} + \lg \phi \right) \tag{5-34}$$

当 $Bi \leqslant 4$ 时，$\phi \approx 1$，上式变为：

$$t = 0.3565 \frac{\rho c}{\lambda} R \left(R + \frac{3.16\lambda}{\alpha} \right) \left(\lg \frac{T_0 - T_\infty}{\overline{T} - T_\infty} \right) \tag{5-35}$$

2) 用长圆柱状食品中心温度计算冷却时间：当 $r = 0$ 时，由式(5-30)可得：

$$\frac{\theta}{\theta_0} = 2e^{-\left(\frac{\mu}{R}\right)^2 at} \frac{Bi}{(\mu^2 + Bi^2)J_0(\mu)} \tag{5-36}$$

经简化与整理后得：

$$t=0.3833\frac{\rho c}{\lambda}R\left(R+2.85\frac{\lambda}{\alpha}\right)\left(\lg\frac{T_0-T_\infty}{T^*-T_\infty}\right)+0.0843\frac{\rho c}{\lambda}R^2\frac{R+2.85\frac{\lambda}{\alpha}}{R+1.7\frac{\lambda}{\alpha}} \tag{5-37}$$

例 5-5   用 $T_\infty=-1℃$ 的海水冷却金枪鱼。设金枪鱼长 2m，半径 $R=0.1$ 米，鱼的初始温度 T_0 $=20℃$，冷却结束时鱼的平均温度为 $\overline{T}=3℃$。鱼体密度 $\rho=1000kg/m^3$，试计算冷却时间。

解   (1) 计算所需要的参数

由表 3-6 可知，金枪鱼含水率为 70%；比热容 $c=3.43\times10^3J/(kg\cdot K)$。

由式(3-20)得，热导率 $\lambda=(0.148+0.493\times0.7)W/(m\cdot K)=0.5W/(m\cdot K)$。

根据表 5-1，设鱼体与冷盐水的对流表面传热系数 $\alpha=500W/(m^2\cdot K)$。

(2) 计算毕渥数 Bi：

$$Bi=\frac{\alpha R}{\lambda}=\frac{500\times0.1}{0.5}=100>40$$

由表 5-4 可知 $\mu=2.405$

$$\phi=\frac{4Bi}{\mu^2(\mu^2+Bi^2)}=0.7$$

将鱼体看作为长圆柱，由式(5-34)求得冷却时间为，

$$t=0.3565\frac{\rho c}{\lambda}R\left(R+\frac{3.16\lambda}{\alpha}\right)\left(\lg\frac{T_0-T_\infty}{\overline{T}-T_\infty}+\lg\phi\right)=$$
$$0.3565\times\frac{1000\times3430}{0.5}\times0.1\times\left(0.1+\frac{3.16\times0.5}{500}\right)\times\left(\lg\frac{20+1}{3+1}+\lg0.7\right)s=$$
$$14262s=3.96h$$

3. 球状食品冷却

(1) 球状食品冷却方程   初始温度为常数 T_0 的各向同性的球状食品，当 $t>0$ 时，在 $r=$ R 处边界上以对流换热方式向温度为 T_∞ 的气体或液体冷却介质放热，采用过余温度 $\theta=T-$ T_∞，则球内径向一维非稳态导热微分方程为：

$$\frac{\partial\theta}{\partial t}=a\left(\frac{\partial^2\theta}{\partial r^2}+\frac{2}{r}\frac{\partial\theta}{\partial r}\right) \tag{5-38}$$

$$r=R \text{ 时}，-\lambda\frac{\partial\theta}{\partial r}=\alpha\theta$$

$$t=0 \text{ 时}，\theta=\theta_0$$

此外，$r=0$ 处的 θ 应保持有界。与求解大平板状食品导热方程相似，从上式可以求得球状食品在冷却过程中某一时刻温度 T 的表达式：

$$\frac{\theta}{\theta_0}=e^{-\left(\frac{\mu}{R}\right)^2at}\frac{2Bi\sin\mu}{\mu-\sin\mu\cos\mu}\frac{\sin(\beta r)}{\beta r} \tag{5-39}$$

(2) 冷却时间

1) 用平均温度计算冷却时间：由式(5-39)可得球状食品的质量平均温度表达式[5]：

$$\frac{\overline{T}-T_\infty}{T_0-T_\infty}=\frac{6Bi^2}{\mu^2(\mu^2+Bi^2-Bi)}e^{-\left(\frac{\mu}{R}\right)^2at} \tag{5-40}$$

式中，μ 是特征方程 $\frac{\mu}{\tan\mu}=-Bi^*$ 的根，$Bi^*=Bi-1$，其值见表 5-5。

表 5-5　超越方程 $\dfrac{\mu}{\tan\mu}=-Bi^*$ 的第一个根

Bi^*	μ	Bi^*	μ	Bi^*	μ
−1.0	0	0.5	1.8366	3.0	2.4557
−0.5	1.1656	0.6	1.8798	4.0	2.5704
−0.1	1.5044	0.7	1.9203	5.0	2.6537
0	1.5708	0.8	1.9586	10.0	2.8628
0.1	1.6320	0.9	1.9947	30.0	3.0406
0.2	1.6887	1.0	2.0288	60.0	3.0901
0.3	1.7414	1.5	2.1746	100.0	3.1105
0.4	1.7906	2.0	2.2889	∞	3.1416

令 $\phi=\dfrac{6Bi^2}{\mu^2(\mu^2+Bi^2-Bi)}$，可以得到冷却时间为：

$$t=\frac{2.3}{a}\frac{R^2}{\mu^2}\left(\lg\frac{T_0-T_\infty}{\overline{T}-T_\infty}+\lg\phi\right) \tag{5-41}$$

经简化与整理后得：

$$t=0.1955\frac{\rho c}{\lambda}R\left(R+\frac{3.85\lambda}{\alpha}\right)\left(\lg\frac{T_0-T_\infty}{\overline{T}-T_\infty}+\lg\phi\right) \tag{5-42}$$

当 $Bi\leqslant4$ 时，$\phi\approx1$，上式变为：

$$t=0.1955\frac{\rho c}{\lambda}R\left(R+\frac{3.85\lambda}{\alpha}\right)\lg\frac{T_0-T_\infty}{\overline{T}-T_\infty} \tag{5-43}$$

2）用球状食品中心温度计算冷却时间：当 $r\rightarrow0$ 时，由式(5-39)可知，$\dfrac{\sin(\beta r)}{\beta r}\rightarrow1$，又由于特征方程 $\dfrac{\mu}{\tan\mu}=1-Bi$，使式(5-39)变为：

$$\frac{\theta}{\theta_0}=2\mathrm{e}^{-\left(\frac{\mu}{R}\right)^2 at}\frac{(\sin\mu-\mu\cos\mu)}{\mu-\sin\mu\cos\mu} \tag{5-44}$$

经简化与整理后，得球状食品中心处的冷却时间为：

$$t=0.2233\frac{\rho c}{\lambda}R\left(R+3.2\frac{\lambda}{\alpha}\right)\lg\frac{T_0-T_\infty}{T^*-T_\infty}+0.0737\frac{\rho c}{\lambda}R^2\frac{R+3.2\frac{\lambda}{\alpha}}{R+2.1\frac{\lambda}{\alpha}} \tag{5-45}$$

例 5-6　用 $T_\infty=0℃$，流速为 1m/s 的空气冷却苹果。苹果初始温度 $T_0=25℃$，冷却后的平均温度为 $\overline{T}=3℃$，密度为 950kg/m³，比热容 $c=3.35\times10^3\mathrm{J/(kg\cdot K)}$，苹果可以看作是 $R=0.04\mathrm{m}$ 的球体，其对流表面传热系数为 12W/(m²·K)，热导率为 0.76W/(m·K)，求苹果的冷却时间。

解　首先计算毕渥数 Bi：

$$Bi=\frac{\alpha R}{\lambda}=\frac{12\times0.04}{0.76}=0.63<4$$

可以用式(5-43)求得冷却所需的时间：

$$t=0.1955\frac{\rho c}{\lambda}R\left(R+\frac{3.85\lambda}{\alpha}\right)\lg\frac{T_0-T_\infty}{\overline{T}-T_\infty}=$$

$$0.1955 \frac{950 \times 3.35 \times 10^3}{0.76} \times 0.04 \left(0.04 + \frac{3.85 \times 0.76}{12} \right) \lg \frac{25-0}{3-0} s =$$
$$8559s = 2.38h$$

二、用图解法计算食品冷却速率

根据上面的解析式,对大平板、长圆柱和球状食品的冷却问题已经绘制成各种无量纲的图表。图 5-4、图 5-5、图 5-6 表示三种形状食品的温度与冷却时间的关系,其纵坐标为过余

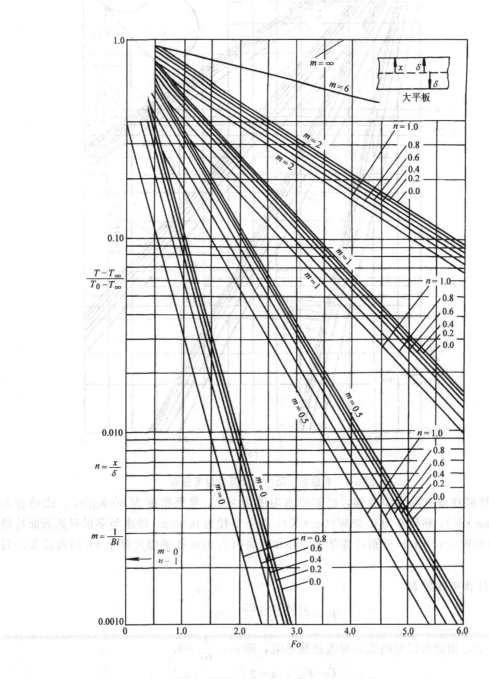

图 5-4 非稳态大平板状食品的温度分布

温度的比值 θ/θ_0，横坐标为傅里叶数 Fo，m 是毕渥数的倒数 $1/Bi$，n 是距离对称中心的相对位置，共有 6 点，$n=0$ 表示食品几何中心对称点；$n=1$ 表示食品表面[6]。

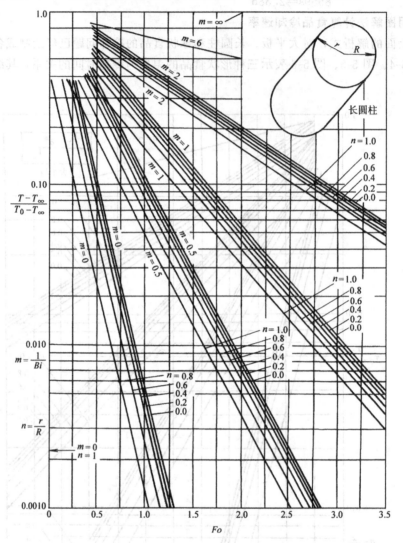

图 5-5　非稳态长圆柱状食品的温度分布

例 5-7　苹果在高速冷水中冷却，已知冷水温度为 2℃，苹果密度为 800kg/m³，比热容为 3.56kJ/(kg·K)，热导率为 0.35W/(m·K)，苹果半径为 0.03m，冷水与苹果对流表面传热系数为 3400W/(m²·K)，分别计算苹果中心和距表面 0.01m 处的温度降至 4℃时所需要的时间。

解　首先计算毕渥数 Bi：

$$Bi=\frac{3400\times0.03}{0.35}=291$$

由于 $Bi>40$，因此可以忽略表面对流换热热阻，即 $m=\frac{\lambda}{\alpha R}=0$。

$$\frac{T-T_\infty}{T_0-T_\infty}=\frac{4-2}{21-2}=0.11$$

(1) 苹果中心处的温度降至 4℃ 时所需的时间

在图 5-6 中，由 $m=0$ 和 $n=0$ 线与纵坐标 0.11 水平线得交点，过交点作垂线在横坐标上得对应的傅里叶数 Fo：

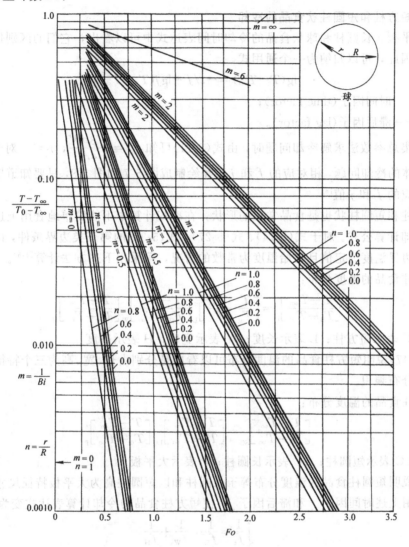

图 5-6　非稳态球状食品的温度分布

$$\frac{at}{R^2}=\frac{\lambda t}{\rho c R^2}=0.3$$

$$t=\frac{0.3\times800\times3560\times(0.03)^2}{0.35}\text{s}=2197\text{s}=0.61\text{h}$$

(2) 距离苹果表面 0.01m 处的温度降至 4℃ 时所需的时间

由 $n=(r/R)=(0.02/0.03)=0.67$，与上面步骤一样得到傅里叶数 Fo，

$$\frac{\lambda t}{\rho c R^2}=0.2$$

$$t=\frac{0.2\times800\times3560\times(0.03)^2}{0.35}\text{s}=1465\text{s}=0.41\text{h}$$

第四节 短方柱和短圆柱状食品的冷却

一、短方柱和短圆柱状食品的冷却

从大平板、长圆柱和球状食品的冷却时间表达式中可以看出，它们的区别仅在于系数上的不同，因此，可以归纳为一个通用式。

$$\lg(T - T_\infty) = -t/f + \lg j(T_0 - T_\infty) \tag{5-46}$$

式中 f——时间因子(time factor)；

j——滞后因子(lag factor)。

利用集总参数法求解冷却问题时，由式(5-11)可知，$f = \dfrac{2.3\rho cV}{\alpha A}$，$j = 1$；对于大平板、长圆柱和球体的冷却问题，相对应的 f 和 j 已经绘制成图 5-7 和图 5-8，只要知道毕渥数 Bi，即可查出对应的 f 和 j 值[6]。

短方柱和短圆柱状也是食品常见的形状，在冷却计算中不能简单地套用上述大平板、长圆柱的冷却计算公式。对于式(5-14)、式(5-27)、式(5-38)的第三类边界条件，以及第一类边界条件中边界温度为定值且初始温度为常数的情况，可采用下述方法计算[1,6]。

短方柱食品的温度分布：

$$\left[\frac{T - T_\infty}{T_0 - T_\infty}\right]_C = \left[\frac{T - T_\infty}{T_0 - T_\infty}\right]_L \left[\frac{T - T_\infty}{T_0 - T_\infty}\right]_W \left[\frac{T - T_\infty}{T_0 - T_\infty}\right]_H \tag{5-47}$$

式中下标 C 表示短方柱；L 表示长度；W 表示宽度；H 表示高度。

式(5-47)说明短方柱食品的温度分布可以看成是分别由长、宽、高为三个特征尺寸的大平板的温度分布乘积。

短圆柱食品的温度分布：

$$\left[\frac{T - T_\infty}{T_0 - T_\infty}\right]_{SC} = \left[\frac{T - T_\infty}{T_0 - T_\infty}\right]_{LC} \left[\frac{T - T_\infty}{T_0 - T_\infty}\right]_P \tag{5-48}$$

式中下标 SC 表示短圆柱；LC 表示长圆柱；P 表示大平板。

上式说明短圆柱食品的温度分布等于长圆柱和以短圆柱高为大平板特征尺寸的温度分布乘积。引用上述时间因子 f 和滞后因子 j，使短方柱食品的冷却计算表达式变为：

$$\begin{cases} \dfrac{1}{f_c} = \dfrac{1}{f_L} + \dfrac{1}{f_W} + \dfrac{1}{f_H} \\ j_c = j_L \times j_W \times j_H \end{cases} \tag{5-49}$$

短圆柱状食品的冷却计算表达式变为：

$$\begin{cases} \dfrac{1}{f_{SC}} = \dfrac{1}{f_{LC}} + \dfrac{1}{f_P} \\ j_{SC} = j_{LC} \times j_P \end{cases} \tag{5-50}$$

式中 f 和 j 可从图 5-7 和图 5-8 中查得。

例 5-8 香肠直径为 0.1m，长为 0.3m，密度为 1041kg/m³，比热容为 3.35kJ/(kg·K)，热导率为 0.48W/(m·K)，初始温度为 21℃，与冷却介质的对流表面传热系数为 1135W/(m²·K)，试计算香肠放入温度为 2℃的冷却介质中 2h 后的温度。

解 首先计算毕渥数 Bi：

对于长圆柱　$Bi = \dfrac{1135(0.05)}{0.48} = 118$

对于大平板　$Bi = \dfrac{1135(0.15)}{0.48} = 355$

毕渥数 Bi 均大于 40，因此，可忽略表面对流热阻。从图 5-7 中可知，

对于长圆柱 $Bi = 118$ 时，$(f_{LC})a/R^2 = 0.4$

对于大平板 $Bi = 355$ 时，$(f_P)a \Big/ \left(\dfrac{\delta}{2}\right)^2 = 0.95$

从图 5-8 中可知，

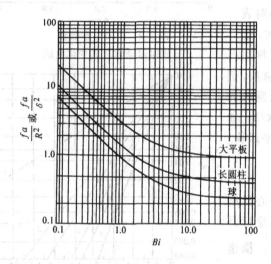

图 5-7　非稳态换热毕渥数
Bi 与 f 因子的关系

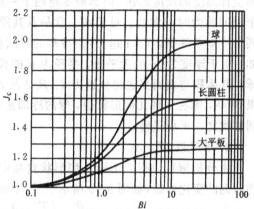

图 5-8　非稳态换热毕渥数
Bi 与 j 因子的关系

对于长圆柱 $Bi = 118$ 时，$j_{LC} = 1.6$

对于大平板 $Bi = 355$ 时，$j_P = 1.275$

由于 $a = \dfrac{\lambda}{\rho c}$，所以

$$f_{LC} = \frac{0.4R^2}{a} = \frac{0.4R^2\rho c}{\lambda} = \frac{0.4 \times (0.05)^2 (1041)(3350)}{0.48}\,\text{s} = 7272\text{s} = 2.02\text{h}$$

$$f_P = \frac{0.95 \times (0.15)^2 (1041)(3350)}{0.48}\,\text{s} = 155296\text{s} = 43.1\text{h}$$

$$\frac{1}{f_{SC}} = \frac{1}{2.02} + \frac{1}{43.1} = 0.518, \quad f_{SC} = 1.93\text{h}$$

$$j_{SC} = j_{LC}j_P = 1.6 \times 1.275 = 2.04$$

将 f_{SC} 和 j_{SC} 代入式(5-46)得 2h 后的中心温度 T：

$$\lg(T-2) = -2/1.93 + \lg[2.04(21-2)]$$

$$T = 5.57\text{℃}$$

二、食品几何形状对温度变化特性的影响

前面讲过了大平板、长圆柱、球、短方柱、短圆柱状食品的冷却问题。这里进一步归纳一下几何形状对食品冷却速率的影响。首先，仍将冷却问题分为内部导热热阻可以忽略和表

面对流换热热阻可以忽略两种情况，即毕渥数 $Bi<0.1$ 和 $Bi>40$ 两种情况。

1. 毕渥数 $Bi<0.1$

由式(5-11)可知，食品内的过余温度随时间呈指数曲线关系变化(图5-9)。在过程的开始阶段温度变化很快，随后逐渐减慢。如果时间 $t=\dfrac{\rho cV}{\alpha A}$，

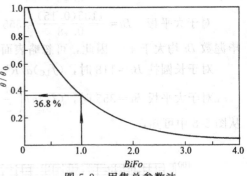

图 5-9 用集总参数法分析时过余温度的变化曲线

则有 $\dfrac{\theta}{\theta_0}=\dfrac{T-T_\infty}{T_0-T_\infty}=\mathrm{e}^{-1}=0.368=36.8\%$，说明在此时间范围内，食品过余温度的变化已经达到了初始值的 63.2%。此时间范围越小，说明食品对表面流体温度的反应越快，内部温度越趋于一致。这个时间称为时间常数。对于同一食品及其原料和同一冷却条件下，V/A 越大，则冷却的时间越长。例如，对于厚度为 2δ 的大平板、半径为 R 的长圆柱和球，其体积与表面积之比分别为 δ、$R/2$ 及 $R/3$，如果 $\delta=R$，则在三种几何形状中，球的冷却速率最快，圆柱次之，平板最慢。

2. 毕渥数 $Bi>40$

由分析解可以得出不同几何形状食品中心温度随时间的变化曲线，如图5-10所示[1]。图中纵坐标是食品中心处的无量纲过余温度 $\dfrac{\theta_m}{\theta_0}=\left(\dfrac{T^*-T_\infty}{T_0-T_\infty}\right)$，横坐标是傅里叶数 F_o，其特征尺寸选取方法为：对大平板、正方柱体、立方体各取其厚度的一半；对于圆柱体及球体取其半径。由图可见，在所比较的六种几何形状中，球的冷却速率仍然最快，而大平板仍然最慢。

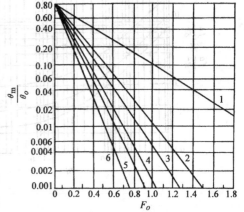

图 5-10 可忽略表面对流热阻时食品中心温度的变化曲线

1—大平板　2—正方形截面的长柱体　3—长圆柱 4—立方体　5—长度等于直径的柱体　6—球

第五节　冷却食品的冷藏工艺

一、畜禽肉类食品

畜禽肉类食品主要包括牛肉、羊肉、猪肉、鸡、鸭、鹅肉等，其主要营养成分有蛋白质、脂肪、糖类、无机盐和维生素等。由肌肉组织、脂肪组织、结缔组织和骨骼组织组成。肌肉组织是主要部分，约占胴体质量的 50%～60%，而禽类肌肉组织比畜类肌肉组织更丰富，这也是禽肉优于畜肉的原因之一。

畜禽屠宰后即成为无生命体，不但对外界的微生物侵害失去抗御能力，同时自身也进行一系列的降解等生化反应，出现死后僵直(rigor mortis)、软化成熟(softening and mortem)、自溶和酸败(autolysis and rancidity)等四个阶段。其中自溶阶段始于成熟后期，是质量开始下降阶段。特点是蛋白质和氨基酸进一步分解，腐败微生物也大量繁殖，烹调后肉的鲜味、香味明显消失。因此，肉的贮藏应尽量推迟进入自溶阶段，即从屠宰后到软化成熟结束的时间越

长越好。

迅速降温可以减弱酶和微生物的活性，延缓自身的生化分解过程。屠宰后的畜禽肉温度约为37～40℃，水分含量（即水的质量分数）在70%～80%之间，这样的环境非常适合微生物的繁殖与生长，因此，常将肉体温度降至0～4℃。迅速降温可以在肉体表面上形成一层干燥膜，它不但阻止微生物的侵入和生长繁殖，也减少了肉体内部水分的进一步流失。

1. 肉类的冷却工艺

(1)畜肉类冷却工艺　畜肉通常是吊挂在有轨道的带有滚动轮的吊钩上进行空气冷却，吊挂数量应根据肉的种类、肥度等级而定，一般胴体吊挂密度为250kg/m左右。冷却方法有一段冷却法(one phase chilling)和两段冷却法(two phase chilling)。一般冷却法是指整个冷却过程均在一个冷却间内完成，冷却空气温度控制在0℃左右，风速在0.5～1.5m/s之间，为了减少干耗，风速不宜超过2m/s，相对湿度控制在90%～98%之间。冷却终了，胴体后腿肌肉最厚部中心的温度应该达到4℃以下，整个冷却过程应在24h内完成。两段冷却法指采用不同冷却温度和风速，冷却过程可在同一间或两个不同间内完成。第一阶段的空气温度在−10～−15℃之间，风速在1.5～3m/s，冷却2～4h，使肉体表面温度降至0～−2℃左右，内部温度降至16～25℃。第二阶段空气温度为0～−2℃，风速为0.1m/s左右，冷却约10～16h即可完成。两段冷却法的优点是干耗小，微生物繁殖及生化反应控制好，但单位耗冷量大，目前多采用此方法。

(2)禽肉冷却工艺　禽肉可以采用吊挂在空气中冷却，也可以采用冰水浸或喷淋冷却。空气冷却法中温度和风速选择范围较大，冷却所需的时间差别也较大。常见的冷却工艺有空气温度2～3℃，相对湿度约80%～85%，风速约1.0～1.2m/s。在这样的条件下，经过7h左右即可使鸭、鹅体的温度达到3～5℃，而冷却鸡的时间会更少。若适当降低温度，提高风速，冷却时间将在4h左右完成。冰水浸或喷淋冷却速度快、没有干耗、但易被微生物污染，目前采用冰水浸或喷淋冷却法较多。

2. 肉类的冷藏工艺

肉类冷却后如果不进一步冻结，应迅速放入冷藏间，可进行短期贮藏或运输，也可完成肉的成熟作用。冷藏间温度一般在+1～−1℃之间，相对湿度在85%～90%之间为宜。如果温度低，湿度可以增大一些以减少干耗。贮藏过程中应尽量减少冷藏间的温度波动，尤其是进出货时更应注意。表5-6是国际制冷学会第四委员会对冷却肉冷藏的推荐条件，此冷藏期是在严格执行卫生条件下的时间，在实际冷藏中，放置5天后即应每天对肉进行质量检测。

表5-6　肉类冷藏条件和贮藏期

品　　名	温　度/℃	相对湿度/%	冷　藏　期
牛肉	−1.5～0	90	4～5周
小牛肉	−1～0	90	1～3周
羊肉	−1～1	85～90	1～2周
猪肉	−1.5～0	85～90	1～2周
内脏	−1～0	75～80	3日
兔肉	−1～0	85	5日

3. 肉类食品在冷却冷藏中的变化

（1）干耗　干耗在冷却和冷藏中均会发生，尤其是冷却初期，水分蒸发很快，24h 内的干耗量可达 1%～1.5%。在冷藏中，风速、温湿度、食品摆放方式等不合理也会使干耗明显加大。尤其是冷藏前 3 天更为突出。例如在 4～0℃冷藏下，前 3 天 1/4 牛胴体的干耗量分别为 0.4%、0.6%、0.7%；较瘦的猪半胴体干耗量分别为 0.4%、0.55%、0.75%；羔羊肉的干耗量与 1/4 牛胴体的干耗量接近。3 天以后每天平均干耗量仅为 0.02%左右。

（2）软化成熟　肉类成熟是在酶的作用下自身组织分解的过程，使肉质柔软，同时增加了香气和商品价值。

（3）寒冷收缩　寒冷收缩是畜禽屠宰后在未出现僵直前快速冷却造成的。其中牛和羊肉较严重，而禽类肉较轻。冷却温度不同、肉体部位不同，所感受的冷却速度也不同，如肉体表面容易出现寒冷收缩。寒冷收缩后的肉类经过成熟阶段后也不能充分软化，肉质变硬，嫩度差。若是冻结肉，在解冻后会出现大量汁液流失。目前研究发现当肉的 pH 值低于 6 时极易出现寒冷收缩[7]。

（4）变色、变质　肉类在冷藏时可出现变色现象，如红色肉可能逐渐变成褐色肉；白色脂肪可能变成黄色。肉类颜色改变是与自身氧化反应以及微生物作用有关。红色变为褐色是由于肉中肌红蛋白和血红蛋白被氧化，生成高铁肌红蛋白和高铁血红蛋白的结果。脂肪变黄是由于脂肪被水解后的脂肪酸被氧化的结果。此外，细菌、霉菌的繁殖和蛋白质分解也会使肉类表面出现绿色或黑色等变质现象。

二、鱼类食品冷却冷藏工艺

鱼是人类营养丰富的食物之一。主要含有水、蛋白质、脂肪、矿物质、酶和维生素等。其中蛋白质含量较高，约达 15%～20%左右，而且含有人体所必需的八种氨基酸。鱼肉与畜禽肉比较，其肌肉组织松软，蛋白质更易被人体吸收，但脂肪中的不饱和脂肪酸含量高，使鱼肉易氧化变质。此外，酶含量和矿物元素碘的含量均较高。

鱼死后不但同样会出现僵直、成熟、自溶和酸败等四个阶段，而且在僵直前还有一个鱼体表面粘液分泌过程。这种粘液是腐败菌的良好培养基。当温度在 3～5℃或更高时，它们极易使鱼体酸败，因此，捕获致死后的鱼应该迅速用清水冲洗。上述四个阶段所持续的时间均较短，尤其是软化成熟阶段极短，其原因是鱼体内的多种酶和微生物在较低温度下仍有很强的活性，使组织比较柔嫩的鱼体迅速进入自溶阶段。在自溶阶段，部分蛋白质已被分解成氨基酸和可溶性含氮化合物，鱼的鲜度开始下降。

鱼体僵直和自溶时间长短与鱼的种类、捕获方法、致死前的生理状态有关，温度对这两个过程影响最大，如表 5-7 所示。根据国外一些资料报道，海水鱼在 40～50℃之间自溶最快，淡水鱼在 23～30℃之间自溶最快，如温度在 24℃左右时鲤鱼和鲫鱼自溶最快，低于 0℃时自溶作用几乎停止。

表 5-7　温度对鳕鱼死后僵直时间的影响

鱼体温度/℃	35	15	10	5	1
僵直开始时间	3～10min	2h	4h	16h	35h
僵直持续时间	30～40min	10～24h	36h	2～2.5 昼夜	3～4 昼夜

鱼体冷却可用空气、冰、冷盐水或冰盐混合进行。空气冷却易使鱼体表面干燥，脂肪和

色素氧化，贮藏期短，目前应用较少。冰、冷盐水、冰盐混合等方法的冷却温度低于或接近于肌肉汁液的冰点，冷却效果较好。

1. 冰冷却法

冰冷却法是鱼类食品冷却的常用方法。可利用机械制冰或天然冰。冰经破碎后撒在鱼层上，形成一层冰一层鱼的样式或将碎冰与鱼混拌在一起。前者称为层冰层鱼法，后者称为拌冰法。拌冰法适用于中、小鱼类，特点是冷却快。层冰层鱼法适用于大鱼冷却，一般鱼层厚度在 $50 \sim 100 mm$，冰鱼整体堆放高度约 75cm，上用冰封顶，下用冰铺垫。用冰量与冷却鱼量常在 1：3 至 1：1 范围内，也可根据下式计算鱼体从初始温度降至 $0 \sim -1℃$ 时所需的冰量：

$$m_{冰} = \frac{cm_{鱼} \Delta T}{h} \tag{5-51}$$

式中　$m_{冰}$——所需要冰的质量，单位为 kg；

　　　c——鱼的比热容，单位为 $J/(kg \cdot K)$；

　　　ΔT——鱼体初温与冷却终温的差值，单位为 ℃；

　　　$m_{鱼}$——冷却鱼的质量，单位为 kg；

　　　h——冰的融化热，单位为 J/kg。

冰冷却法一般只能将鱼体冷却至 $+1℃$ 左右，冷却鱼不能长期贮藏，一般淡水鱼为 $8 \sim 10$ 天；海水鱼为 $10 \sim 15$ 天，若冰中添加防腐剂可延长贮藏期。

2. 冷海水冷却法

利用机械制冷或机械制冷与冰制冷结合使海水温度降至 $-1 \sim -2℃$ 左右，将捕获的鱼浸入其中达到迅速冷却的目的。如平均 80g 重的鱼在 $-0.5 \sim -2℃$ 冷海水中，从 20℃ 冷却至 0.5℃ 只需 16min，若冷海水的流速在 $0.2 \sim 0.5m/s$ 之间，冷却时间仅需 9min，而同样条件下用冰冷却法则需 47min。目前冷海水冷却法应用较多，特别适合于远洋作业的渔轮，装卸可用吸鱼泵迅速完成，减少了劳动强度，同时由于鱼的密度比海水低，鱼浮在海水之上不会被挤压坏。

冷海水含盐浓度(即盐的质量分数)应该保持在 $2\% \sim 3\%$ 之间，鱼与海水的比例约为 7：3，如果采用机械制冷与冰结合的冷却法，应及时添加相当 3% 冰量的食盐，以免冷盐水的盐浓度下降。冷盐水冷却法的不足是鱼体吸水膨胀，肉变咸、变色、易污染。若将 CO_2 充入冷海水中，可使冷海水的 pH 值降低至 4.2 左右，可抑制或杀死部分微生物，使冷藏期延长。如鲑鱼在冷海水中最多贮藏 5 天，若去掉头和内脏也只能贮藏 12 天，而经过充入 CO_2 处理的鱼可贮藏 17 天。

3. 微冻保鲜

鱼在 $-3℃$ 左右的冷却介质中呈轻微冻结状态，使其冷藏期可比在 0℃ 左右的冷藏期延长了 $1.5 \sim 2$ 倍，微冻保鲜可在冰冷却法和冷海水冷却法的基础上进行，只是温度更低一些。其最终温度取决于盐的浓度。层冰层鱼铺放时，冷却最低温度不到 0℃。若要实现微冻状态，撒碎冰后再撒上相当于 $2\% \sim 4\%$ 冰重的食盐。

三、乳的冷却冷藏工艺

乳和乳制品通常指牛乳或由牛乳加工而成的制品。乳的成分有水、蛋白质、脂肪、乳糖、无机盐类、磷脂、维生素、酶、色素、气体和其他微量元素，是一种具有胶体特性的生物学液体。乳中除乳糖和部分可溶性盐类能够形成真溶液状态外，蛋白质和不可溶性盐类形成胶体悬浮液,脂肪形成乳浊液状态。从化学的观点看,乳实际上是各种物质的混合物。乳含有人体的必需氨基酸,蛋白质和脂肪均易被人体吸收。乳糖是促进肠道内有益乳酸菌生长的主要物质,其分解而生成的半乳糖对儿童发育非常重要。此外,乳中还含有能抑制微生物繁殖的抗菌物质(拉克特宁),使乳本身具有抗菌特性,但这种抗菌特性持续的时间是与乳温、冷却是否及时和细菌污染程度有关的(表5-8、表5-9),低温和及时冷却均能延长抗菌特性的作用时间。因此,挤乳时应严格遵守卫生制度,挤出的乳要迅速冷却,冷却温度一般至3~5℃,但如果马上加工,则不必冷却到这样低的温度。乳的冷却温度常根据贮藏运输所需的时间而定,如果乳的产地到乳品厂的运输时间小于6h,乳可在产地冷却到10℃即可。

乳的冷却方法较多,常见简易方法有冷水冷却和冷排冷却器冷却两种。冷水或冰水冷却方法简单易行,即将乳桶放入冷水池中使乳温降至水温以上3~4℃左右。北方地下水温较低,可直接利用。南方地下水温偏高,可加适量的冰块解决。为保证冷却效果,池中水量应4倍于冷却乳量,并且适当换水和搅拌冷却乳。冷排冷却器是由金属排管组成,冷却乳自上而下流动,而冷却介质(冷水或冷盐水)自下而上流动。这种方式冷却效果好,适合于小规模加工厂和乳牛厂使用。

冷却后的乳应尽可能贮藏在低温处,因为冷却起抑制微生物的繁殖作用,如果温度升高,微生物会重新活动(表5-10)。

表5-8 冷却与乳中细菌数的关系(细菌数/mL)[8]

贮 藏 时 间	冷 却 乳	未 冷 却 乳
刚挤出的乳	11500	11500
3h 以后的乳	11500	18500
6h 以后的乳	8000	102000
12h 以后的乳	7800	114000
24h 以后的乳	62000	1300000

表5-9 冷却乳温度与抗菌特性作用时间[8]

冷却乳温度/℃	抗菌作用时间/h	冷却乳温度/℃	抗菌作用时间/h
37	<2	5	<36
30	<3	0	<48
25	<6	−10	<240
10	<24	−25	<720

表5-10 乳的保持时间与温度关系[8]

乳的保持时间/h	乳温/℃
6~12	10~8
12~18	8~6
18~24	6~5
24~36	5~4
36~48	2~1

四、蛋类食品冷却冷藏工艺

蛋主要由蛋壳、蛋白和蛋黄组成，其成分有水分、蛋白质、脂肪、糖、无机盐和维生素等。蛋白质含有 16 种氨基酸，尤其是蛋白中的卵白蛋白和蛋黄中的卵黄磷蛋白营养价值更高。鲜蛋变质的原因主要是细菌等微生物作用的结果，微生物可从蛋壳气孔进入或在产蛋前进入。但鲜蛋不会马上变质，原因是鲜蛋中含有细菌酶，这种酶在一定时间内能够抑制微生物的繁殖与生长。鲜蛋的冷却应在专用的冷却间内完成，也可利用冷库的穿堂和过道，采用微风速冷风机进行冷却。在冷却开始时，冷却空气温度与蛋体温度相差不能太大，一般低于蛋体温度 2~3℃，随后每隔 1~2h 将冷却间空气温度降低 1℃左右。冷却间空气相对湿度在 75%~85%左右，流速在 0.3~0.5m/s 之间。通常情况下经过 24h 的冷却，蛋体温度可达 1~3℃，此时冷却结束。冷却后的蛋可在两种条件下冷藏：

1）温度 0~-1.5℃，相对湿度 80%~85%，冷藏期为 4~6 个月；

2）温度 -1.5~-2℃，相对湿度 85%~90%，冷藏期为 6~8 个月。

冷藏蛋在出库上市之前，应该在库内逐渐升温，直至蛋温低于库外温度 3~5℃为止。否则，冷藏蛋出库后将在蛋体表面上结露，使冷藏蛋质量迅速下降。

五、果蔬类食品冷却冷藏

果蔬是人类营养丰富的必需副食品，其营养价值与品种、生长、成熟、贮藏条件等不同而差异较大。但主要可概括如下：①是人体维生素的重要来源，尤其是果蔬中含有丰富的维生素 C 和胡萝卜素；②大量的矿物质元素如铁、钙、磷等在人体的生理活动中起着调节体液酸碱平衡的作用；③大量的蔗糖、果糖、葡萄糖、淀粉、有机酸等不但供给人体热量，而且也使果蔬具有不同的香气与风味；④纤维素和半纤维素能够促进胃肠的蠕动，刺激胃壁消化腺的分泌，起着间接的消化作用。

果蔬采摘后仍为有生命体，对微生物的侵入有抗御能力。但当这种生命体发展到后期时，即过熟期时，新陈代谢变慢甚至停止，成分与组织结构均发生了不可逆转的变化，使其丧失营养价值和特有的风味，在微生物作用下开始腐烂变质。果蔬采摘后到过熟期的时间长短与其呼吸作用和乙烯催熟作用有关。在有氧情况下呼吸使单糖、双糖、淀粉、脂肪、有机酸、鞣质等氧化分解成 CO_2 和 H_2O；在无氧情况下呼吸使糖类等物质分解成乙醇和 CO_2。呼吸过程均使营养物质和风味遭到损失，同时放出的呼吸热还造成呼吸加速等恶性循环。呼吸快慢用呼吸强度表示，即果蔬组织在每小时内吸收消耗的氧量或放出的二氧化碳量。果蔬呼吸强度不但与种类、品种、成熟度、部位以及伤害程度有关，而且还与温度、空气中的氧和二氧化碳含量有关。一般情况下，温度低，呼吸强度也低，例如，果蔬在 10℃时呼吸强度及呼吸热约是 0℃时的 3 倍，若在环境温度下放置 24h 即可损失所含糖量的 1/3~1/2。但少部分果蔬的呼吸强度和温度的关系与上述不同。如马铃薯的最低呼吸率在 3~5℃，而不在 0℃。黄瓜在 15.5℃时呼吸速率为 19mg CO_2/(kg·h)，而在 1.7℃时则为 28mg CO_2/(kg·h)。此外，温度过低也会由于生理失调而产生冷害(chill injury)，如香蕉在 11.7~13.8℃将出现果皮变黑；部分苹果在 2.2~3.3℃时会出现内部变褐、果心变黑；黄瓜在 7.2℃时会出现水肿腐烂等现象。研究表明，这种现象除与温度有关外，还与食品的品种、成熟度、栽培条件以及冷藏环境等有关。合理的冷藏工艺可控制果蔬以较低的呼吸速率维持生命正常的代谢过程，推迟呼吸高峰的到来。

呼吸作用和乙烯催熟作用还与贮藏环境中空气的含氧量及二氧化碳量有关。正常环境中氧的含量为21％，而二氧化碳量为0.03％。如果适当降低氧的含量或增加二氧化碳量均会降低呼吸作用和乙烯催熟作用，同时也抑制或杀死某些真菌和昆虫，从而达到延长保鲜期的目的。基于这种原理，目前推广使用一种气调保鲜法。

1. 冷却冷藏工艺

大多数果蔬在采摘后应迅速进行分级、包装、冷却等预处理，研究资料表明，采摘后24h冷却的梨，在0℃下贮藏5周不腐烂，而采摘后经过96h后才冷却的梨，在0℃下贮藏5周就有30％的梨腐烂。果蔬冷却方式较多，常用的有空气冷却、冷水冷却和真空冷却等。空气冷却可在冷藏库的冷却间内或过堂内进行，风速约0.5m/s，将果蔬冷却至冷藏温度后再入库。冷水冷却利用专用的设备对果蔬进行喷淋或浸渍，冷水温度约0～3℃。冷水冷却的特点是果蔬冷却快，干耗小，适合于冷却根类菜和较硬的果蔬，但冷却水需要定时处理以免对果蔬污染。真空冷却在真空室内完成，多用于表面积较大的叶类菜，真空室的压力约613～666Pa左右。为了减少干耗，果蔬在进入真空室之前要对果蔬进行喷雾加湿。冷却温度一般为2～3℃。但由于品种、采摘时间、成熟度等诸多因素的影响，冷却温度差别较大。果蔬冷藏中应尽量减少冷藏库的温度波动，温度波动大易使果蔬表面结露，给微生物的繁殖创造条件。冷藏库中空气的相对湿度一般较高，目的是减少果蔬冷藏中的干耗。冷藏库应定时通风，以排除乙烯和其他有害气体。果蔬出库上市之前，要逐渐升温直至出库后果蔬表面不结露为止。总之，果蔬在冷却冷藏期间要有适宜的温度和湿度，表5-11是美国的果蔬贮藏条件，由于生长环境、品种等与我国不同，表中数据仅供参考。

表5-11 部分果蔬的冷藏条件[2]

水果品名	冷藏温度/℃	相对湿度/%	最高冰点/℃	备 注
杏	−1.1～0	90～95	−2.22	
梨	−1.1～0	90～95	−2.22	
樱桃	−1.1～0	90～95	−2.22	
桃	−1.1～0	90～95	−2.22	
葡萄	−1.1～0	90～95	−2.22	
李子	−1.1～0	90～95	−2.22	
大蒜	0	65	<−0.56	
元葱	0	65	<−0.56	
蘑菇	0	90	<−0.56	
橙	0	90	<−0.56	
桔子	0	90	<−0.56	
芦笋	0	95	<−0.56	
利马豆	0	95	<−0.56	
甜菜	0	95	<−0.56	
茎椰菜	0	95	<−0.56	
抱子甘蓝	0	95	<−0.56	
卷心菜	0	95	<−0.56	
花菜	0	95	<−0.56	

（续）

水果品名	冷藏温度/℃	相对湿度/%	最高冰点/℃	备 注
芹菜	0	95	−0.5	
甜玉米	0	95	<−0.56	
荷兰芹	0	95	<−0.56	
菠菜	0	95	−0.06	
胡萝卜	0	95	<−0.56	
莴苣	0	95	−0.06	
萝卜	0	95	<−0.56	
苹果	2.22	95	<−0.56	
嫩菜豆	7.22	90	<−0.56	低于7.22℃易受冷害
熟西红柿	7.22	90	<−0.56	低于7.22℃易受冷害
甜瓜	10	85	<−0.56	低于10℃易受冷害
土豆	10	85	<−0.56	低于10℃易受冷害
南瓜	10	85	<−0.56	低于10℃易受冷害
绿西红柿	10	85	<−0.56	低于10℃易受冷害
黄瓜	10	90~95	<−0.56	低于10℃易受冷害
茄子	10	90~95	<−0.56	低于10℃易受冷害
甜椒	10	90~95	<−0.56	低于10℃易受冷害
香蕉	14.5~15.6	85~90	<−0.56	
柠檬	14.5~15.6	85~90	<−0.56	
葡萄柚	14.5~15.6	85~90	<−0.56	

2. 气调贮藏

气调贮藏可分为一次气调法（Modified Atmosphere Storage，MA）、连续气调法（Controlled Atmosphere Storage，CA），以及混合降氧法等多种。

（1）一次气调法（MA贮藏）　一次气调法是指利用气密性好的材料，在产品包装或贮藏时，产品周围的气体不与外界进行交换，保持包装时充入气体的组成成分或靠自身呼吸作用吸收消耗贮藏室中的氧，放出二氧化碳，以达到合适的贮藏环境。一次气调法包括自然降氧法和预充气法，自然降氧法在气密的库房内或塑料薄膜棚内进行，属于一次性整进整出的间歇式作业方式。这种方法简便易行，但对库房或塑料薄膜棚的气密性要求较严。又由于降氧速度慢，室内或棚内呼吸热的聚积可使微生物和酶活性增加，对果蔬质量有一定的影响。预充气法多用于无呼吸功能的动物性食品上。在产品包装时，首先对产品抽真空，然后充入一定比例成分的气体，如午餐肉罐头内可充入80%的CO_2和20%N_2；干酪包装时可充入100%的N_2；鲜禽肉或鲜鱼肉包装时可充入30%的CO_2和70%的N_2。

（2）连续气调法（CA贮藏）　连续气调法是对产品贮藏环境不断地进行检测与调整，以保证产品在合适的气体成分比例下贮藏。连续气调法包括人工降氧法和硅窗自动气调法。人工降氧法是利用机械在库房外制取人工空气（氧气约占气体总体积的1%~3%、二氧化碳气体约占气体总体积的 $0\sim10\%$）冲洗库内气体，或将库内气体经过循环式气体发生器去除部分氧气后再重新回到库内。人工降氧法降氧速度快（也称快速降氧法），同时能及时排除库内的乙烯等挥发性成分，保鲜效果好，对不耐贮藏的果蔬效果更明显。如草莓若以自然降氧法可贮藏 $2\sim3$ 天，而采用人工降氧法可以贮藏 15 天以上。目前人工降氧法已成功地应用于苹果和梨的贮藏上，对于莴苣头、抱子甘蓝、菜花等蔬菜贮藏以及在运输车中贮藏运输 5 天以上的情况，人工降氧法均获得较好效果。

人工降氧法对库房的气密性要求虽然低于自然降氧法，但为了提高系统效率，一般情况下应该对库房的气密性进行检验，其检验条件是当库房内的表压力达到 249Pa 时，若经过 1h，压力下降不低于 49.8Pa，这时认为库房的气密性较好。库房内的气体成分要严格控制在一定范围内（表 5-12），氧气含量不能过低，否则也会造成食品的厌氧呼吸。

硅窗自动气调法是利用硅窗（即在塑料薄膜棚上镶嵌一定比例面积的硅橡胶薄膜）对气体透过性的选择作用来调节产品的贮藏环境。在常压下透过二氧化碳量与透过氧的量之比为 1：6，因此，果蔬呼吸使库内的二氧化碳量远远大于库外环境中的二氧化碳量，而大气中的含氧量又远远高于库内，使库内空气与库外的空气自动平衡在氧 $3\%\sim4\%$ 和二氧化碳 $4\%\sim5\%$ 之间。该方法在一般冷库和简易冷库内均可采用。

(3) 混合降氧法　也称半自然降氧法，是上述自然降氧法和人工降氧法的组合。冷藏初期用人工降氧法可在较短的时间内快速达到某一含氧量（质量分数约 10%），然后，靠果蔬的呼吸作用消耗掉剩余的部分氧，同时放出二氧化碳。此法不仅达到了保鲜效果，而且更主要的是降低了成本。

例 5-9 具有制冷功能的拖车内装有 18000kg 的莴苣，拖车容积为 $80m^3$，其中 20% 为剩余空间。在 124Pa 压差下拖车的最大透气率为 $3.397m^3/h$，行走速度为 80km/h，产品平均温度为 1.5℃，气体成分为体积分数 2% 的 O_2 和 5% 的 CO_2，问以多大的速率补充 CO_2 和 N_2 才能保持初始 O_2 和 CO_2 的比例成分不变。

解　设 $x=$ 需补充 N_2 的速率，$y=$ 需补充 CO_2 的速率，$n_a=$ 渗透进拖车内的空气速率，$n_c=$ 产品呼吸产生 CO_2 的速率，$n_o=$ 产品呼吸消耗 O_2 的速率

列 O_2 平衡方程：

$$n_a(0.21)=(n_a+x+y)(0.02)+n_o$$

列 CO_2 平衡方程：

$$y+n_c=(n_a+x+y)(0.05)$$

莴苣头在 1.5℃时的呼吸热：

$$q=ae^{bT}=26.7e^{0.088\times1.5}=30.47mW/kg$$

式中 a、b 可查表 5-13，产生的 CO_2 为：

$$\frac{30.47\times10^{-3}\times3600}{10.7}=10.25mg/(kg\cdot h)=0.233\times10^{-3}g\ mol/(kg\cdot h)$$

即 $n_c=4.194g\ mol/h$，消耗的 O_2 为：$n_o=4.194g\ mol/h$。

拖车在运行中产生的压差由下式计算：

$$\frac{\Delta p}{\rho}=\frac{v^2}{2}\qquad \Delta p=247\rho$$

渗透进入的空气速率为：$\quad Q=3.397\sqrt{\dfrac{247\rho}{124\rho}}=4.79m^3/h$

由理想气体状态方程得： $n_a = \dfrac{pV}{RT} = 212.7g\ mol/h$

将 n_a, n_o, n_c, 代入 O_2 和 CO_2 的平衡方程，得 $x = 1708.3g\ mol\ N_2/h$

$$y = 96.67g\ mol\ CO_2/h$$

表 5-12　部分果蔬 CA 贮藏条件[2]

产品	$\varphi_{CO_2}/\%$	$\varphi_{O_2}/\%$	产品	$\varphi_{CO_2}/\%$	$\varphi_{O_2}/\%$
苹果	2~5	3	卷心菜	2.5~5	2.5~5
芦笋	5~10	2.9	莴苣（头或叶）	5~10	2
抱子甘蓝	2.5~5	2.5~5	梨	5	1
青豆或食荚菜豆	5	2	菠菜	11	1
嫩茎花椰菜	10	2.5	西红柿（绿）	0	3

注：表中气体含量为体积分数，剩余的为 N_2 的体积分数

表 5-13　部分果蔬呼吸热计算公式 $q = ae^{bT}$ 的系数 a、b[2]　　$(q/mW/kg, T/℃)$

产品	a	b	产品	a	b
苹果	19.4	0.108	莴苣头	26.7	0.088
芦笋	173.0	0.086	莴苣叶	59.1	0.074
青豆或食荚菜豆	86.1	0.115	圆葱	6.92	0.099
菜豆	48.9	0.128	桔子	13.4	0.106
甜菜（切去根和头）	38.1	0.056	桃	14.8	0.133
嫩茎花椰菜	97.7	0.121	梨	12.1	0.173
抱子甘蓝	104.0	0.081	青豌豆	111.0	0.106
卷心菜	16.8	0.074	甜椒	33.4	0.072
麝香瓜	16.1	0.126	菠菜	65.6	0.131
胡萝卜（切去根和头）	29.1	0.083	草莓	50.1	0.106
芹菜	20.3	0.104	甘薯	31.7	0.061
甜玉米	131.0	0.077	西红柿	13.2	0.103
葡萄柚	11.7	0.092	萝卜	25.8	0.067

参 考 文 献

1　杨世铭主编·传热学·北京：人民教育出版社，1980

2　Romeo T. Toledo. Fundamentals of Food Process Engineering, Second edition. New York：Van Nostrand Reinhold，1991

3　杨强生，浦保荣编著·高等传热学·上海：上海交通大学出版社，1996

4　黑龙江商学院食品工程系·食品冷冻理论及应用·哈尔滨：黑龙江科学技术出版社，1989

5　Andrew C. Cleland. Food Refrigeration Processes. England：Elesevier Science Publishers ltd.，1990

6　R. Heldman and R. P. Singh. Food Process Engineering 2nd edition. USA：AVI Publishing Company，1981

7　Clive V. J. Dellino. Cold and chilled storage technology. New York：Blackie and Son ltd. 1990

8　东北农学院·畜产品加工学·北京：农业出版社，1990

第六章　食品冻结与冻藏

食品冻结与冻藏是食品冷加工的主要内容之一，目前在国内外发展都很快，冻结品的消费量逐年递增。关于如何提高冻结食品的质量，降低食品冻结加工与冻藏成本，同时减少加工与贮藏中对大气环境的破坏是人们研究的重点。具体内容为：冻结方法、冻结与冻藏设备、冰晶对食品质量的影响、冻伤、冻结速率、食品热物性、冻结食品的包装、水分与汁液流失、冻结食品成分与形态等问题。其中冻结速率和食品热物性是影响冻结食品质量及设备性能的主要因素[1]。

第一节　冻结速率的表示法

冻结速率可用食品热中心温度下降的速率或冰锋前进的速率表示。

一、用食品热中心(thermal center)**降温速率表示**

食品热中心即指降温过程中食品内部温度最高的点。对于成分均匀且几何形状规则的食品，热中心就是其几何中心。

以往常用食品热中心温度从-1℃降至-5℃所用时间长短衡量冻结快慢问题，并称此温度范围为最大冰晶生成带(zone of maximum crystallisation)[2]。若通过此冰晶生成带的时间少于30min，称为快速冻结；若大于30min，称为慢速冻结。以往认为这种快速冻结对食品质量影响很小，特别是果蔬食品。然而，随着冻结食品种类增多和对冻结食品质量要求的提高，人们发现这种表示方法对保证有些食品的质量并不充分可靠。主要原因是：①有些食品的最大冰晶生成带可延伸至-10～-15℃；②不能反映食品形态、几何尺寸、包装情况等多种因素的影响。因此，近几年，人们建议采用冰锋移动速率表示冻结快慢问题[2~4]。

二、用冰锋(ice front)**前进速率表示**

这种表示法最早是德国学者普朗克提出的，他以-5℃作为结冰锋面，测量从食品表面向内部移动的速率。并按此速率高低将冻结分成三类：

快速冻结：冰锋移动速率≥5～20cm/h；

中速冻结：冰锋移动速率≥1～5cm/h；

慢速冻结：冰锋移动速率=0.1～1cm/h。

本世纪70年代国际制冷学会提出食品冻结速率应为：

$$V_f = \frac{L}{t} \tag{6-1}$$

式中　L——食品表面与热中心的最短距离，单位为cm；

　　　t——食品表面达0℃至热中心达初始冻结温度以下5K或10K所需的时间[2,5]，单位为h。

使用中发现，有两个因素对上述冻结速率影响最大。一个是温度传感器位置与热中心位置的偏差；另一个是食品的初始温度。试验表明，初始温度高虽使整个冻结时间增长，但式

(6-1)中的时间 t 却减少。

目前生产中使用的冻结装置的冻结速率大致为[3,6]：

慢冻(slow freezing)：在通风房内，对散放大体积材料的冻结。冻结速率为 0.2cm/h；

快冻或深冻(quick-or deep-freezing)：在鼓风式或板式冻结装置中冻结零售包装食品。冻结速率为 0.5～3cm/h；

速冻或单体快速冻结(rapid freezing or individual quick freezing，IQF)：在流化床上对单粒小食品快冻。冻结速率为 5～10cm/h；

超速冻(ultra rapid freezing)：采用低温液体喷淋或浸没冻结。冻结速率为 10～100cm/h。

对于畜肉类食品，冻结速率达到 2～5cm/h 时，即获得较好的效果；而对于生禽肉，冻结速率必需大于10.0cm/h，才能保证有较亮的颜色[7]。

第二节　食品冻结时间

食品冻结过程与食品冷却不同。在冻结过程中，食品的物理性质将发生较大的变化，其中比较明显的是比热容和热导率，因此，很难用解析式求解。目前，常见的几种求解方法基本是在较大假设条件范围内，经过试验修正后获得。

一、普朗克公式(Plank's Equation，1913 年)[2]

如图 6-1 所示，厚度为 δ(单位为 m)的无限大平板状食品，置于温度为 T_∞ 的冷却介质中冻结。假设：①食品冻结前初始温度均匀一致并等于其初始冻结温度；②冻结过程中，食品的初始冻结温度保持不变；③热导率等于冻结时的热导率；④只计算水的相变潜热量，忽略冻结前后放出的显热量；⑤冷却介质与食品表面的对流表面传热系数不变。

经过一定时间后，每侧冻结层厚度均达到 x(单位为 m)。由于对称关系，下面仅考虑一侧的冻结问题。

在 dt 时间内，冻结面推进 dx 距离，其放出的潜热量(单位为 J)为：

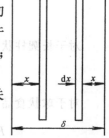

$$dQ = h\rho A dx \tag{6-2}$$

$$h = 335 \times 10^3 \times w \tag{6-3}$$

图 6-1　大平板状食品冻结简图

式中　h——每千克食品的冻结潜热，等于纯水的冻结潜热与食品含水率的乘积，单位为 J/kg；

w——食品含水率即水的质量分数，用百分数表示；

ρ——食品的密度，单位为 kg/m³；

A——食品一侧的表面积，单位为 m²。

该热量先通过 xm 厚的冻结层，再在表面处以对流换热的方式传给冷却介质，

$$dQ = \frac{T_i - T_\infty}{\dfrac{1}{\alpha A} + \dfrac{x}{\lambda A}} dt \tag{6-4}$$

式中　α——食品对流表面传热系数，单位为 W/(m²·K)；

λ——冻结层的热导率，单位为 W/(m·K)；

T_i——食品的初始冻结温度，单位为℃；

T_∞——冷却介质的温度，单位为℃。

合并式(6-2)和式(6-4)并在 $0\sim\frac{1}{2}\delta$ 间积分，得无限大平板状食品的冻结时间 t 为：

$$t=\frac{h\rho}{2(T_i-T_\infty)}\left(\frac{\delta}{\alpha}+\frac{\delta^2}{4\lambda}\right)\tag{6-5}$$

对于直径为 D 的长圆柱状食品和球状食品，用类似的方法可分别获得冻结时间，其表达式分别为：

对于长圆柱状：

$$t=\frac{h\rho}{4(T_i-T_\infty)}\left(\frac{D}{\alpha}+\frac{D^2}{4\lambda}\right)\tag{6-6}$$

对于球状：

$$t=\frac{h\rho}{6(T_i-T_\infty)}\left(\frac{D}{\alpha}+\frac{D^2}{4\lambda}\right)\tag{6-7}$$

上述三个公式表明，对于相同材料的食品，当平板的厚度与柱状、球状的直径相同时，大平板状食品的冻结时间是长圆柱状食品的 2 倍、球状食品的 3 倍。这三个公式可统一表示为：

$$t=\frac{h\rho}{(T_i-T_\infty)}\left(\frac{PL}{\alpha}+\frac{RL^2}{\lambda}\right)\tag{6-8}$$

式中　L——食品的特征尺寸，单位为 m；对大平板状食品取 $L=\delta$（厚度）；对长圆柱状食品和球状食品取 $L=D$（直径）。

P、R——食品的形状系数（shape factors）。

对于大平板状食品，如猪、牛、羊等半胴体：

$$P=\frac{1}{2}\qquad R=\frac{1}{8}$$

对于长圆柱状食品，如对虾、金枪鱼等：

$$P=\frac{1}{4}\qquad R=\frac{1}{16}$$

对于球状食品，如苹果、草莓等：

$$P=\frac{1}{6}\qquad R=\frac{1}{24}$$

对于方形或长方形的食品，设其三个边长的尺寸分别为 a、b、c，且 $a>b>c$，定义特征尺寸 $L=c$，另两边与 c 的比值分别被定义为 β_1 和 β_2。

$$\begin{cases}\beta_1=\dfrac{a}{c}\\[2mm]\beta_2=\dfrac{b}{c}\end{cases}\tag{6-9}$$

根据 β_1 和 β_2 值，由图 6-2 或表 6-1 查得形状系数 P 和 R 值，再利用式(6-8)计算方形或长方形状食品的冻结时间。

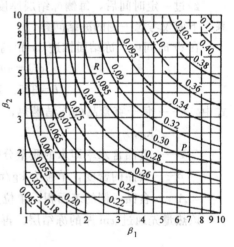

图 6-2　普朗克公式中的形状系数 P、R 值

若食品带有包装材料，则冻结时间式(6-8)应改为：

$$t=\frac{h\rho}{(T_i-T_\infty)}\left[\frac{RL^2}{\lambda}+PL\left(\frac{1}{\alpha}+\frac{\delta_p}{\lambda_p}\right)\right]\tag{6-10}$$

式中 δ_p ——包装材料的厚度，单位为 m；

  λ_p ——包装材料的热导率，单位为 W/(m·K)。

表 6-1 食品形状系数 *P* 和 *R* 值

β_1	β_2	*P*	*R*	β_1	β_2	*P*	*R*
1.0	1.0	0.1667	0.0417	4.5	1.0	0.2250	0.0580
1.5	1.0	0.1875	0.0491		3.0	0.3215	0.0902
	1.5	0.2143	0.0604		4.5	0.3460	0.0959
2.0	1.0	0.2000	0.0525	5.0	1.0	0.2272	0.0584
	1.5	0.2308	0.0656		2.0	0.2941	0.0827
	2.0	0.2500	0.0719		5.0	0.3570	0.0982
2.5	1.0	0.2083	0.0545	6.0	1.0	0.2308	0.0592
	2.0	0.2632	0.0751		2.0	0.3000	0.0839
	2.5	0.2778	0.0792		4.5	0.3602	0.0990
3.0	1.0	0.2142	0.0558		6.0	0.3750	0.1020
	2.0	0.2727	0.0776	8.0	1.0	0.2353	0.0599
	2.25	0.2812	0.0799		2.0	0.3077	0.0851
	3.0	0.3000	0.0849		4.0	0.3200	0.1012
3.5	1.0	0.2186	0.0567		8.0	0.4000	0.1051
	3.5	0.3181	0.0893	10.0	1.0	0.2381	0.0604
4.0	1.0	0.2222	0.0574		2.0	0.3125	0.0865
	2.0	0.2857	0.0808		5.0	0.3846	0.1037
	3.0	0.3156	0.0887		10.0	0.4167	0.1101
	4.0	0.3333	0.0929	∞	∞	0.5000	0.1250

例 6-1 尺寸为 1m×0.25m×0.6m 的瘦牛肉放在 −30℃ 的对流冻结装置中冻结，已知牛肉含水率（即水的质量分数）为 74.5%，初始冻结温度为 −1.75℃，冻结后的密度为 1050kg/m³，冻结牛肉的热导率为 1.108W/(m·K)，对流表面传热系数为 30W/(m²·K)，试用普朗克公式计算所需冻结时间。

解 根据式(6-3)得牛肉的冻结潜热为：

$$h = 335 \times 10^3 \times 0.745 \text{J/kg} = 249.6 \times 10^3 \text{J/kg}$$

由式(6-9)得形状系数为：

$$\beta_2 = \frac{0.6}{0.25} = 2.4 \qquad \beta_1 = \frac{1}{0.25} = 4$$

从表 6-1 中可得 *P* = 0.3，*R* = 0.085。将 *P*、*R* 值代入普朗克公式(6-8)得：

$$t = \frac{h\rho}{T_1 - T_\omega} \left(\frac{PL}{\alpha} + \frac{RL^2}{\lambda} \right) =$$

$$\frac{249.6 \times 10^3 \times 1050}{-1.75 + 30} \left(\frac{0.3 \times 0.25}{30} + \frac{0.085 \times 0.25^2}{1.108} \right) \text{s} =$$

$$67623.8 \text{s} = 18.8 \text{h}$$

二、普朗克公式的修正式

1. 普朗克无量纲修正式(一)[8]

从普朗克 1913 年提出式(6-8)以来,人们通过大量的理论分析和试验研究,不断地对该式进行改进。其中,Cleland 和 Earle(1979 年)在试验研究基础上提出的普朗克无量纲修正式不但包括了显热量对冻结时间的影响,而且通用性强。其形式如下:

$$Fo = P\left(\frac{1}{BiSte}\right) + R\left(\frac{1}{Ste}\right) \tag{6-11}$$

式中
$$\left. \begin{array}{l} Fo = \dfrac{at}{\delta^2} \\[2mm] Bi = \dfrac{\alpha\delta}{\lambda} \\[2mm] Ste = \dfrac{c_i(T_i - T_\infty)}{h} \end{array} \right\} \tag{6-12}$$

a——食品冻结后的热扩散系数,单位为 m^2/s;

α——食品对流表面传热系数,单位为 $W/(m^2 \cdot K)$;

λ——冻结层的热导率,单位为 $W/(m \cdot K)$;

c_i——食品冻结后的比热容,单位为 $J/(kg \cdot K)$;

h——食品冻结潜热,单位为 J/kg;

T_i——食品的初始冻结温度,单位为℃;

T_∞——冷却介质的温度,单位为℃。

式(6-11)中的形状系数 P 和 R 的无量纲表达式分别为:

对于大平板状食品:

$$P = 0.5072 + 0.2018Pk + St\left(0.3224Pk + \frac{0.0105}{Bi} + 0.0681\right) \tag{6-13}$$

$$R = 0.1684 + Ste(0.274Pk + 0.0135) \tag{6-14}$$

对于长圆柱状食品:

$$P = 0.3751 + 0.0999Pk + Ste\left(0.4008Pk + \frac{0.071}{Bi} - 0.5865\right) \tag{6-15}$$

$$R = 0.0133 + Ste(0.0415Pk + 0.3957) \tag{6-16}$$

对于球状食品:

$$P = 0.1084 + 0.0924Pk + Ste\left(0.231Pk - \frac{0.3114}{Bi} + 0.6739\right) \tag{6-17}$$

$$R = 0.0784 + Ste(0.0386Pk - 0.1694) \tag{6-18}$$

在式 (6-13) ~式 (6-18) 中:
$$Pk = \frac{c(T_0 - T_i)}{h} \tag{6-19}$$

式中 Pk——普朗克数,反映初始冻结温度以上显热量对冻结时间的影响;

c——食品未冻结时的比热容,单位为 $J/(kg \cdot K)$;

T_0——食品初始温度,单位为℃;

T_i——食品初始冻结温度,单位为℃。

在使用无量纲修正式时,大平板状公式(6-13)和式(6-14)的最佳条件是[2]:食品含水率(即质量分数)在 77% 左右,初始温度小于 40℃,冷却介质温度在 -15~-45℃ 之间,食品厚度小于 0.12m，对流表面传热系数在 10～500W/(m²·K) 范围内，此时公式的误差在 ±3% 之间。

对于长圆柱状公式 (6-15)、式 (6-16) 和球状公式 (6-17)、式 (6-18)，食品含水率（即质量分数）也要求在 77% 左右，而且在满足下列条件下，长圆柱状和球状公式的误差可分别达到 ±5.2% 和 ±3.8%。

$$0.155 \leqslant Ste \leqslant 0.345$$
$$0.5 \leqslant Bi \leqslant 4.5$$
$$0 \leqslant Pk \leqslant 0.55$$

例 6-2 在 -30℃ 空气冻结装置中冻结厚度为 0.025m 的羊排。已知羊排冻结后的密度为 1050kg/m³，初始冻结温度 $T_i = -2.75℃$，羊排冻结后的热导率为 1.35W/(m·K)；空气和被冻结物之间对流表面传热系数为 20W/(m²·K)。试利用普朗克无量纲修正式计算羊排从初始温度 20℃ 降至 -10℃ 所需的时间。

解 首先由第三章表 3-6 可知，羊排的冻结潜热 h≈218kJ/kg，冻结前后的比热容分别为 c = 3.30kJ/(kg·K) 和 $c_i = 1.66$kJ/(kg·K)。

计算 Bi、Ste 和 Pk 特征数

$$Bi = \frac{\alpha\delta}{\lambda} = \frac{20(0.025)}{1.35} = 0.37$$

$$Ste = \frac{c_i(T_i - T_\infty)}{h} = \frac{1.66(-2.75 + 30)}{218} = 0.2075$$

$$Pk = \frac{c(T_0 - T_i)}{h} = \frac{3.30(20 + 2.75)}{218} = 0.3440$$

将以上三个准则数代入式 (6-13) 和式 (6-14) 得，

$$P = 0.5072 + 0.2018(0.344) + (0.2075)\left[0.3224(0.344) + \frac{0.0105}{0.37} + 0.0681\right] = 0.6178$$

$$R = 0.1684 + (0.2075)[0.274(0.344) + 0.0135] = 0.1903$$

利用式 (6-11) 得：

$$t = \frac{\rho c_i \delta^2}{\lambda}\left[\frac{P}{BiSt} + \frac{R}{St}\right] =$$

$$\frac{1050 \times 1660 \times (0.025)^2}{1.35}\left[\frac{0.6178}{0.2075 \times 0.37} + \frac{0.1903}{0.2075}\right]s = 7312.7s = 2.03h$$

2. 普朗克修正式（二）[9]

为了使用方便，上述计算大平板状、长圆柱状和球状食品的形状系数 P、R 已经绘制成图 6-3 和图 6-4，根据 Pk 和 Ste 数即可查得 P 值和 R 值。

对于方形或长方形食品，其当量尺寸定义为：

$$ED = 1 + W_1 + W_2 \tag{6-20}$$

W_1 和 W_2 可从图 6-5 中查得，$ED = 1$ 表示为无限大平板；$ED = 2$ 表示为无限长圆柱；$ED = 3$ 表示为球体。图中横坐标 β 分别代表 β_1 和 β_0，它们由式 (6-9) 确定。引入当量尺寸 ED(equivalent dimensions) 后，Cleland 和 Earle(1982 年) 又给出了另一普朗克修正式：

$$t = \frac{\delta^2}{(ED)a}\left[\frac{P}{BiSte} + \frac{R}{Ste}\right] \tag{6-21}$$

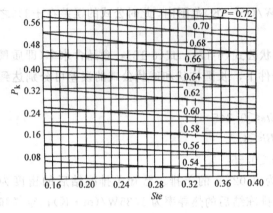

图 6-3 式(6-11)中的系数 *P* 值

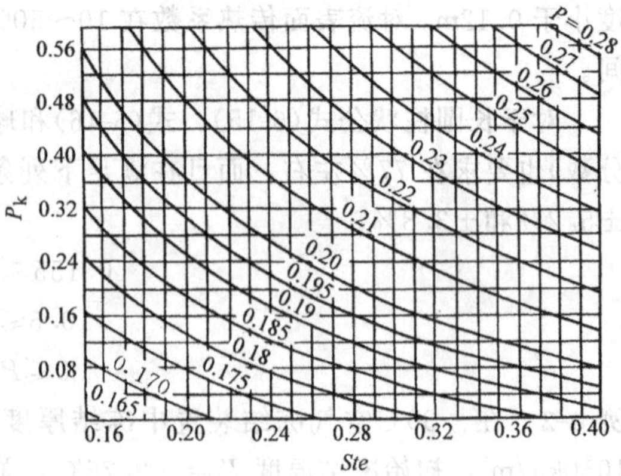

图 6-4 式(6-11)中的系数 *R* 值

例 6-3 已知瘦牛肉的成分为：水分 77%、蛋白质 22%、矿物质 1%（均指质量分数）；被切分成长 0.1m、宽 0.06m、厚 0.02m。牛肉的初始温度为 10℃，空气对流表面传热系数为 22W/(m²·K)，计算在 -20℃ 的鼓风式冻结装置中冻结至 -10℃ 所需的时间。

解 （1）根据第三章式(3-13)、式(3-10)、式(3-15)得羊肉的初始物理参数：

$$c=(4.18×0.77+1.711×0.22+$$
$$0.908×0.01)kJ/kg=3.604kJ/kg$$

$$1/\rho=[0.77×(1/997.6)+0.22×$$
$$(1/1289.4)+0.01×(1/1743.4)]\ m^3/kg$$

$$\rho=1054.6kg/m^3$$

$$\lambda=(0.61×0.77+0.2×0.22+0.135×$$
$$0.01)W/(m·K)=0.508W/(m·K)$$

（2）设初始冻结温度为 -1.75℃，由第二章式(2-48)、式(2-49)得，在初始冻结温度下未冻结水的摩尔分数和可溶性固体的有效分子量：

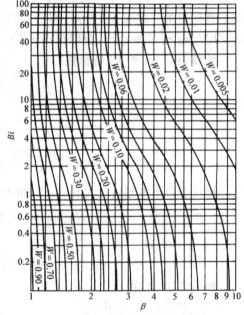

图 6-5 式(6-20)中的 *W* 值

$$\frac{6003}{8.314}\left(\frac{1}{273}-\frac{1}{271.25}\right)=\ln x_w \qquad x_w=0.9831$$

$$0.9831=\frac{0.77/18}{0.77/18+0.23/M_s} \qquad M_s=312.4kg/mol$$

（3）冻结终止温度（-10℃）下的未冻结水的摩尔分数和质量分数：

$$\frac{6003}{8.314}\left(\frac{1}{273}-\frac{1}{263}\right)=\ln x_{w,u} \qquad x_{w,u}=0.9043$$

$$0.9043=\frac{w_{w,u}/18}{w_{w,u}/18+0.23/312.4} \qquad w_{w,u}=0.1385$$

（4）计算冻结后的物性参数，

$$c_i = (4.18 \times 0.1385 + 2.04 \times 0.6315 + 1.711 \times 0.22 + 0.908 \times 0.01) \text{kJ/kg} = 2.196 \text{kJ/(kg} \cdot \text{K)}$$

$$1/\rho = [0.1385 \times (1/997.6) + 0.6315 \times (1/919.4) + 0.22 \times (1/1289.4)$$
$$+ 0.01 \times (1/1743.4)] \text{ m}^3/\text{kg}$$
$$\rho = 997.95 \text{kg/m}^3$$

$$\lambda = (0.1385 \times 0.6 + 0.6315 \times 2.38 + 0.22 \times 0.2$$
$$+ 0.01 \times 0.1356) \text{W/(m} \cdot \text{K)} = 1.631 \text{W/(m} \cdot \text{K)}$$

式中，冰的性质参数取自表 3-1b、表 3-3b 和表 3-4b。

（5）计算式(6-21)中的各项系数

$$Bi = \frac{22 \times 0.02}{1.631} = 0.27$$

$$Ste = \frac{2.196[-1.75 - (-20)]}{0.6315 \times 335} = 0.191$$

$$Pk = \frac{3.604[10 - (-1.75)]}{0.6315 \times 335} = 0.201$$

$$\beta_1 = \frac{0.06}{0.02} = 3 \qquad \beta_2 = \frac{0.1}{0.02} = 5$$

利用 $Pk = 0.201$，$Ste = 0.191$，从图 6-3 和图 6-4 中得 $P = 0.59$，$R = 0.185$，再利用 $\beta_1 = 3$、$Bi = 0.27$ 和 $\beta_2 = 5$、$Bi = 0.27$，从图 6-5 中得 $W_1 = 0.15$ 和 $W_2 = 0.059$。根据式(6-20)得：

$$ED = 1 + W_1 + W_2 = 1.209$$

将上面数据代入式(6-11)和式(6-21)得：

$$Fo = 0.59\left(\frac{1}{0.27 \times 0.191}\right) + 0.185\left(\frac{1}{0.191}\right) = 11.562$$

$$t = \frac{11.562 \times (0.02)^2 (997.95)(2196)}{1.631 \times 1.209} \text{s} = 5139.95 \text{s} = 1.43 \text{h}$$

3. 普朗克修正式（三）[10,11]

虽然以上两个修正式对食品几何形状、显热量等因素进行了考虑，但仍然假设冻结过程是在恒定的初始冻结温度下完成。这与食品材料的实际冻结过程相差较大。Cleland 和 Earle (1984 年)又提出了新的普朗克修正式，它不但具有以上两个修正式的优点，同时包含了冻结过程中相变温度下降对冻结时间的影响。

$$t = \frac{h_{10}\rho}{T_i - T_\infty}(ED)\left[P\frac{L}{\alpha} + R\frac{L^2}{\lambda}\right]\left[1 - \frac{1.65Ste}{\lambda}\ln\left(\frac{T_f - T_\infty}{-10 - T_\infty}\right)\right] \quad (6-22)$$

$$P = 0.5[1.026 + 0.5808Pk + Ste(0.2296Pk + 0.105)] \quad (6-23)$$

$$R = 0.125[1.202 + Ste(3.41Pk + 0.7336)] \quad (6-24)$$

$$Ste = c_i\frac{(T_i - T_\infty)}{h_{10}} \qquad Pk = c\frac{(T_0 - T_i)}{h_{10}}$$

式中　h_{10}——食品从初始冻结温度 T_i 降至 $-10 ℃$时的比焓差值，单位为 kJ/kg；

　　α——食品对流表面传热系数，单位为 W/(m² · K)；

　　λ——冻结层的热导率，单位为 W/(m · K)；

　　T_i——食品的初始冻结温度，单位为 ℃；

　　T_∞——冷却介质的温度，单位为 ℃；

　　T_f——食品的最终冻结温度，单位为 ℃；

ED——当量尺寸（equivalent dimensions），大平板 $ED=1$；长圆柱 $ED=2$；球体 $ED=3$；

c、c_i——食品冻结前和冻结后的比热容，单位为 J/(kg·K)；

T_0——食品的初始温度，单位为℃；

P、R——食品形状系数。

式(6-22)的适用条件为：

$$0.2 < Bi < 20$$
$$0 < Pk < 0.55$$
$$0.15 < Ste < 0.35$$

例 6-4 已知黑莓（blueberry）含水率（指质量分数）为 89%，可溶性固体为 10%，矿物质为 1%，直径为 0.8cm，未冻结时密度为 1070kg/m³，冻结后密度为 1050kg/m³，初始温度为 15℃，初始冻结温度为 0℃，最终冻结温度为−20℃，对流表面传热系数为 120W/(m²·K)，冻结后热导率为 2.067W/(m·K)，求在−30℃带式冻结装置中冻结所需要的时间。

解 （1）计算冻结前后黑莓的比热容，由第三章式(3-2)和式(3-8)得：

冻结前单位质量比热容：$c=(0.837+3.349×0.89)$kJ/(kg·K)$=3.82$kJ/(kg·K)

冻结前单位容积比热容：$c_v=3.82×1070$kJ/(kg·K)$=4084.8$kJ/(m³·K)

冻结后单位质量比热容：$c_i=(0.837+1.256×0.89)$kJ/(kg·K)$=1.95$kJ/(kg·K)

冻结后单位容积比热容：$c_{vi}=1.95×1050$kJ/(kg·K)$=2052.58$kJ/(m³·K)

（2）计算焓差值 h_{10}，由表 3-7 查得 0℃时（用草莓值代替）焓值为 367kJ/kg，−10℃时焓值为 76kJ/kg，二者差值为：

$$h_{10}=(367-76)\text{kJ/kg}=291\text{kJ/kg}$$

（3）计算式(6-22)中的系数

将黑莓视为球体，$ED=3$，

特征尺寸 $L=D=0.008$m，

单位容积焓差值为 $2.91×10^5×1070$J/m³$=3.1137×10^8$J/m³

$$P=0.5[1.026+0.5808(0.9167)+1.0749[0.2296(0.9167)+0.105]]=0.9488$$
$$R=0.125[1.202+1.0749[(3.41)(0.9167)+0.7336]]=0.6688$$

（4）由式(6-22)计算冻结时间

$$t=\frac{3.1137×10^8}{[0-(-35)](3)}×$$

$$\left[0.9488\frac{0.008}{120}+0.6688\frac{(0.008)^2}{2.067}\right]\left[1-\frac{1.65(1.0749)}{2.067}\ln\left[\frac{-20-(-35)}{-10-(-35)}\right]\right]\text{s}=$$

$$0.0296543×10^8[0.00006325+0.00002071](1.4383)\text{s}=358\text{s}$$

第三节　食品冻藏与解冻

一、食品冻结的热负荷

食品在冻结过程中，固化相变是在一个温度范围内逐渐完成的。为简化计算，假设相变固化均在初始冻结温度（冰点）下完成。因此，冻结热负荷主要由下面几部分组成：冰点以上的显热量、冰点上的相变潜热量和冰点以下的显热量等三部分组成。

1. 食品从初始温度降至冰点温度时放出的显热

设单位质量的食品其初始温度为T_0，冰点温度为T_i，且$T_0 > T_i$，在冷却降温时向外放出的热量为q_1：

$$q_1 = c(T_0 - T_i) \tag{6-25}$$

式中比热容c的计算见第三章。

2. 食品中的水冻结时放出的潜热

水在冰点温度下放出的潜热量为：

$$q_2 = f_w w_w h \tag{6-26}$$

式中　w_w——食品最初含水率，即水的质量分数；

　　　f_w——食品中冻结水的份额，%；

　　　h——水的冻结潜热，一般取$335 \times 10^3 \text{J/kg}$。

3. 冰点温度以下至最终平均冻结温度放出的显热

$$q_3 = c_i(T_i - \overline{T}_f) \tag{6-27}$$

式中　c_i——食品温度低于冰点温度时的比热容，是冰、干物质和少量未冻结水的综合值，其
　　　　　计算见第三章；

　　　$\overline{T}_f$——食品最终平均冻结温度，单位为℃，其值等于冻结结束后在绝热条件下，食品各
　　　　　点温度达到一致时的温度。由于食品种类、品种、形状、成分分布等不同，冻结
　　　　　结束时平均温度很难测得，比较简单的方法是取表面温度与中心温度的算术平均
　　　　　值。对于几种简单形状的食品，也可采用下面的方法计算平均冻结温度：

对于大平板状食品：
$$\overline{T}_f = \frac{2T_c + T_s}{3} \tag{6-28}$$

对于长圆柱状食品：
$$\overline{T}_f = \frac{T_c + T_s}{2} \tag{6-29}$$

对于球状食品：
$$\overline{T}_f = \frac{2T_c + 3T_s}{5} \tag{6-30}$$

对一般情况，可取

牛半胴体(half carcasses of beef)：$\overline{T}_f = 0.37T_c + 0.56T_s$ （6-31）

猪半胴体(half carcasses of pork)：$\overline{T}_f = 0.41T_c + 0.62T_s$ （6-32）

式中　T_c——食品热中心温度，单位为℃；

　　　T_s——食品表面温度，单位为℃。

食品冻结中的热负荷除用上式计算外，在工程上应用较多的是食品的比焓图表（见第三章），即用食品初始温度和最终冻结温度的比焓差表示。

$$q = h_0 - h_f \tag{6-33}$$

式中　h_0——食品在初始状态下的比焓值，单位为J/kg；

　　　h_f——食品在冻结结束时的比焓值，单位为J/kg。

常见的比焓值表有两种基准，一种是设－20℃时的比焓值为零；另一种是设－40℃或更低温度时的比焓值为零。前者适用于库温在－18～－20℃，冻结食品温度在－15℃左右的比焓值计算。后者适用于低温冷库中食品的比焓值计算。过去我国在冷库设计方面常用前者，而日本、美国和西欧广泛采用后者。

二、冻藏条件

冻藏条件主要指低温冷库的温度、相对湿度及空气流速等参数的选择与控制。由前面的叙述可知，无论是有生命的果蔬，还是无生命的肉类食品，在加工贮藏期间自身酶的催化反应和微生物的繁殖与生长是导致食品腐败的主要原因，而它们均与温度有关。温度低，酶活性及微生物繁殖速度也低，有利于食品的冻藏。然而，过低温度将增加冻藏成本。此外要求在一昼夜间以及食品进出库等引起的库温的波动要尽量小，一般最大不超过±2K。温度波动过大，会促进食品中冰晶的再结晶，小冰晶的消失和大冰晶的长大。据报导，食品在−10℃下冻藏 21 天，冰晶由 30μm 增加到 60μm；而同样的材料，在−20℃下冻藏却需要 50 天，才能使冰晶从 30μm 增加到 60μm。冰晶的增大加剧了对食品细胞的机械损伤作用。因此，食品平均冻结终温应尽量等于冻藏温度。食品一般应经冻结后进入低温冷库，未冻结的食品不能直接入库。若运输冻结食品温度高于−8℃时，在入库前必须重新冻结至要求温度。在除了保证温度要求外，还要有足够高的空气相对湿度和合理的空气流速及分布，以减少干耗。

三、食品在冻藏中的变化

冻结冻藏的食品在−18℃下贮藏已能极大地抑制了酶和微生物的活性，但由于冻藏期长，食品中酶和微生物的作用以及氧化反应，仍会使食品出现变色、变味等现象。与冷却冷藏的食品比较，某些变化不仅更突出，而且仅出现在冻结冻藏中，如冰晶生长、冻伤等。食品变色及冰晶生长已在前面讲过，这里主要讨论干耗和冻伤。

1. 干耗（dehydration or drying）

食品在冷冻加工和冷冻贮藏中均会发生不同程度的干耗，使食品重量减轻，质量下降。干耗是食品冷冻加工和冷冻贮藏中的主要问题之一，是由食品中水分蒸发或升华造成的结果，其程度主要与食品表面和环境空气的水蒸气压差的大小有关。

（1）干耗量的计算

1）根据食品表面对流传质理论可得干耗量为：

$$m = \alpha_m A(p_s - p_\infty) \tag{6-34}$$

式中　m——单位时间内食品的干耗量，单位为 kg/s；

　　α_m——对流传质系数，单位为 kg/(m²·s·Pa)，其值与对流表面传热系数的关系为[2]：

　　　　$\alpha_m \approx 62.1 \times 10^{-10} \alpha$，这里 α 的单位是 W/(m²·K)；

　　A——与空气接触的食品表面积，单位为 m²；

p_s、p_∞——食品表面与其周围环境空气的水蒸气压力，单位为 Pa。在计算时，食品表面水蒸气压力可取其温度下的饱和压力；环境空气水蒸气压力可由空气的干、湿球温度求出。

在 t 时间内的绝对干耗量为：

$$\Delta m_{初} = mt \tag{6-35}$$

而相对干耗量为　　　　　　$g = \dfrac{\Delta m_{初}}{m_{初}} \times 100\% \tag{6-36}$

式中　$m_{初}$——食品的初始质量，单位为 kg。

2）根据冷却设备表面的热湿传递计算干耗：在没有加湿去湿的情况下，设空气中的湿度不变，冷却设备表面的结霜量与食品水分蒸发量近似相等（即干耗量）。在冷却或冻结过程中，其值可表示为：

冷却或冻结过程中的绝对干耗量 $\Delta m_{初} = \dfrac{m_{初}(h_0 - h_f)}{\varepsilon} \tag{6-37}$

冷却或冻结过程中的相对干耗量 $g=\dfrac{h_0-h_f}{\varepsilon}\times100\%$ （6-38）

贮藏期间的绝对干耗量 $\Delta m_{初}=\dfrac{kAt(T_\infty-T_{in})(1-\varepsilon_F)}{\varepsilon}$ （6-39）

贮藏期间的相对干耗量 $g=\dfrac{kAt(T_\infty-T_{in})(1-\varepsilon_F)}{\varepsilon m_{初}}\times100\%$ （6-40）

式中 h_0、h_f——食品冷冻加工前后的比焓值，单位为 J/kg；

k——冷库围护结构传热系数，单位为 W/(m² · K)；

A——冷库围护结构传热面积，单位为 m²；

T_∞、T_{in}——冷库外和冷库内温度，单位为℃；

t——食品在冷库内的贮藏期，单位为 s；

ε_F——冷库冷却设备对外界传入库内热流的封锁系数；

ε——湿空气冷却过程的热湿比，单位为 J/kg，其值可由前苏联学者 A. B. 阿列克谢也夫提出的计算式获得。

$$\varepsilon=\left[2500+\frac{\Delta T(270+1.07T_{in})B_1}{B_2\phi-1}\right]\times1000$$ （6-41）

式中 T_{in}——冷库内空气温度，单位为℃；

ΔT——冷库内冷却设备表面温度与空气温度之差，单位为 K；

ϕ——冷库内空气相对湿度，%；

B_1、B_2——系数，可由下式计算：

$$B_1=(1.086-3.7\times10^{-4}T)^{\Delta T-T}$$ （6-42）
$$B_2=[1.086+3.7\times10^{-4}(\Delta T-T)]^{\Delta T}$$ （6-43）

例 6-5 在自然对流条件下，在冷冻柜中冻结鸡，鸡在冻结前的质量为 1635g，鸡的表面积为 0.1459m²，由初始温度 2.6℃冻至表皮平均温度-6℃，冻结时间为 19h。冻结过程中空气平均水蒸气压力为 159.1Pa，空气自然对流表面传热系数为 3.3W/(m² · K)，试计算鸡在冻结过程中的重量损失。

解 应用式(6-34)计算

$\alpha_m=62.1\times10^{-10}\alpha=61.2\times10^{-10}\times3.3$kg/(m² · s · Pa)$\approx202\times10^{-10}$kg/(m² · s · Pa)

由表 4-9 查得，鸡表皮的平均温度所对应的饱和水蒸气压约为 $p_s=373.4$Pa

$m=\alpha_m A(p_s-p_\infty)=202\times10^{-4}\times0.1459\times(373.4-159.1)$kg/s=

6.316$\times10^{-7}$kg/s

绝对干耗量 $\Delta m_{初}=mt=6.316\times10^{-7}\times19\times3600$kg=0.0432kg

相对干耗量 $g=\dfrac{43.2}{1635}\times100\%=2.64\%$

例 6-6 在-23℃的冻结间将初始温度为 30℃的猪半胴体冻结至-18℃，求猪肉在冻结过程中的相对干耗量。已知冻结间相对湿度为 100%，空气与冷风机管束外表面换热温差为 10K。

解 猪肉冻结前后的比焓差值为：

$$\Delta h=h_0-h_f=(302.7-4.6)\times1000\text{J/kg}=298.1\times10^3\text{J/kg}$$

$$B_1=[1.086-3.7\times10^{-4}\times(-23)]^{10-(-23)}=19.69$$

$$B_2 = \{1.086 + 3.7 \times 10^{-4}[10-(-23)]\}^{10} = 2.55$$

$$\varepsilon = \left\{2500 + \frac{10 \times [270 + 1.07 \times (-23)] \times 19.69}{2.55 \times 1 - 1}\right\} \times 1000 \text{J/kg} = 33672.45 \times 10^3 \text{J/kg}$$

$$g = \frac{298.1 \times 10^3}{33672.45 \times 10^3} \times 100\% = 0.89\%$$

(2) 减少干耗的途径　影响食品干耗的因素很多,其中主要有两方面,即库内空气状态(温度、相对湿度)、流速和食品表面与空气的接触情况。因此,对于冷库内的冷却方式,应尽量提高冷库的热流封锁系数。对于冷库内食品的堆放方式和密度、食品的包装材料以及包装材料与食品表面的紧密程度,都应尽量减少食品表面与空气的接触面积。

2. 冻伤(Freezer Burn)

虽然干耗在冷却物冷藏与冻结及冻藏中均会发生,但干耗后给食品带来的影响是不同的。冷却冷藏中干耗过程是水分不断从食品表面向环境中蒸发,同时食品内部的水分又会不断地向表面扩散,干耗造成食品形态萎缩。而冻结冻藏中的干耗过程为,水分不断从食品表面升华出去,食品内部的水分却不能向表面补充,干耗造成食品表面呈多孔层。这种多孔层大大地增加了食品与空气中氧的接触面积,使脂肪、色素等物质迅速氧化,造成食品变色、变味、脂肪酸败、芳香物质挥发损失、蛋白质变性和持水能力下降等后果。这种在冻藏中的干耗现象称为冻伤[4]。发生冻伤的食品,其表面变质层已经失去营养价值和商品价值,只能刮除扔掉。避免冻伤的办法是首先避免干耗,其次是在食品中或镀冰衣的水中添加抗氧化剂。

四、冻结食品的 TTT(Time-Temperature-Tolerance)

冻结食品的 TTT 概念是美国 Arsdel 等人在 1948～1958 年对食品在冻藏下经过大量实验总结归纳出来的,揭示了食品在一定初始质量、加工方法和包装方式,即 3P 原则(product of initial quality, processing method and packaging, PPP factors)下,冻结食品的容许冻藏期与冻藏时间、冻藏温度的关系,对食品冻藏具有实际指导意义。

研究资料表明,冻结食品质量下降随时间的下降是累积性的,而且为不可逆的。在这个期间内,温度是影响质量下降的主要因素。温度越低,质量下降的过程越缓慢,容许的冻藏期也就越长。冻藏期一般可分为实用冻藏期(practical storage life, PSL)和高质量冻藏期(high quality life, HQL)。也有将冻藏期按商品价值丧失时间(time to loss of consumer acceptability, Acc)和感官质量变化时间(time to first noticeable change, Stab)划分的。

实用冻藏期指在某一温度下不失去商品价值的最长时间;高质量冻藏期是指初始高质量的食品,在某一温度下冻藏,组织有经验的食品感官评价者定期对该食品进行感官质量检验(organoleptic test),检验方法可采用三样两同鉴别法(duo-trio test)或三角鉴别法(triangular test),若其中有 70% 的评价者认为该食品质量与冻藏在−40℃温度下的食品质量出现差异,此时间间隔即为高质量冻藏期。显然,在同一温度下高质量冻藏期短于实用冻藏期。高质量冻藏期通常从冻结结束后开始算起。而实用冻藏期一般包括冻藏、运输、销售和消费等环节。

一种食品的实用冻藏期和高质量冻藏期均是通过反复实验后获得。实验温度范围一般在−10～−40℃之间,实验温度水平至少有 4～5 个。鉴别方法除感官质量评价外,根据不同食品,可采用相应的理化指标分析。例如,果蔬类食品常进行维生素 C 含量的检验。根据实验数据,画出相应的 TTT 曲线(图 6-6、图 6-7)[4]。

由于冻结食品质量下降是累积的，因此，根据 TTT 曲线可以计算出冻结食品在贮运等不同环节中质量累积下降程度和剩余的可冻藏性。

例 6-7 上等花椰菜经过合理冻结后，在 $-24℃$ 低温库冻藏 150 天，随后运至销售地，运输过程中温度为 $-15℃$，时间为 15 天，在销售地又冻藏了 120 天，温度为 $-20℃$。求此时冻结花椰菜的可冻藏性为多少。

解 由图 6-6 可知，花椰菜在 $-24℃$ 下经过 540 天或 $-20℃$ 下经过 420 天或 $-15℃$ 下经过 270 天，其可冻藏性完全丧失，变为零。

根据质量下降的累积性，得质量下降率为：

$$\left(\frac{150}{540}+\frac{15}{270}+\frac{120}{420}\right)\times100\% =$$

$$(0.28+0.06+0.29)\times100\% = 63\%$$

剩余的可冻藏性为：

$$\frac{100}{100}-\frac{63}{100}=37\%$$

这说明如果仍在 $-20℃$ 下冻藏，最多只能冻藏 155 天，若在 $-12℃$ 下仅能冻藏 67 天即失去了商品价值。

上述计算方法对多数冻结食品的冻藏是有指导意义的，但由于食品腐败变质的原因与多因素有关，如温度波动给食品质量造成的影响（冰晶长大、干耗等）；光线照射对光敏成分的影响等。这些因素在上述计算方法中均未包括，因此，实际冻藏中质量下降要大于用 TTT 法的计算值，即冻藏期小于 TTT 的计算值。

五、冻结食品的解冻(thawing)

理论上讲，解冻是冻结的逆过程。但由表 3-4a、表 3-4b 可知，在 $0℃$ 时水的热导率（0.561W/(m·K)）仅是冰的热导率（2.24W/(m·K)）的四分之一左右，因此，在解冻过程中，热量不能充分地通过已解冻层传入食品内部。此外，为避免表面首先解冻的食品被微生物污染和变质，解冻所用的温度梯度也远小于冻结所用的温度梯度。因此，解冻所用的时间远大于冻结所用的时间。

冻结食品在消费或加工前必须解冻，解冻状态可分为半解冻（$-5℃$）和完全解冻，视解冻后的用途而定。但无论是半解冻还是完全解冻，都应尽量使食品在解冻过程中品

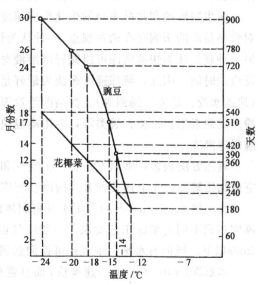

图 6-6 花椰菜和豌豆的实用冻藏期(PSL)

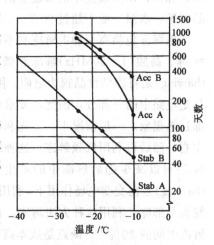

图 6-7 鸡肉冻藏中商品价值丧失时间
(Acc)与感官质量改变时间(Stab)
a)用聚乙烯复合膜包装　b)真空包装

质下降最小，使解冻后的食品质量尽量接近于冻结前的食品质量。食品在解冻过程中常出现的主要问题是汁液流失(extrude 或 drip loss)，其次是微生物繁殖和酶促或非酶促等不良生化反应。

除了玻璃化低温保存和融化外，汁液流失一般是不可避免的。造成汁液流失的原因与食品的切分程度、冻结方式、冻藏条件以及解冻方式等有关。切分的越细小，解冻后表面流失的汁液就越多[5]。如果在冻结与冻藏中冰晶对细胞组织和蛋白质的破坏很小，那么，在合理解冻后，部分融化的冰晶也会缓慢地重新渗入到细胞内，在蛋白质颗粒周围重新形成水化层，使汁液流失减少，保持了解冻后食品的营养成分和原有风味。

微生物繁殖和食品本身的生化反应速度随着解冻升温速度的增加而加速。关于解冻速度对食品品质的影响存在两种观点，一种认为快速解冻使汁液没有充足的时间重新进入细胞内；另一种观点认为快速解冻可以减轻浓溶液对食品质量的影响，同时也缩短微生物繁殖与生化反应的时间。因此，解冻速度多快为最好是一个有待研究的问题。一般情况下，小包装食品（速冻水饺、烧麦、汤圆等）、冻结前经过漂烫的蔬菜或经过热加工处理的虾仁、蟹肉、含淀粉多的甜玉米、豆类、薯类等，多用高温快速解冻法，而较厚的畜胴体、大中型鱼类常用低温慢速解冻。

解冻方法很多，常用方法有：①空气和水以对流换热方式对食品解冻；②电解冻；③真空或加压解冻；④上述几种方式的组合解冻。

空气解冻（air thawing）多用于对畜胴体的解冻。通过改变空气的温度、相对湿度、风速、风向达到不同的解冻工艺要求。一般空气温度为 $14\sim15{}^{\circ}\text{C}$，相对湿度为 $95\%\sim98\%$，风速 2m/s 以下。风向有水平、垂直或可换向送风。

水解冻（water thawing）速度快，而且避免了重量损失。但存在的问题有：①食品中的可溶性物质流失；②食品吸水后膨胀；③被解冻水中的微生物污染等。因此，适用于有包装的食品、冻鱼、以及破损小的果蔬类的解冻。利用水解冻，可以采用浸渍或喷淋的方法使冻结食品解冻，水温一般不超过 $20{}^{\circ}\text{C}$。

电解冻包括高压静电解冻和不同频率的电解冻。不同频率的电解冻包括低频（$50\sim60$Hz）解冻、高频（$1\sim50$MHz）解冻和微波（915 或 2450MHz）解冻。低频解冻（electrical resistance thawing）是将冻结食品视为电阻，利用电流通过电阻时产生的焦耳热，使冰融化。由于冰结食品是电路中的一部分，因此，要求食品表面平整，内部成分均匀，否则会出现接触不良或局部过热现象。一般情况下，首先利用空气解冻或水解冻，使冻结食品表面温度升高到 $-10{}^{\circ}\text{C}$ 左右，然后再利用低频解冻。这种组合解冻工艺不但可以改善电极板与食品的接触状态，同时还可以减少随后解冻中的微生物繁殖。高频（dielectric thawing）和微波解冻（microwave thawing）是在交变电场作用下，利用水的极性分子随交变电场变化而旋转的性质，产生摩擦热使食品解冻。利用这种方法解冻，食品表面与电极并不接触，而且解冻更快，一般只需真空解冻时间的 20%[3]。缺点是成本高，难于控制。

高压静电（电压 $5000\sim100000$V；功率 $30\sim40$W）强化解冻是一种有开发应用前景的解冻新技术。目前日本已用于肉类解冻上。据报导，在解冻质量和解冻时间上远优于空气解冻和水解冻，解冻后，肉的温度较低（约 $-3{}^{\circ}\text{C}$）；在解冻控制上和解冻生产量上又优于微波解冻和真空解冻。

真空解冻（vacuum-steam thawing）是利用真空室中水蒸气在冻结食品表面凝结所放出的潜热解冻。它的优点是：①食品表面不受高温介质影响，而且解冻快；②解冻中减少或避免了食品的氧化变质；③食品解冻后汁液流失少。它的缺点是，解冻食品外观不佳，且成本高[4]。

第四节 食品冻结与冻藏工艺

一、畜、禽肉类冻结与冻藏工艺

1. 畜肉冻结与冻藏工艺

对于畜肉冻结，常利用冷空气经过两次冻结或一次冻结完成。两次冻结是，屠宰后的肉首先在冷却间内用冷空气冷却，温度从 37～40℃降至 0～4℃，然后移送到冻结间内，用更低温度的空气将胴体最厚部位中心温度降至－15℃左右。一次冻结是，屠宰后的胴体在一个冻结间内完成全部冻结过程。两种方法比较，两次冻结的肉品质好，尤其是对于易产生寒冷收缩的牛、羊肉更明显。但两次冻结生产率低，干耗大。一般情况下，一次冻结比两次冻结可缩短时间 40%～50%；每吨节省电量 17.6kW·h；节省劳力 50%；节省建筑面积 30%；干耗减少 40%～45%。我国目前的冷库大多采用一次冻结工艺。为了改善肉的品质，也可以采用介于上述两种方法之间的冻结工艺。即先将屠宰后的鲜肉冷却至 10～15℃，随后再冻结至－15℃。

畜肉的冻藏一般在库内堆叠成方形货垛，下面用方木垫起，整个方垛距冷库的围护结构约 40～50cm，距冷排管 30cm，空气温度为－18～－20℃，相对湿度 95%～100%，风速 0.2～0.3m/s。如果长期贮藏，空气温度应更低些。目前，许多国家的冻藏温度向更低温度发展（－28～－30℃），而且温度波动很小。表 6-2 是畜肉冻藏期与冻藏温度的关系，表中可见，在－30℃下的冻藏期比在－18℃下的冻藏期长一倍以上，其中以猪肉冻藏期的差别最为明显。

表 6-2 畜肉冻藏期（月）与温度的关系

畜肉品名	温度/℃					
	－12	－15	－18	－23	－25	－30
牛胴体	5～8	6～9	12		18	24
羊胴体	3～6		9	6～10	12	24
猪胴体	2		4～6	8～12	12	15

2. 禽肉冻结与冻藏工艺

禽肉冻结可用冷空气或液体喷淋完成。其中，采用冷空气循环冻结较多。禽肉在冻结时视有无包装、整只禽体还是分割禽体等不同，其冻结工艺略有不同。无包装的禽体多采用空气冻结，冻结之后在禽体上镀冰衣或用包装材料包装。有包装的禽体可用冷空气冻结，也可用低凝固点的液体浸渍或喷淋。禽肉冻结工艺与畜肉冻结工艺略有不同。主要是禽肉体积较小，表面积大，对低温寒冷收缩也较轻，一般采用直接冻结工艺。从改善肉的嫩度出发，也可先将肉冷却至 10℃左右后再冻结。从保持禽肉的颜色出发，应该在 3.5h 内将禽肉的表面温度降至－7℃[4]。

禽肉的冻藏条件与畜肉的冻藏条件相似。冷库温度－18～－20℃，相对湿度 95%～100%，库内空气以自然循环为宜，昼夜温度波动应小于±1K。在正常情况下，小包装的火鸡、鸭、鹅可冻藏 12～15 个月，用复合材料包装鸡的分割肉可冻藏 12 个月。对无包装的禽肉，应每隔 10～15 天向禽肉垛喷淋冷水一次，使暴露在空气中的禽体表面冰衣完整，减少干耗等各种变化。

二、鱼类食品的冻结与冻藏工艺

鱼类冻结可采用冷空气、金属平板或低温液体浸渍与喷淋。空气冻结往往在隧道内完成，鱼在低温高速冷空气的直接冷却下快速冻结。冷风温度一般在－25℃以下，风速在 3～5m/s。为了减少干耗，相对湿度应该大于 90％。由于在隧道内鱼均由货车或吊车自动移送和转向，这种冻结方法易实现机械化，生产效率高。金属平板冻结是将鱼放在鱼盘内压在两块冷平板之间，靠导热方式将鱼冻结。施加的压力约在 40～100kPa，冻结后的鱼外形规整，易于包装和运输。与空气冻结比较，平板冻结法的能耗和干耗均比较少。低温液体浸渍或喷淋冻结可用低温盐水浸渍，或用液氮喷淋。特点是冻结快，干耗少。

冻结后鱼的中心温度约在－15～－18℃之间，特殊种类的鱼可能要求冻结至－40℃左右。鱼在冻藏前应该在鱼体表面镀冰衣或适当包装，冰衣厚度一般在 1～3mm 之间。在镀冰衣时，对于体积较小的鱼或低脂鱼可在约 2℃的清水中浸没 2～3 次，每次 3～6s。大鱼或多脂鱼浸没一次，浸没时间约 10～20s。此外，在镀冰衣时可适当添加抗氧化剂或防腐剂，也可适当添加附着剂（如藻朊酸钠等）以增加冰衣对鱼体的附着。在冻藏中还应定时向鱼体喷水。对近出入口、冷排管等处的鱼，其冰衣更易升华，因此，更应及时喷水加厚。

鱼的冻藏期与鱼的脂肪含量关系很大，对于多脂鱼（如：鲭鱼、大马哈鱼、鲱鱼、鳟鱼），在－18℃下仅能贮藏 2～3 月；而对于少脂鱼（如：鳕鱼、比目鱼、黑线鳕、鲈鱼、绿鳕），在－18℃下可贮藏 4 个月[7]。一般冻藏温度是：多脂鱼在－29℃下冻藏；少脂鱼在－18～－23℃之间冻藏；而部分肌肉呈红色的鱼应低于－30℃冻藏[4]。

三、果蔬的冻结与冻藏工艺

果蔬采摘后，组织中仍进行着活跃的代谢过程，在很大程度上是母体发生过程的继续。未成熟的可继续发育成熟，已成熟的可发展至老化腐烂的最后阶段。多数果蔬经过冻结与冻藏后将失去生命的正常代谢过程，由有生命体变为无生命体。这一点与果蔬冷却与冷藏截然不同。因此，果蔬的冻结与冻藏工艺也与冷却冷藏工艺差别较大，可概括为以下几点：

1）由于果蔬品种、组织成分、成熟度等多因素不同，对低温冻结的承受能力差别很大。如质地柔软的西红柿，不但要求有较低的冻结与冻藏温度，而且解冻后质量也较差。而冻结与冻藏的豆类，解冻后与未冻结的豆类几乎无差别。因此，有些果蔬是适合冻结与冻藏的，有些是不适合或在较严格的条件下才可冻结与冻藏。选择适合冻结与冻藏的果蔬品种是冻结冻藏工艺的第一步；

2）果蔬质膜均由弹性较差的细胞壁包裹，冻结过程对细胞的机械损伤和溶质损伤较为突出。因此，果蔬冻结多采用速冻工艺，以提高解冻后果蔬的质量；

3）果蔬采摘后即进行冻结，失去了后熟的作用过程。因此，对采用冻结与冻藏的果蔬，应在其完熟阶段采摘。即果蔬达到其色、香、味具佳状态时采摘；

4）在冻结与冻藏前，多数蔬菜要经过漂烫处理，而水果更常用糖处理或酸处理。

1. 果蔬的漂烫（Blanching）

漂烫的主要目的是钝化其中的过氧化酶（peroxidase）和多元酚氧化酶（polyphenoloxidase）等（图 6-8）。这些酶在果蔬冻结与冻藏中，尤其在解冻升温时极易引起果蔬变色、变味等质量问题。漂烫可在热水（75～95℃）或蒸汽（95～105℃）中进行，漂烫时间应根据果蔬的品种（绿刀豆和花椰菜在 95℃热水中漂烫 2～3min；芦笋 4～5min；豌豆 1～2min。）、几何尺寸、成熟度等确定。有些酶对热有较强的耐受力，可在 100℃湿热条件下保持活性数分钟（如酚酶）。

果蔬在热水中浸没漂烫对酶的钝化效果最好,但却会使部分水溶性营养成分流失。蒸汽熏蒸虽然可避免水溶性营养成分的损失,但过程时间长,使果蔬中的热敏成分和风味物质损失较多。

无论采用哪种方法,漂烫即必须彻底又不能过度。尤其是厚度较大的果蔬,其中心部位的酶钝化较慢,在漂烫时应特别注意。漂烫是否合适可采用过氧化酶活性(peroxidase activity)检验,酶活性过高或过低均不合理。如花椰菜酶活性应该保持在 $2.9\% \sim 8.2\%$;绿刀豆在 $0.7\% \sim 3.2\%$;芦笋在 $7.5\% \sim 11.5\%$;豌豆在 $2\% \sim 6.3\%$ 之间[4]。漂烫后的果蔬要迅速冷却,沥干表面附着水后即可冻结。

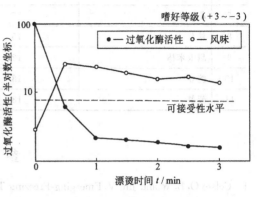

图 6-8 绿刀豆经 98℃不同时间漂烫后过氧化酶失活率及 −18℃下冻藏 12 个月后风味变化

糖处理和酸处理也是果蔬预处理的常用方法,尤其对水果的预处理更常见。水果经糖液(质量分数为 $30\% \sim 50\%$)浸渍后,果品甜度增加;质地柔软;同时也可部分抑制不良的生化反应。为了更好的保持果品的鲜艳颜色和特有风味,目前,多在糖液中添加少量的维生素 C、柠檬酸、苹果酸等。SO_2 溶液浸渍或熏蒸也是一种抑制酶促褐变和非酶褐变的有效方法,在水果加工预处理中经常应用。但 SO_2 对果品的风味有一定的影响,可采用氮气稀释法减少 SO_2 的副作用[4]。

2. 果蔬冻结

水果与蔬菜的冻结工艺相似,都要求速冻以获得较佳的产品。为此,通常采用流态化冻结,在高速冷风中呈沸腾悬浮状,达到了充分换热快速冻结的目的。此外,也采用金属平板接触式冻结或低温液体浸渍或喷淋的冻结方法。冻结温度视果蔬品种而定。对一般质地柔软的水果;含有机酸、糖类等成分多的蔬菜,冻结温度应低一些。

3. 果蔬冻藏

果蔬在冻藏中温度越低,品质保持得越好。对于大多数经过漂烫等处理后的果蔬,可在温度 −18℃下实现跨季节冻藏,少数果蔬(如蘑菇)必需在 −25℃以下才能跨季节冻藏。由于多数果蔬每年可收获一次,为减少冻藏成本,−18℃仍是广泛采用的冻藏温度。表 6-3 是 1972 年国际制冷学会(IIR)推荐的部分果蔬的冻藏条件。

表 6-3 部分果蔬的冻藏温度与冻藏期

序号	速冻果蔬名称	冻 藏 期/月		
		−18/℃	−25/℃	−30/℃
1	加糖的桃、杏、樱桃	12	>18	>24
2	不加糖的草莓	12	>18	>24
3	加糖的草莓	18	>24	>24
4	柑橘类或其他果汁	24	>24	>24
5	豆角	18	>24	>24
6	胡萝卜	18	>24	>24

（续）

序号	速冻果蔬名称	冻藏期/月		
		−18/℃	−25/℃	−30/℃
7	花椰菜	15	24	＞24
8	甘蓝	15	24	＞24
9	甜玉米棒	12	18	＞24
10	豌豆	18	＞24	＞24
11	菠菜	18	＞24	＞24

参 考 文 献

1 Celsso O. B. W and Jim V. Emerging-Freezing Technologies. in Food Processing：Recent Developments, Elsevier Science B. V., 1995，227-240

2 R. Heldman and R. P. Singh. Food Process Engineering 2nd edition. USA：AVI Publishing Company，1981

3 G. M. Hall. Fish Processing Technology，2nd ed. London：Blackie Academic & Professional，1997

4 Lester E. J. Freezing Effects on Food Quality. New York：Marcel Dekker Inc.，1995

5 冯志哲，张伟民，沈月新等编著．食品冷冻工艺学．上海：上海科学技术出版社，1984

6 A. Ciobanu, et al. Cooling Technology in the Food Industry. England：Abacus Press，1976

7 Clive V. J. Dellino. Cold and Chilled Storage Technology. New York：Blackie and Son Ltd，1990

8 P. Singh and D. R. Heldman. Introduction to Food Engineering. USA：Academic Press Inc.，1984

9 R. heldman and Daryl B. Lund. Handbook of Food Engineering. New York：Marcel Dekker, Inc.，1992

10 Romeo T. Toledo. Fundamentals of Food Process Engineering. 2nd ed. New York：Van Nostrand Reinhold，1991

11 Cleland A C. Food Refrigeration Processes. Analysis，Design and Simulation. Barking，England：Elsevier Science Publishers LTD，1990

第七章 冷冻食品的玻璃化加工和贮藏

从一千多年前人类用冰贮藏食品,到 19 世纪制冷机械设备的问世,再到 20 世纪速冻装置和方法的发展,人类一直在不懈地寻找更好的食品贮藏方法。所以,本世纪 80 年代初食品的玻璃化贮藏理论被提出来后,马上就受到许多食品科学家和工程师的重视,越来越多的人在进行这方面的研究工作,它可看作是食品贮藏业的又一次飞跃。

第一节 冻结食品质量下降的原因

一、冷冻与速冻

凡将食品中所含的水分,部分或全部(事实上,不管温度多低,食品中总存在一部分不可冻水(unfrozen water))转变为冰的过程,称为食品的冻结。根据冻结速度的快慢,冻结食品大体分为两类:冷冻食品和速冻食品。由于食品种类繁多,性质各异,很难用一个定义统一起来,因此国内外至今还没有对冷冻食品或速冻食品下一个确切的定义。现通用的区分冷冻和速冻的方法有时间和距离两种,详见第六章。

二、引起食品变质的因素

新鲜食品在常温下(20℃左右)存放一段时间后,食品的色、香、味和营养价值会降低,如果久放,食品则腐败,以致完全不能食用,这种变化叫做食品的变质(spoilage of foods)。引起食品变质的因素有五种[1],即微生物作用、酶的作用、氧化作用、呼吸作用和机械损伤。而这五个因素对食品质量影响的程度与温度有密切的关系。一般来说,温度的降低可以延缓、减弱它们的作用,但并不能完全抑制它们的作用,所以,无论是冷冻食品,还是速冻食品,经过长期的贮藏后,其质量总是有所下降。

温度对微生物、酶、呼吸作用等的影响已在第一章中作了详细的介绍,可以认为,在低温条件下,微生物、呼吸作用和氧化作用对冻结食品质量的影响是极其微小的;但是,低温不能完全阻止酶的作用,冻结食品的质量可能会由于某些酶在低温下仍具有一定的活性而下降。

机械损伤指由于食品被挤压、碰撞后发生汁液流失和氧化,使食品的外观、颜色、味道发生变化,质量下降。机械损伤有两个含义:一是指食品在加工、采摘或运输过程中,由于受机械或人为因素的碰撞、挤压、切割等使其组织受到破坏,如苹果受伤或切开后,果肉会被空气中的氧气氧化变成褐色;瘦肉被切开或剁碎后置于空气中,表面颜色变暗等;另一是指食品在冻结、贮藏过程中,细胞受冰晶的挤压而产生变形或破裂,破坏了食品的组织结构。后一个是引起食品质量下降的主要因素。

在冻结过程中,食品组织内冰结晶的大小与分布情况对食品的质量有很大影响。冰晶的大小与冻结速度有关,表 7-1 为冻结速度和冰晶形状之间的关系[2]。

由表可见,速冻及冷冻过程中形成的冰晶体有以下区别:①冰晶体的形状不同。速冻食品冰晶体呈针状或杆状;冷冻食品冰晶体呈圆柱状或块粒状;②冰晶体的大小不同。速冻食品冰晶体小,冰晶粒子大小为$0.5\sim100\mu m$;而冷冻冰晶体大,冰晶粒子为$100\sim1000\mu m$;③冰晶体的数量不同。速冻冰晶体的数量极多;而冷冻冰晶体的数量较少;④冰晶体的分布位置不同。速冻冰晶体分布在细胞内外;而冷冻冰晶体大多分布在细胞间隙中。

表 7-1 冻结速度与冰晶形状之间的关系

通过 0~-5℃的时间	冰 晶			
	位置	形状	大小(直径/μm×长度/μm)	数量
数秒	细胞内	针状	1~5×5	极多
1.5min	细胞内	杆状	10~20×20	多数
40min	细胞内	柱状	50~100×100	少数
90min	细胞外	块粒状	50~200×200	少数

冻结过程中产生的冰晶大小对食品质量的影响很大,如图7-1所示为草莓经过速冻和冷冻保存后的照片[3]。从图上可以看出,由于冷冻形成的大冰晶体对草莓细胞、组织的破坏和损伤,草莓变得松软,汁液流失严重,整个形态组织结构与新鲜草莓有很大差别;而速冻则能把这些损伤减小到最小限度,草莓在形态上与新鲜的差别甚微。

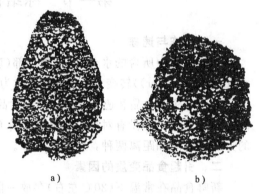

图 7-1 冻结保存后的草莓
a)速冻 b)冷冻

在食品的慢速冻结过程中,细胞外的水分首先结晶,造成细胞外溶液浓度增大,细胞内的水分则不断渗透到细胞外并继续凝固,最后在细胞外空间形成较大的冰晶。细胞受冰晶挤压产生变形或破裂,破坏了食品的组织结构,解冻后汁液流失多,不能保持食品原有的外观和鲜度,质量明显下降。

速冻食品在快速的冻结过程中,能以最短的时间通过最大结晶区,在食品组织中形成均匀分布的细小结晶,对组织结构破坏程度大大降低,解冻后的食品基本能保持原有的色、香、味。图7-2所示为速冻和冷冻的细胞内外形成冰晶的大小及其对细胞结构的影响。由图可见,冷冻过程产生的大冰晶使细胞产生破裂,而速冻过程产生的细小冰晶对细胞结构影响很小,所以,速冻技术已为提高食品的质量打下了良好的基础。然而,在贮存和输运过程中,由于温

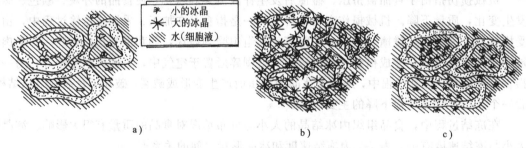

小的冰晶
大的冰晶
水(细胞液)

图 7-2 冻结速度对冰晶大小的影响
a)正常的细胞结构 b)冷冻后的细胞结构 c)速冻后的细胞结构

度波动、贮藏温度过高等原因，细小的冰晶会不断长大，直到破坏食品的组织结构，总的结果使速冻的优点逐渐消失。

综上所述，冻结食品的质量下降主要是由结晶、再结晶和酶的活性等因素引起的，要提高冻结食品质量，必须解决这三个方面的问题[4]。

第二节　食品的玻璃化贮藏理论

一、食品聚合物科学

1966 年，White 和 Cakebread[5]在一篇文章中综述了含糖食品的玻璃态及玻璃化转变温度问题。他们认为：①在各种含水的食品体系中，玻璃态、玻璃化转变温度、以及玻璃化转变温度与贮藏温度的差值，对于食品加工、贮藏的安全性和稳定性都是十分重要的；②水，作为一种无处不在的增塑剂，对玻璃化转变温度影响很大，食品含水量越大，玻璃化转变温度越低，玻璃化的实现也越困难。实际上，White 和 Cakebread 的这篇文章间接地说明了玻璃态及橡胶态对含水食品的质量、安全性和贮藏稳定性的影响，它被看作是"食品聚合物科学"理论的前导。

进入 80 年代，越来越多的食品科学家和工程师们认识到了 White 和 Cakebread 的思想的重要性，并对此进行了大量的研究工作。其中，以美国的 Levine 和 Slade 较为突出，他们在深入的实验研究基础上，提出了"食品聚合物科学"的理论[6]，其基本思想为：食品材料的分子与人工合成聚合物的分子间有着最基本、最普遍的相似性。若聚合物分子结构变化了，则其宏观性质也将发生较大变化，在聚合物科学中，这种结构—性质的关系已有了较成熟的理论。借助这些理论，可以把食品的结构特性与其宏观性质联系起来，根据食品材料所处的状态(如含水量、温度等)，就能预测其在加工、贮存过程中的质量(quality)、安全性(safety)和稳定性(stability)。由于聚合物科学已形成了较为完善的理论体系，食品聚合物科学的主要任务就不仅仅是深入的理论研究，而且还要为食品科学建立研究体系、提供实验方案，并用聚合物科学理论来解释说明大量的实验结果，以寻找较好的食品加工、保存方法。

进行食品聚合物科学研究时，首先应认识以下问题：

1) 食品和食品材料是典型的聚合物系统。

2) 玻璃化转变温度是十分重要的物理化学参数，它能决定食品系统的质量、安全性和稳定性。

3) 水，作为一种无处不在的增塑剂，在天然和人造食品系统中都起着举足轻重的作用。

4) 水对玻璃化转变温度的影响。

5) 玻璃态和橡胶态对食品质量的重要影响作用。

在科学家们的努力下，"食品聚合物科学"研究在近十几年内发展十分迅速。1990 年，Minnesota 大学食品科学系的 Lalnza 教授给研究生开设了一门有关食品玻璃化的课程；1992 年 4 月，在 Nottingham 大学召开了为期 4 天、题为"食品玻璃态科学和技术"的国际会议；1994 年，在 IFT 年会上出版了论文集——T_g 及其应用；自 1990～1994 年，有 400 多篇有关食品玻璃化的论文发表；1992 年，在 ACTIF(Amorphous and Crystalline Transitions in Foods)研究项目鉴定总结会上，著名食品科学家 John Blanshard 教授指出："也许并非任一个新概念都能使人们对整个研究领域产生新的认识，但勿容置疑，尽管玻璃化转变在人工合成聚合物科学中早已为人所知，它还是为食品科学的研究开辟了一条崭新的、富有巨大潜力的道路。"

二、玻璃化及玻璃化转变温度

低分子物质的凝集状态有四种：液体、玻璃、液晶和晶体。通常人们定义玻璃为一种非晶态的固体，但玻璃也被看作是一种过冷的液体，它的粘度如此之高（$\eta > 10^{14} \text{Pa} \cdot \text{s}$），以至于它似乎以一种亚稳定的固体形态存在。在这种状态下，玻璃能支持本身的重量，不会因重力作用而流动。从微观角度上讲，玻璃的 X 射线衍射曲线与液态曲线很相似，二者同属"近程有序，远程无序"的结构，只不过玻璃比液体的"近程有序"程度要高。

基于力的性质，玻璃化转变被定义为一种力的松弛过程；在非晶态系统中，玻璃化转变则被看作是从橡胶态到玻璃态的转变，它与温度、时间及物质的成分等有关。玻璃化过程如同把液态的无序结构"定位"一样，所以，玻璃态的固体像液体一样，是非常均质化的。发生玻璃化转变时的温度称为玻璃化转变温度。在"食品聚合物科学"理论中，根据食品材料含水量的多少，玻璃化转变温度有两种定义[7]：对于低水分食品(LMF，水的质量分数小于20%)，其玻璃化转变温度一般大于0℃，称为 T_g；对于高水分或中等水分食品(HMF、IMF，水的质量分数大于20%)，除了对极小的样品，降温速率不可能达到很高，因此一般不能实现完全玻璃化，此时，玻璃化转变温度指的是最大冻结浓缩溶液发生玻璃化转变时的温度，定义为 T_g'。因为大多数需冻结保存的食品含水量均较大，所以 T_g' 就成为食品聚合物科学中研究应用较多的一个物理量。

三、最大冻结浓缩溶液的玻璃化转变温度

包括水和含水溶液在内的几乎所有凝聚态物质都能形成玻璃态固体，但由于玻璃化转变是一个非平衡的动力过程，所以对一定的物质，玻璃的形成主要取决于动力学因素，即冷却速率的大小，只要冷却速率足够快，且达到足够低的温度，几乎所有材料都能从液体过冷到玻璃态的固体，这里，"足够低"指的是必须冷却到 $T < T_g$；"足够快"的意思是，在冷却过程中，迅速通过 $T_g < T < T_m$ 的结晶区而不发生晶化。

在不同的冷却条件、不同的初始浓度下，溶液样品可能达到两种不同的玻璃态：一是完全的玻璃态；另一是部分结晶的玻璃态。

完全的玻璃态指整个样品都形成了玻璃态，这是食品材料和食品低温玻璃化保存的最理想状态，因为此时细胞内外完全避免了结晶以及由此引起的各种损伤。但是，如第二章中所述，对于直径为 $1\mu\text{m}$ 的纯水滴，冷却速率高达 10^7K/s 时才能实现完全玻璃化。实际的食品材料体积较大，而且由于热传导的原因，实现完全玻璃化几乎是不可能的。

溶液浓度对玻璃化转变温度的影响较大，图 7-3 为溶液的补充相图示意图，可以看出，浓度为 0 时（即纯水）的 T_g 为 -135℃，浓度增大时，T_g 也随着增大，在浓度较大的区域，影响更为明显。进行生物材料的低温保存时，通过添加适当的玻璃化溶液，在较慢的冷却速率下也可实现完全玻璃化，但由于玻璃化溶液中含有化学物质，这一方法在食品保存中显然是不适用的。

那么，实现食品的玻璃化保存只能借助部分结晶的玻

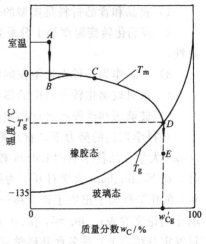

图 7-3 溶液补充相图示意图

璃化方法。如图 7-3 所示，当初始浓度（指质量分数）为 A 的溶液（A 点）从室温开始冷却时，随着温度的下降，溶液过冷到 B 点后将开始析出冰晶，结晶潜热的释放又使溶液局部温度升高，这样，溶液将沿着平衡的熔融线不断析出冰晶，冰晶周围剩余的未冻溶液随温度下降，浓度不断升高，一直下降到熔融线与玻璃化转变曲线交点（D 点）时，溶液中剩余的水分将不再结晶（称为不可冻水），此时的溶液达到最大冻结浓缩状态（maximally frozen-concentrated state），浓度较高，它们以非晶态基质（matrix）的形式包围在冰晶周围。不很快的冷却速率即可使最大冻结浓缩溶液实现玻璃化，最终形成镶嵌着冰晶的玻璃体。在聚合物科学中，一般将基质在小于玻璃化转变温度时所处的状态称为玻璃态；将基质在大于玻璃化转变温度时所处的状态称为橡胶态。最大冻结浓缩溶液的玻璃化转变温度称为 T_g'，相应的溶液浓度为 w'_{cg}。这两个物理化学量在食品研究中被广泛地应用，并成为当今人们研究的热点。

四、玻璃态与橡胶态的区别

聚合物科学认为，玻璃化转变温度表示聚合物链的结合力（即振动、平动和转动的力）等于吸引力（即色散力、极性相互作用以及特定的相互作用）时的温度。在该温度下，聚合物链被固定在一个无规网络之中，其运动限于振动、转动以及聚合物链小单元的短距离平动。在该温度之上（即橡胶态）就可能出现整个聚合链的平动，因此就能发生如结晶过程那样所需的扩散，而这种结晶过程的速率在玻璃态却是可以忽略的。

从宏观上讲，玻璃态与橡胶态也存在着显著的差别：①玻璃态的粘度大约为 $10^{14}Pa\cdot s$，而橡胶态的粘度却要低得多，仅为 $10^3Pa\cdot s$，这是由两种状态下聚合物链运动的差别引起的；②玻璃态的自由体积分数为 $0.02\sim0.113$，橡胶态的自由体积却由于热膨胀系数的增大而显著增大。自由体积的增大将使较大的分子也能发生移动，分子的扩散率随之增大。所以，在玻璃态中，一些受扩散控制的反应速率是十分缓慢的，甚至不会发生，而在橡胶态中，这些反应的速率却相当快。

五、WLF 方程和 Arrhenius 方程

了解食品中水分、温度与化学反应速率的关系，对预测食品的质量稳定性是十分重要的。水分对化学反应的影响可用水分活度（water activity）理论或玻璃化理论来解释。

1. 水分活度

冻结或干燥的方法都可以保存易腐食品，这是众所共知的。其原理是通过冻结的方法束缚食品中的水分，或者是通过干燥的方法去除食品中的水分，使自由水减少，从而抑制微生物的生长繁殖及一些化学反应的发生。但是，直到 50 年代末期，Scott 和 Salwin 才提出了其物理化学基础，也就是水分活度的概念。

水分活度（a_w）的表达式为：

$$a_w = p/p_0 \tag{7-1}$$

式中　p——食品中的水蒸气压力；

　　　p_0——相同温度下纯水的饱和蒸汽压。

水分活度的概念实质上表示了水被束缚的能力，水分活度值较小时，大部分水被束缚，使反应物得不到它，水分活度值最小时的束缚水叫做单层水（monolayer water）；水分活度较大时，水以多层的形式存在，运动能力增加，反应速率随之增大。但当水分活度增大到一定值后，反应速率将由于反应物被稀释而下降。

水分活度理论为预测食品的质量稳定性提供了一个基本的准则，目前在食品界还被广泛

应用。

2. 水分活度与玻璃化理论的关系

水分活度与水在食品中的状态有关，它与化学反应的关系较复杂；而玻璃化理论主要考虑食品中基质的状态（基质与食品中水分有关），看它是处于玻璃态还是橡胶态，即可决定化学反应速率，玻璃化理论比水分活度方法更直观、更简单。

玻璃化理论与水分活度方法的实质是相同的，实际上，玻璃化转变温度与水分活度间也存在着线性关系[8]：

$$T_g = T_g^0 + (-92\text{℃} - T_g^0)a_w \tag{7-2}$$

式中　T_g^0——水质量分数为零时食品的玻璃化转变温度。此关系式适用于含糖的非晶态食品及其材料。

3. WLF 方程和 Arrhenius 方程

玻璃态和橡胶态的反应速率可用定量的形式描述，这就是 WLF 方程和 Arrhenius 方程。

（1）Arrhenius 方程[9]

$$\eta = \eta_0 \exp(-E_a/RT) \tag{7-3}$$

式中　η——粘度（或其他受扩散控制的松弛量）；

η_0——温度为 T_0 时的 η 值；

E_a——活化能；

R——摩尔气体常数；

T——绝对温度，单位为 K。

最初，Arrhenius 由蔗糖的水解现象提出了一个经验关系式，这就是后来的 Arrhenius 方程。在大多数与温度有关的化学反应中，它是一个主要的数学模型。随后，人们发现在很多化学、物理过程中（如扩散），Arrhenius 方程也是适用的。当食品中的基质处于玻璃态时，反应速率是与温度有关、受扩散控制的动力过程，Arrhenius 方程当然适用。

（2）WLF（Willams-Landel-Ferry）方程[10]

$$\lg\left(\frac{\eta/\rho T}{\eta_g/\rho_g T_g}\right) = -\frac{C_1(T-T_g)}{C_2 + (T-T_g)} \tag{7-4}$$

式中　ρ——密度；

ρ_g、η_g——T_g 时的密度、粘度；

C_1、C_2——物质常数。

在橡胶态时，Arrhenius 方程不再适用，Williams 等人提出了 WLF 方程，通过对多种人造聚合物的实验，Williams 等得到了 C_1、C_2 的平均值，即通用系数：$C_1 = 17.44$，$C_2 = 51.6$。

（3）Arrhenius 方程和 WLF 方程的应用范围　Arrhenius 方程和 WLF 方程的应用范围是目前仍存在争论的问题。一般认为，Arrhenius 方程适用于玻璃态及大于 $T_g + 100$K 的温度范围；而 WLF 方程适用于橡胶态，如图 7-4 所示。但有人用实验证明某些反应与此温度范围不符，例如，在橡胶态中某一确定的范围内，Arrhenius 方程也适

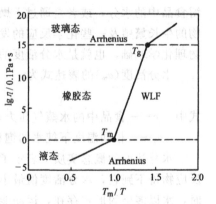

图 7-4　Arrhenius 方程和 WLF 方程的应用范围

用。

（4）橡胶态和玻璃态中反应速率的差异　图7-5说明了 WLF 方程和 Arrhenius 方程所描述的反应速率的差异。在玻璃态下冰晶的生长速率为 $1mm/10^3$ 年，由图7-5可知，当 $\Delta T=21K$，即溶液处于比玻璃化转变温度高 21K 的橡胶态时，反应速率是玻璃态的 10^5 倍，则冰晶在橡胶态的生长速率大约为 $1mm/3.6$ 天，相对于一般冻结食品的贮存时间来讲，此生长速率是很大的，极易造成食品质量的下降。

六、冻结食品的玻璃化保存

前面已经分析，冻结食品的质量下降主要是由结晶、再结晶和酶的活性引起的，而结晶、再结晶和酶的活性是受扩散控制的、在一定温度范围下发生的特殊物质的结构松弛过程，它们在橡胶态和玻璃态分别受 WLF 和 Arrhenius 方程的约束。如果冻结食品处于橡胶态，则基质中结晶、再结晶和酶活性等变得十分活跃，这些反应过程减小了贮藏稳定性，降低了食品的质量；相反，如果冻结食品处于玻璃态，一切受扩散控制的松弛过程将极大地被抑制，使得食品在较长的贮藏时间内处于稳定状态，且质量很少或不发生变化。

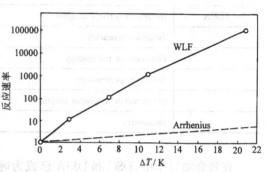

图 7-5　WLF 方程和 Arrhenius
方程的相对反应速率
$\Delta T=T-T_g$

第三节　T_g' 的测定方法

食品聚合物科学方法是根据人工合成聚合物与食品材料在热学、力学性质及结构特性等方面的基本相似性，借助于聚合物科学理论，研究食品材料的性质。理论上讲，凡是能够测量人工合成聚合物玻璃化转变温度的方法，都可应用于食品材料，然而，由于食品材料非常复杂，这些方法大都存在一定的局限性，在测量、确定方法方面也存在某些问题。

一、T_g' 的测量方法

因为在玻璃化转变过程中会发生诸如热的、机械的、力的、电的等多种参数的变化，所以，凡是能够跟踪热特性、尺寸变化、力的松弛和介电松弛的仪器原则上都可用来测定玻璃化转变温度。例如，DSC 曲线能够反映玻璃化转变过程中比热容的变化；TMA 可测量样品物理尺寸的变化（主要是膨胀性）；DMA 可以反映样品的流变性质，即玻璃化转变过程中的应力松弛现象；TDEA 能反映样品加热过程中的介电性质等。表7-2 列出了能够测量玻璃化转变温度的方法。

表 7-2　可用于测量玻璃化转变温度的方法

简　　称	全　　　　称	热分析技术名称
DSC	differential scanning calorimetry	差示扫描量热法
DMA	dynamic mechanical analysis	动力机械分析法
DMTA	dynamic mechanical thermal analysis	动力机械热分析法

(续)

简　称	全　　　　称	热分析技术名称
TMA	thermalmechanical analysis	热机械分析
DTA	differential thermal analysis	差示热分析
ESR	electron spin resonance	电自旋共振
NMR	nuclear magnetic resonance	核磁共振
TDEA	thermaldielectrical analysis	热介电分析
	dynamic rheometry	动力流变仪
	Fluorescence microscopy	荧光显微镜
	dielectric spectroscopy	介电光谱仪
	gas permeability(vapor sorption)	气体渗透(蒸气吸收)法
	viscometry	粘度计

在聚合物科学中,DSC 和 DMA 已成为确认的测量玻璃化转变温度的常用方法,它们在食品系统中也同样被广泛地应用。

二、食品材料的 $T_g{}'$ 值

不论是天然食品,还是人造食品,组成成分都十分复杂。水、溶质以及不溶于水的固体颗粒组成了一个多元的、非均匀分布的系统。当此系统经历升温或降温过程时,可能存在许多大大小小的非晶态区域,每个区域的玻璃化转变温度不尽相同,所以,食品系统的玻璃化转变温度的测定是很困难的。目前人们大多是测量食品的各个组成成分(如淀粉、明胶、蔗糖等)的 $T_g{}'$ 值,然后按下列方法确定食品系统的 $T_g{}'$。

1. 加权平均法

适用于多元均匀的混合溶液系统。例如,用 DSC 多次测量某桔子汁的 $T_g{}'$ 最后的统计值为 $-37.5℃±1.0℃$。经检验,桔子汁的主要成分是蔗糖、果糖和葡萄糖,其质量分数分别是 $2:1:1$,而它们的 $T_g{}'$ 值分别是 $-32℃$、$-42℃$ 和 $-43℃$,按加权平均法计算:

$$T_g{}' = \frac{-32×2+(-42)×1+(-43)×1}{2+1+1}℃ = -37.25℃$$

可以看出,加权平均法的计算结果同测量值相近。这种方法对各种食品系统的计算结果均较好。

2. 利用聚合物科学中的方法

常用的是 Gordon-Taylor 方程[11],适用于二元溶液系统。

$$T_g = \frac{w_1 T_{g1} + k w_2 T_{g2}}{w_1 + k w_2} \tag{7-5}$$

式中　w_1——组分 1 的质量分数;

　　　w_2——组分 2 的质量分数;

　　　T_{g1}——组分 1 的玻璃化转变温度;

　　　T_{g2}——组分 2 的玻璃化转变温度;

　　　k——实验常数。

Couchman 和 Karasz 对此方程进行了改进,定义 $k = \frac{\Delta c_{p2}}{\Delta c_{p1}}$,$\Delta c_{p1}$ 和 Δc_{p2} 分别为组分 1 和组分

2 在 T_{g1} 和 T_{g2} 时的比热容变化。

现在，许多科学家仍尝试着用拟合经验公式，或从经典的热力学理论推导方程的方法，来更精确地预测混合溶液系统的 T_g'。然而 1993 年 Franks(英国剑桥大学教授，从事生物、食品材料中水的物理化学性质的研究，发表了很多具有权威性的专著和论文)指出："利用每种单一组分的 T_g' 来预测混合溶液的玻璃化转变温度是靠不住的。因为玻璃化转变的本质还没有完全弄清楚。"如果要得到混合溶液的玻璃化转变温度的精确值，最好的办法是利用某种仪器直接测量，而不是利用方程或公式去推导计算。

能够测量食品 T_g' 的方法很多，但由于食品成分很复杂，而玻璃化转变本身又是一个动力学过程，所以，从已发表的 T_g' 值来看[7]，对同一样品，采用不同的方法、或方法相同但试验条件不同时，测得的 T_g' 值都有较大差别。表 7-3 为几种食品成分溶液的 T_g' 值，从表中可以看出，对相同的溶液，人们测定的 T_g' 值有较大差异。

由于玻璃化转变是一个受动力控制的态的变化，而不是平衡的热力学相变过程，测量的 T_g' 值应与降温速度或升温速度有关。例如，用 DSC 测量时，加热速度从 10K/min 降至 1K/min，将使测量的 T_g' 值降低大约 3K；而用 DMA 测量时，T_g' 值大约降低 3~6K。表 7-3 中某些样品的 T_g' 值相差较小，可能与升降温速度有关；但有的相差很大，如对于相同浓度的甘油(glycecol)溶液，Roos 测得的 T_g' 是 -65℃，而 Ablett 和 Franks 测得的则分别为 -95℃和 -100℃，结果相差较大，这不仅仅是升降温速度变化的结果，而且同测量、确定方法有关。关于测定 T_g' 的方法问题，人们各持己见，争论颇多。

表 7-3 几种食品成分溶液的 T_g'

成　　　分	$T_g'/$℃
甘油(glycerol)	-65，-95，-100
山梨醇(sorbitol)	-43.5，-44，-57
环己六醇(inositol)	-35.5，-36
核糖(ribose)	-47，-49，-62
木糖(xylose)	-48，-47，-60
阿拉伯糖(arabinose)	-47.5，-48.5，-61
果糖(fructose)	-42，-48，-53
葡萄糖(glucose)	-43，-36.5，-52，-57
蔗糖(sucrose)	-32，-35，-40，-41.5，-46
乳糖(lactose)	-28，-35，-41，-45

三、DSC 方法

DSC 是传统的测定玻璃化转变温度的方法，也是目前被广泛采用的一种测量食品 T_g' 的方法，但用 DSC 测量 T_g' 时，却存在两个不足之处：

1. 玻璃化转变是一种低强度变化(即吸、放热量少)，用 DSC 这种热的方法测量时，灵敏度比热机械方法要小，表现在 DSC 曲线上就是发生玻璃化转变的台阶较小(如图 7-6 所示)。

2. 判断玻璃化转变的一个标准是看比热容是否发生突变，如图 7-7 所示，在 A 种情况下，DSC 曲线回到了基线，说明这种情况不是玻璃化转变；在 B 种情况下，DSC 曲线不再与基线相交,这是发生玻璃化转变的一个特征。在某些溶液的 DSC 曲线上甚至出现几个类似 B 的转变(特别是对于像食品这样的复杂溶液系统),这可能引起玻璃化转变温度的误判。如图 7-8 所示为部分冻干黑莓的 DSC 加热曲线,在曲线上出现了两个类似 B 的转变(E 点和 F 点),至于哪一个是正确的 T_g',Reid 也不能断定。在图 7-6 的插入图中,Slade 认为玻璃化转变温度为台阶上的 C 点,而 Roos 及 Allett 等认为玻璃化转变温度应该是台阶前面一个更低温度处发生转变的点的温度(D 点),而台阶是由冰晶快速熔化引起的,这种确定方法的不同将导致 T_g' 的较大差别。

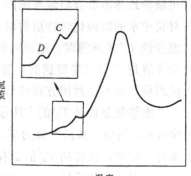

图 7-6 某溶液的 DSC
加热曲线示意图

四、测量方法的发展趋势

研究表明,不同的测量技术只对溶液相应的热、机械、力、电等性质有敏感性,所以,各种不同的仪器在测量食品材料的 T_g' 时,均像 DSC 那样,存在各自的缺点。针对上述情况,Wolanczyk[12]在 1989 年指出,对于 DSC 曲线上有玻璃化转变迹象的点,应该用另一种仪器加以证实,如 TMA 就为我们提供了一种确定 DSC 曲线上玻璃化转变温度的方法,把 TMA 和 DSC 结果结合起来,比较容易判断曲线上发生转变的类型,从而准确确定玻璃化转变温度。Reid 等也认为,仅仅用一种仪器来确定 T_g' 是靠不住

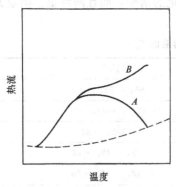

图 7-7 表征某一变化的
部分 DSC 曲线

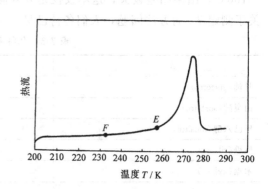

图 7-8 部分冻干草莓
的 DSC 曲线

的,最有力的工具是几种仪器的组合。为此,许多人用了两种或两种以上的仪器测定同一溶液的 T_g',如 Kalickevsky 等同时用 DSC、DMTA、NMR 测定淀粉、谷朊—蔗糖混合溶液的 T_g' 值;Blond 用 DSC 和 DMTA 研究了蔗糖和多糖混合溶液的 T_g';Sahagian 等用 DSC、TMA、NMR 测定黄原胶对冻结的蔗糖溶液的 T_g' 的影响;Ollett 等用 DSC 和粘度计测定葡萄糖过冷熔融物的 T_g' 等等。他们的实验结果还是比较令人满意的,因为不同的测量技术结合起来,可以从各个方面反应玻璃化转变这一动力过程。然而问题仍然是存在的,Levine、Blond、Reid 等总结分析近年来 T_g' 的测量结果,认为冻结溶液系统的玻璃化转变温度仍然是一个存在争议的问题,问题的根源在于还没有找到一种能较好地测量 T_g' 的方法。而如果不能准确地测定 T_g',就难以找出复杂的食品系统中 T_g' 与结构松弛过程反应速度的关系,并确定食品的加工和贮存状态,及其对食品质量的影响。所以 Noel、Hegenbart 建议,从食品技术和产品发展的观点来看,最好能找到一种简单、快捷、便宜且能准确测量实际食品 T_g' 的方法。但这样的方法

目前还不存在。

五、低温显微 DSC 系统

上海理工大学(原上海机械学院)低温生物研究室已初步研制成功一套低温显微 DSC 系统(如图 7-9 所示)[13,14],并在低温生物学的研究中得到应用,取得了较好的结果。利用低温显微 DSC,可以在升降温过程中用显微镜观察样品的形态变化,又可以同时利用 DSC 获得各种物理化学参数,是一种能较准确测量食品 T_g' 的方法。

利用低温显微 DSC 系统可以克服单一 DSC 的缺点,能较准确地测量食品的 T_g',主要依据为:

1) 在聚合物科学中,几种仪器的联用早已成为事实,如 DSC-TG(热重法)、DTATG、DTA-TG-GC(气相色谱仪)联用等。

2) 前面已讲到,用几种仪器的组合测定冻结食品的 T_g',虽可改善测量结果,但仍存在一些问题,除了仪器本身的因素外,另一个原因是,这些试验是分开做的,不能保证样品在几个试验中所处的条件完全一样,而玻璃化转变又是一个动力学过程,不同的试验条件会导致结果有较大的差别。低温显微 DSC 系统则能很好的解决这一问题。

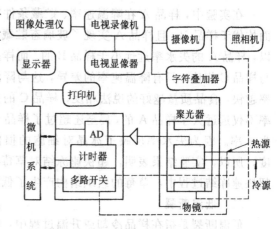

图 7-9 低温显微 DSC 结构示意图

3) Reid[15]用低温显微镜观察了老鼠胚胎的低温保存过程(保护剂为甘油-NaCl-水的三元溶液)。在复温过程中,当温度升到 $-70℃$ 左右时,发现甘油-NaCl-水系统有明显的流动性(即能观察到冰晶的运动),而 DSC 测得的同一溶液的 T_g' 是 $-71℃$,这说明通过低温显微镜观察,可以判别何时发生了玻璃化转变,且可以观察到的玻璃化转变状态和结晶状态是不同的。

4) 在玻璃化转变时,溶液的状态一定会发生相应的变化。在冻结过程中,随着冰晶的不断析出,可观察到样品在结晶处发生白化或不透明现象;当达到最大冻结浓缩状态时,由于不再析出冰晶,白化区域也不会再扩展,就可判断此时达到了玻璃化转变状态。同样,在加热过程中,若白化区域不再减少,说明也达到了玻璃化转变状态。

5) 如果说第 4 项中直接观察的方法可能会产生主观的人为因素的话,还可以采用定量的测定计算方法,文献[16]曾利用数字图像处理仪,对由低温生物显微镜中摄取的图片进行数字图像处理,从而求得未冻液体的面积占图片总面积的分数,亦即得到未冻溶液的分数。如前所述,溶液达到最大冻结浓缩状态时将不再继续凝结,未冻水分数保持定值。应用数字图像处理方法,当测得的未冻溶液分数值不再发生变化时,就找到了发生玻璃化转变的温度。

第四节 低温断裂

一、降温速率对草莓失水率的影响

在进行草莓冻结玻璃化保存的实验研究时,发现了下述现象[17,18]:

图 7-10 为草莓的失水率变化曲线,其中的样品 A、B、C 分别表示:

样品 A:快速降温(通过 $-1 \sim -5℃$ 的最大冰晶生成带的降温速率为 10K/min),贮藏在

−75℃的环境中；

样品 B：慢速降温（通过−1～−5℃的最大冰晶生成带的降温速率为 0.04K/min），贮藏在−18℃的环境中；

样品 C：超快速降温（直接投入液氮中，降温速率高达 150K/min 左右），贮藏在−75℃的环境中。

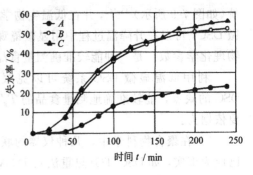

图 7-10　草莓的失水率

在实验中，样品 A 在降温速率、贮藏条件等方面均优于样品 B，且样品 A 实现了玻璃态贮藏，所以，样品 A 的失水率远远小于样品 B 的。而样品 A 与样品 C 相比，只有降温速率的差异，这与降温速率越快，食品质量越好的说法相反，样品 C 的失水率不仅远远大于样品 A 的，甚至还超过了样品 B 的失水率。因为失水率反映了冰晶对细胞的损伤程度，所以，实验结果表明，超快速冻结对草莓细胞的损伤比慢速冻结时还要严重。原因是在超快速冻结过程中，草莓的组织结构产生了低温断裂。

二、低温断裂

低温断裂是指在样品冷却或升温过程中，由于某些原因产生的热应力使样品组织细胞产生断裂。人们研究发现，热应力主要是由以下三个因素引起的：

1）冷却过程中，样品内部温度分布不均匀，产生了温度梯度。Chuma 指出，过快的冷却速率可能造成食品或生物组织的断裂，Laverty 把鱼直接投入液氮冷却降温，鱼出现了严重的断裂现象。这主要是由于过快的冷却速率引起的，由于冷却速率过快，热量来不及传递或传递较慢，引起样品内外温差较大，产生了热应力。

2）冷却过程中，水不断结为冰晶，而水由液态转变为固态后，体积增加了 9％，所以整个样品膨胀而产生应力。在快速冷却过程中，样品外层首先冻结，而当样品内部继续结晶膨胀时，就会产生很大的应力挤压外层甚至破裂。Sebok 等研究了冷却速率、预冷、样品大小及成熟度对草莓、绿豆等水果蔬菜低温断裂的影响，他们认为，膨胀应力是造成断裂的主要原因，并得出了降低冷却速率和预冷可减少或阻止低温断裂的结论。Spieles 等在研究保存温度对红细胞影响的过程中发现，在玻璃态保存的红细胞最安全，当保存温度高于玻璃化转变温度时，由于反玻璃化的作用，冰晶不断继续扩大，产生热应力，使红细胞破裂。

3）冻结溶液的力学性质（如弹性或粘弹性模量，屈服力或断裂力等）。力学性质与冻结溶液的微观结构密切相关。高大勇等研究了甘油浓度对冻结溶液断裂现象的影响，结果是断裂随甘油浓度升高而降低，因为：①甘油浓度的增加使可冻水份额减少，从而减少了膨胀体积；②甘油浓度的变化改变了冻结溶液的微观结构。Williams 等[19]用 65％（蔗糖的质量分数）的蔗糖溶液进行了冷冻实验，他们取的样品量为 5μl，体积非常小，降温速率为 10K/min，有充分的传热时间，温度梯度极小（消除了第一个因素的影响），在降温过程中没有发现结晶现象，直到−79℃进入了完全的玻璃化（克服了第二、三因素的影响）。直至−79℃的整个过程都没有断裂现象，但当继续降温时，他们却发现了一个有趣的现象，降温到−120～−148℃时，在玻璃体上突然出现了裂缝，若此时不以 10K/min 降温，而将样品直接投入液氮中，裂缝更大。加热过程中，裂缝在−79℃时消失了（由玻璃态向橡胶态转变），但到达−52℃的反玻璃化温度时，裂缝重新出现，并随着温度升高而扩大、变黑，如图 7-11 所示。图中，黑色部分是在裂缝中生长的冰晶，这说明裂缝不仅为晶核的生成提供了自由容积，而且为晶核的生长提供了很高的表面能。

由以上分析可知，低温断裂有两种情况：一种是宏观的样品破裂；另一种是微观的裂缝。

三、讨论

食品速冻技术是目前国际公认的最佳食品贮藏加工技术，而在诸多种食品速冻技术中，由于液氮速冻能实现低温深冷的超速冻，进而极大地提高了冷冻食品的保鲜期限，在冷冻食品工业中显示出特有的生命力。但是，液氮浸渍超速冻方法存

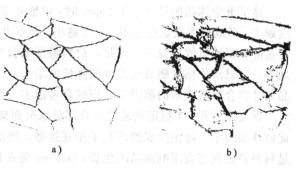

图 7-11　蔗糖溶液的玻璃化低温断裂
a)冰晶在裂缝中的成核　b)冰晶在裂缝中的生长

在一个主要的问题——食品龟裂(即低温断裂)，因为 0℃时的冰比水的体积增大约 9%，冰的温度每下降 1℃其体积收缩 0.01%～0.005%，二者相比膨胀比收缩大得多，所以含水分多的食品冻结时体积会膨胀，冻结时表面水分首先成冰，然后冰层逐渐向内部延伸，当内部的水分因冻结而膨胀时会受到外部冻结层的阻碍，于是产生内压，即冻结膨胀压，当外层受不了此内压时就破裂，遂使内压消失。

在上述草莓的冻藏实验中，样品 C 是直接投入液氮中降温的，在拿出后，发现每个草莓均破裂为 3～5 块，此时断裂面上的细胞受到破坏，使失水率有所增加，但除断裂面外其他的草莓细胞因超快速冻结并贮藏在玻璃态，质量似应很好，失水率也应远低于慢速冻结的，但是实验却发现，它的失水率比慢速冻结的还要高，这是由于草莓中微观断裂造成的。

草莓的玻璃化转变温度是 -42.5℃，按照 Williams 等的结论，草莓投入液氮后，在低于 -42.5℃ 的某一温度，由于低温断裂而产生了微小的裂缝，这些裂缝为晶核的产生和生长提供了充分的条件，在贮藏或升温解冻过程中，裂缝中的冰晶不断长大而损伤细胞，由于这些裂缝与细胞大小是同数量级的，所以，它们使草莓的大多数细胞受到了损伤，甚至比慢速冻结时还要严重，在宏观上表现出来即为失水率急剧增大。

第五节　玻璃化在冰淇淋中的应用

冰淇淋含有脂肪、蛋白质、碳水化合物、矿物质和维生素，营养价值很高，且易消化吸收，具有清凉解暑、充饥解渴之功效，是深受人们喜爱的食品。随着生活水平的提高，冰淇淋的消费量逐年增大，同时，人们对冰淇淋质量的要求也越来越高。

组织细腻是冰淇淋感官评价的一个重要标准，它主要取决于冰淇淋中冰晶的尺寸、形状及分布。冰晶越小、分布越均匀，冰淇淋柔软细腻的口感越好。所以，在冰淇淋的加工和贮存过程中，必须严格控制冰晶的尺寸。

一、影响冰淇淋中冰晶生长的因素

冰淇淋中冰晶的生长可能在两个过程中进行，一个是冰淇淋的凝冻过程，另一个是冰淇淋的贮存输运过程。

1. 凝冻过程中冰晶的生长

冰淇淋含水量为 60%～66%（质量分数），当凝冻过程结束时，所含水分的 90%（质量分数）左右将结为冰晶。冰晶的尺寸与冷冻速度及所使用的稳定剂有关。

冰淇淋中冰晶的尺寸小于 $25\mu m$ 时，口感非常细腻。冰晶尺寸是凝冻速度的函数，凝冻速度越大，形成的冰晶数量越多、尺寸越小、分布也越均匀。单从减小冰晶尺寸的角度来讲，应尽量降低凝冻机放料温度。但是，放料温度也会影响冰淇淋其他方面的性质，如粘稠度，质地等。冰淇淋的粘度随放料温度的降低而增大，结果使凝冻机的功率增大，所以，在保证冰晶尺寸符合质量要求的前提下，应综合考虑多方面因素，选择合适的放料温度。

在凝冻过程中，稳定剂通过结合部分水分而减慢冰晶的生长速度，并与凝冻操作相结合，促使冰晶细小，防止生成的冰粒子相互接触，增加液相部分的粘度，起稳定作用。然而并不是每种稳定剂都会影响冰晶的生长，Buyong 等在冰淇淋中加入明胶作稳定剂，发现对冰晶的尺寸和生长速率并无影响。可以根据具体情况选择使用组合型稳定剂，扬长避短，避免单一稳定剂的缺点。

2. 贮存、运输过程中冰晶的生长

冰淇淋在贮存、运输过程中易受升温或温度波动的影响。Champion 将冰淇淋在 $-16℃$ 的条件下贮存了 3 个月，并按时测量冰淇淋的硬度，发现冰淇淋硬度随贮存时间的增加而增大，他认为这是由冰晶的再结晶引起的；在 $-35℃$ 的条件下，Cottrell 将冰淇淋贮存了 16 周后，检测发现其中有冰渣出现；温度波动对冰晶的影响更大，因为当温度升高时，冰淇淋中的未冻水分增多，而当温度降低时，未冻水分重新凝结，使原来细小的冰晶长大。可见，在贮存、运输过程中冰晶的再结晶使冰淇淋变得质地粗糙，失去了原有的细腻口感。

从上述分析可以看出，只要选择合适的凝冻速度和稳定剂，完全可以控制生产过程中冰晶的尺寸，使冰淇淋在质地细腻方面符合质量要求，那么，要使冰淇淋到达消费者手中后仍保持细腻的口感，主要应解决贮存、运输过程中冰晶的生长问题。

二、玻璃化在冰淇淋中的应用

1. 冰淇淋的玻璃化贮存

冰淇淋含水量（水的质量分数）高达 60% 左右，在凝冻前是一种多元溶液。其凝冻过程可以看作是图 7-3 的 A-B-C，凝冻结束后，冰淇淋可能处于两种状态：一种是处于橡胶态，另一种是处于玻璃态。实际上，冰淇淋的 T_g' 一般在 $-30\sim-43℃$ 之间，而其贮存温度在 $-18℃$ 左右，所以在贮存过程中冰淇淋大多处于橡胶态。根据玻璃化理论，橡胶态下结晶、再结晶的速度很大，所以在此状态下贮存

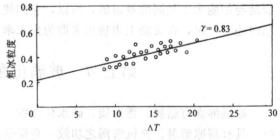

图 7-12　冰淇淋粗冰粒度与 ΔT 的关系曲线
γ为实验数据的相关系数。

一定时间后，冰淇淋中有大量的粗冰粒生成，质地变得粗糙。图 7-12 所示为粗冰粒度与 ΔT (T_f-T_g') 的关系曲线，由图可见，ΔT 越大，冰淇淋中粗冰粒越多，所以英国对冰淇淋的有效贮存期有以下规定：贮存温度为 $-23℃$ 时，有效贮存期为一天；$-32℃$ 时为一周；$-37℃$ 时为一个月。

若冰淇淋在玻璃态保存，其中的结晶、再结晶速度极缓慢，则在较长的贮存期内，冰晶

尺寸仍符合质量标准，冰淇淋保持原有的细腻口感。玻璃化贮存可通过下列措施实现：

1）降低冰淇淋的贮存温度，在 $T_f < T_g'$ 的温度下贮存。由于冰淇淋的 T_g' 在 $-30 \sim -43℃$ 之间，生活中大多数冰箱、冰柜达不到如此低的冷冻温度，若在专门设计的低温冷柜中贮存是可以的，但从能源角度来讲，这样做是不经济的。所以这一措施在实际中应用很少。

2）改变冰淇淋的配方，提高其玻璃化转变温度 T_g'。改变冰淇淋的配方，主要是添加一些能提高其 T_g' 的稳定剂。Slade 等对 80 种淀粉水解产品（Starch hydrolysis products，SHP）进行测试，找到了这些物质的 T_g' 与其葡萄糖当量（dextrose equivalent，DE）之间的关系，如图 7-13 所示。由图可见，SHP 的 T_g' 随 DE 的减小而增大。由于 DE 与物质的分子量成反比，所以 T_g' 随分子量增大而增大。SHP 的 T_g' 与 DE 及分子量的这种变化规律对大多数聚合物也是适用的。

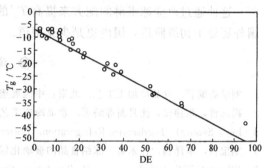

图 7-13　SHP 的 T_g' 与其葡萄糖当量 DE 的关系

冰淇淋的 T_g' 主要是由其中的低分子量糖类决定的（大多数低分子量糖类的 T_g' 也在 $-30 \sim -43℃$ 之间）。添加低 DE 或高分子量的物质作稳定剂，可以提高冰淇淋的 T_g'，但由于每种物质的 DE 和分子量各不相同，对 T_g' 的影响程度也就不同；另外，添加剂的数量对 T_g' 也有影响。所以，添加何种稳定剂、添加多少才能使冰淇淋的 T_g' 符合我们的要求，应视具体情况而定，还是有待研究和解决的问题。

2. 配方举例

下面我们简单介绍几个国外有关冰淇淋配方的专利来说明以上问题。专利[20]提出了一种新的冰淇淋配方，这种冰淇淋在 $-18℃$ 的冰箱中可贮存 6~12 个月，期间没有冰晶的生长和再结晶现象发生，质量稳定。该配方的特点是：

1）用多元醇代替一部分低分子量的糖类，多元醇所占比例为 0.25%~10%（质量分数），其作用是既可以降低冰淇淋的甜度，又可增大 T_g' 值。

2）用分子量较大的多糖作稳定剂，加入的量占冰淇淋总量的 0.25%~5%（质量分数），比较常用的多糖稳定剂如表 7-4 所示：

表 7-4　冰淇淋用稳定剂

中　文	英　文	中　文	英　文
CMC	Sodium Carboxymethylcellulose	黄原胶	xanthan gum
卡拉胶	carrageenan	瓜尔豆胶	guar gum
微晶纤维素	microcrystalline cellulose	角豆胶	locust bean gum
糊精	dextrin	黄蓍胶	gum tragacanth
预糊化淀粉	pregelatinized starch	阿拉伯胶	gum arabic
麦芽糊精	maltodextrin		

该专利认为 CMC 提高 T_g' 的效果较好，而 CMC 与卡拉胶的混合物或 CMC、卡拉胶及微晶纤维素三者的混合物的效果更好些。

Cole、Holbrook 等在冰淇淋配方中加入低 DE 值的麦芽糊精作稳定剂，也取得了较好的结果。

这种通过改变冰淇淋的配方来提高 T_g' 的方法较易实现，又节约能源，但这方面的研究在国外还处于初级阶段，国内更是少见报道。

参 考 文 献

1 刘学浩编著. 食品冷加工工艺. 北京：中国展望出版社，1983

2 冯志哲，张伟民，沈月新等编著. 食品冷冻工艺学. 上海：科学技术出版社，1984

3 Ley，SandraJ. Foodservice Refrigeration. Boston，Massachusetts：CBIPress，1980

4 刘宝林，华泽钊，任禾盛. 冻结食品的玻璃化保存. 制冷学报，1996，1：26-31

5 White，G. W. Cokebread，S. H. The Glassy State in Certain Sugar-Containing Food Products. J. of Food Technol. 1966，1：73-82

6 Levine，H. Slade，L. Water as a Plasticizer. Physico-chemical Aspects of Low-moisture Polymeric Systems. In：F. Franks ed. Water Science Reviews. Cambrige：Cambrige University Press. 1988，vol3，79-185

7 levine，H. Slade，L.. Principles of "Cryostabilization" Technology From Structure Property Relationships of Carbohydrate/water System—A Review. Cryo-letters. 1988；9(1)：21-63

8 Roos Y and Karel M. Applying State Diagrams to Food Processing and Development. Food Technolgy，1991. 12，67~71，107

9 Glasstone，S.. Textbook of Physical Chemistry. VSA. Van Nostrand，Princeton，NJ. 1946

10 Willams，M. L，Landel，R. F，Ferry，J. D. Temperature Dependent of Relation Mechanisms in Amorphous Polymers and Other Glass Forming Liquids. J. Am. Chem. Soc. 1995，37：3701-3706

11 Gordon，M,. Tayler，J. S.. Ideal Copolymers and the Second Order Transitions of Synthetic Rubbers. I. Non-Crystalline Copolymers. J. Appl. Chem，1952，2：493-500

12 Wolanczyk，J. P. DSC Analysis of Glass Transition. Cryo-letters，1989，10(7)：73-76

13 邹申义，姚柯敏，华泽钊. 大型低温生物显微镜系统的研制. 仪器仪表学报，1988，9(1)：90-93

14 袁曙明. 低温显微差示扫描量热仪的改进及其对溶液相变过程的测量：[硕士学位论文]. 上海：上海机械学院，1992

15 Reid，D. S. Correlation of the Phase Behavior of DMSO/NaCl/Water and Glycol/NaCl/Water as Determined by DSC with Their Observed Behavior on a Cryomicroscope. Cryo-letters，1985，181-188

16 王德荣. 慢速冷冻时三元溶液的固化过程及其对白细胞损伤机理的探讨. [博士学位论文]，上海：上海机械学院，1988

17 刘宝林，华泽钊，任禾盛，许建俊. 食品及生物材料低温保存过程中的低温断裂问题. 制冷学报，1997，4：19-22

18 刘宝林. 食品玻璃化温度的测量及草莓低温玻璃化保存的实验研究. [博士学位论文]，上海：华东工业大学，1988

19 Williams，R. J. Camahan，DL Association Between Ice Nuclei and Fracture Interfuces in Sucrose：Water Glasses. Thermochemica Acta，1989，155：103-107

20 Kahn，M. Let al. Freezer Stable Whipped Ice Cream and Milk Shake Food Products. US Patent 4552773，1985

第八章 食品冷冻干燥贮藏

第一节 冷冻干燥中的传热与传质

冷冻干燥过程中的传热与传质，是一个与食品本身物性参数和冷冻干燥中的过程参数有关的问题。食品的热导率、比热容、密度、质量扩散系数、冻结温度、几何尺寸以及形状等物性参数与冷冻干燥中的冻结方式和冻结温度、加热方式和加热温度、真空度、冷阱温度等过程参数相互影响，使冷冻干燥中的传热与传质过程比较复杂。

冷冻干燥过程的分析与食品冷却或冻结不同。因为：①冷冻干燥是在真空条件下进行的，因此，传热方式与食品冷却或冻结有一定的差别；②冷冻干燥是将食品中的水分通过升华方式扩散出去，因此，传质也成为非常重要的因素。

图 8-1 是冷冻干燥中常见的几种传热与传质方式：

图 a 热量完全从底部冻结层导入，升华的水蒸气只能沿同一方向扩散出去。在中小型冷冻干燥机干燥食品时，常见此种传热与传质方式。此方式多用于冷冻干燥果汁、速溶咖啡等液态食品。

图 b 热量完全从顶部多孔干燥

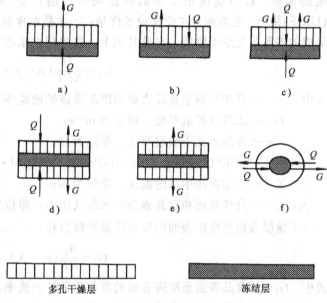

图 8-1 冷冻干燥中几种常见的传热与传质方式

层传入，升华水蒸气以相反的方向也从顶部扩散出去。在大型冷冻干燥机干燥食品时，常见此种方式。可加工散放颗粒状食品或液态食品。

图 c 热量从底部冻结层和顶部多孔干燥层同时传入，升华水蒸气只能从顶部干燥层扩散出去。多层搁板式冷冻干燥机的加热方式近似于此种方式。其中某一搁板对其上面的食品以导热方式加热，而对其下面的食品又以辐射方式加热，两种加热方式中导热是主要的。

图 d 热量从两侧多孔干燥层同时导入，升华水蒸气以相反的方向从两侧扩散出去。这种方式出现在具有特殊形状的食品或带有膨胀网孔的特殊容器上[1]。

图 e 热量在食品内部产生，升华水蒸气从两侧传出。用微波冷冻干燥机干燥食品时属于此种传热与传质方式。

图 f 球状或长圆柱状食品的传热与传质方式。

一、稳态传热与传质

在食品冷冻干燥中，若传给升华界面的热量等于升华界面(interface 或 sublimation front)的水蒸气升华所需潜热时，升华界面的温度和压力达到平衡，升华正常进行。若传给升华界面的热量不足，升华速率将下降；若水蒸气扩散阻力大，升华界面压力和温度将会上升，使冻结食品融化。在冷冻干燥中，若前者对干燥过程影响大，则称为传热控制(internal heat-transfer-limited)过程；若后者对干燥过程影响大，则称为传质控制(internal mass-transfer-limited)过程。最佳的冷冻干燥过程应该是二者处于平衡状态。然而，由于食品材料的多样性和加工中过程参数的变化，在一个冷冻干燥中很难区分是属于传热控制还是属于传质控制。一般情况下，底部冻结层导热方式往往不会出现传热控制问题，而冷冻干燥初期也不会出现传质控制问题。

传热控制和传质控制过程所表现的冷冻干燥模型不同，现分别讨论如下：

1. 传质控制下的冷冻干燥速率模型

以大平板为例，分析图 8-1d 的传热与传质问题。King(1970 年)[2]首先提出了处理此类问题的模型，即目前应用较多的冰面均匀后退模型(uniformly retreating ice front)，简称(URIF)模型。它的两个主要假设条件是：①冰晶在食品中是均匀分布的；②升华界面后移所形成的多孔层是绝干物质。在此基础上，首先建立水蒸气在多孔干燥层内部的扩散方程：

$$G_1 = \frac{D}{XRT}(p_i - p_s) \tag{8-1}$$

式中　G_1——升华界面至食品表面的摩尔质量扩散速率，单位为 kgmol/(m² · s)；

　　　D——水蒸气扩散系数，单位为 m²/s；

　　　X——食品多孔干燥层厚度，单位为 m；

　　　R——摩尔气体常数，为 8.314Pa · m³/(kgmol · K)；

　　　T——冻结食品中冰的温度，单位为 K；

　　p_i, p_s——升华界面和食品表面的水蒸气压力，单位为 Pa；其值可由表 4-9 查得。

干燥层表面至冷阱表面的摩尔质量扩散方程：

$$G_2 = \frac{\alpha_m}{RT}(p_s - p_a) \tag{8-2}$$

式中　G_2——食品表面至冷阱表面的摩尔质量扩散速率，单位为 kgmol/(m² · s)；

　　　α_m——食品表面对流传质系数，单位为 m/s；

　　　p_a——冷阱表面的水蒸气压力，单位为 Pa；其值可由表 4-9 查得。

由连续方程：

$$G = G_1 = G_2 \tag{8-3}$$

式中　G——升华界面至冷阱表面的摩尔质量扩散速率，单位为 kgmol/(m² · s)。

由式(8-1)得：$p_s = \dfrac{\dfrac{D}{XRT}p_i + \dfrac{\alpha_m}{RT}p_a}{\left[\dfrac{\alpha_m}{RT} + \dfrac{D}{XRT}\right]} \tag{8-4}$

将式(8-4)代入式(8-1)、式(8-3)中得：

$$G = \frac{(p_i - p_a)}{(1/\alpha_m + X/D)RT} \tag{8-5}$$

根据冰在食品中是均匀分布的假设条件，

$$\frac{X}{L}=\frac{1-M_R}{2} \tag{8-6}$$

式中　L——食品厚度，单位为 m；

　　　M_R——食品水分比（moisture ratio），其值由下式确定。

$$M_R=\frac{w-w_e}{w_0-w_e} \tag{8-7}$$

　　w——冷冻干燥过程中任意时刻食品的水分含量（即质量分数），单位为 kg水/kg干物质；

　　w_0——食品初始水分含量（即质量分数），单位为 kg水/kg干物质；

　　w_e——冷冻干燥结束时食品中的残余水分含量（即质量分数），单位为 kg水/kg干物质。

又根据升华界面后移所形成的多孔干燥层为绝干物质的假设条件，得出升华速率与水分比变化率的关系式：

$$G=\frac{L(w_0-w_e)\rho_d}{2M}\left(-\frac{dM_R}{dt}\right) \tag{8-8}$$

式中　M——水的分子量；

　　　ρ_d——多孔干燥层的密度，单位为 kg干物质/m³；

　　　$\dfrac{dM_R}{dt}$——水分比变化率，单位为 1/s。

合并式（8-8）与式（8-5）得：

$$\frac{L(w_0-w_e)\rho_d}{2M}\left(-\frac{dM_R}{dt}\right)=\frac{(p_i-p_a)}{(1/\alpha_m+X/D)RT} \tag{8-9}$$

将式（8-6）代入上式得：

$$1-M_R=\frac{4DM(p_i-p_a)}{RTL^2(w_0-w_e)\rho_d(-dM_R/dt)}-\frac{2D}{\alpha_m L} \tag{8-10}$$

这就是图 8-1d 两侧传热与两侧传质方式下，冷冻干燥速率的表达式。设 p_i-p_a 为常数，对上式在时间 $0\rightarrow t$，水分比 $1\rightarrow 0$ 进行积分，得冷冻干燥时间 t 的表达式：

$$t=\frac{RTL^2\rho_d(w_0-w_e)}{8DM(p_i-p_a)}\left(1+\frac{4D}{\alpha_m L}\right) \tag{8-11}$$

2. 传热控制下的冷冻干燥速率模型[3]

仍以图 8-1d 的传热与传质方式为例，计算多孔干燥层总热阻：

$$\frac{1}{k}=\frac{1}{\alpha}+\frac{X}{\lambda_d} \tag{8-12}$$

式中　k——多孔干燥层总传热系数，单位为 W/(m·K)；

　　　λ_d——多孔干燥层的热导率，单位为 W/(m·K)；

　　　α——多孔干燥层表面的对流表面传热系数，单位为 W/(m²·K)。

由式（8-12）、式（8-6）得总传热系数（overall heat transfer coefficient）k：

$$k=\frac{\lambda_d}{\lambda_d/\alpha+L(1-M_R)/2} \tag{8-13}$$

通过多孔干燥层传入升华界面的热量为：

$$q=k(2A)(T_\infty-T_i)=\frac{\lambda_d}{\lambda_d/\alpha+L(1-M_R)/2}(2A)(T_\infty-T_i) \tag{8-14}$$

式中　T_∞　T_i——食品表面气体温度和升华界面温度，单位为℃或 K；

　　　　A——食品传热面积，单位为 m^2。

若升华所需的热量全部由多孔干燥层传入，

$$\frac{\lambda_d(T_\infty-T_i)}{\lambda_d/\alpha+L(1-M_R)/2}(2A)=\frac{Lh\rho_d(w_0-w_e)}{2}(2A)\left(-\frac{dM_R}{dt}\right) \tag{8-15}$$

式中　h——冰的升华潜热，单位为 J/kg。

将水分比 M_R 从 1→0、时间从 0→t 积分，

$$t=\frac{Lh\rho_d(w_0-w_e)}{2(T_\infty-T_i)\lambda_d}\left[\frac{\lambda_d(1-M_R)}{\alpha}+\frac{L(1-M_R)^2}{4}\right] \tag{8-16}$$

假设食品冻冷干燥后的水分为零，即 $w_e\approx0$。

$$t=\frac{Lh\rho_d(w_0)}{2(T_\infty-T_i)\lambda_d}\left[\frac{\lambda_d(1-M_R)}{\alpha}+\frac{L(1-M_R)^2}{4}\right] \tag{8-17}$$

例 8-1　牛排密度 $\rho=965kg/m^3$，厚度 $L=2.54cm$，初始含水率（质量分数）75%，冷冻干燥后剩余水分（质量分数）4%，干燥室气体温度 26.7℃，压力 66.65Pa，多孔干燥层热导率 $\lambda_d=0.0692W/(m\cdot K)$，将牛排作为大平板考虑，并且两面为均匀对称干燥。干燥箱气体与多孔干燥层表面的对流换热热阻近似为 3mm 厚水蒸气层的导热热阻（水蒸气层热导率 $\lambda_v=0.0235W/(m\cdot K)$），求冷冻干燥所需要的时间。

解　多孔干燥层对流表面传热系数为：

$$\alpha=\frac{\lambda_v}{x}=\frac{0.0235}{0.003}W/(m^2\cdot K)=7.833W/(m^2\cdot K)$$

由表 4-9 查得，与压力 66.65Pa 平衡的温度约为-24.5℃ 冰的升华潜热为 2840.3kJ/kg。牛排的初始干基含水率（质量分数）为：0.75/0.25kg水/kg干牛排=3.0；牛排的剩余干基含水率质量分数为：0.04/0.96kg水/kg干牛排=0.0417。水分比 M_R=0.0417/3.0=0.0139。干牛排密度 $\rho_d=\rho/(1+W_0)=965/(1+3)kg/m^3=241.25kg/m^3$。将上面数据代入式（8-17）得：

$$\begin{aligned}t&=\frac{0.0254\times2.8403\times10^6\times241.25\times3.0}{2\times(26.7+24.5)\times0.0692}\left[\frac{0.0692(1-0.0139)}{7.833}+\frac{0.0254(1-0.0139)^2}{4}\right]s=\\&109673s=30.46h\end{aligned}$$

3. 传热与传质仅在食品表面一侧的情况

如图 8-1a、b 所示，将式（8-6）和式（8-8）改为如下形式：

$$\frac{X}{L}=1-M_R$$

和

$$G=\frac{L(w_0-w_e)\rho_d}{M}\left(-\frac{dM_R}{dt}\right)$$

利用上述同样方法，即可得出此种方式传质控制下的冷冻干燥速率模型：

$$1-M_R=\frac{2DM(p_i-p_a)t}{R\,TL^2\rho_d(w_0-w_e)(1-M_R)}-\frac{2D}{\alpha_m L} \tag{8-18}$$

式中　α_m——食品表面对流传质系数，单位为 m/s。

式中较难确定的两个参数是水蒸气扩散系数 D 和食品表面对流传质系数 α_m，它们反映水蒸气在孔隙中的扩散方式或流动状态。由于多孔干燥层内孔隙尺寸、曲折状态以及真空度高低等因素影响，使水蒸气在孔隙中的传递方式很难确定。目前，常利用食品冷冻干燥中冰晶升华速率的试验数据，从上式中回归得到 D 和 α_m。这种方法获得的数值能综合反映水蒸气在

传递过程中许多难以确定的因素。

例 8-2 质量分数为50%的液体食品在浅盘中进行冷冻干燥，已知食品厚度1.55cm，加热板温度为303K，热量从冻结层底部传入，冻结体温度 $T_i=250.2$K，冷阱表面温度为213.3K，多孔层干物质密度 $\rho_d=800$kg/m^3，试根据试验测得的食品质量变化数据（见下表），确定水蒸气扩散系数 D、食品表面对流传质系数 α_m 以及冷冻干燥时间的表达式。

冷冻干燥时间/h	食品质量/kg	冷冻干燥时间/h	食品质量/kg
0	5.13	32	3.35
4	4.80	36	3.15
8	4.58	40	2.97
12	4.36	44	2.82
16	4.16	48	2.72
20	3.96	52	2.59
24	3.75	56	2.58
28	3.55	60	2.58

解 （1）利用式(8-17)，首先计算水分比 M_R、$(1-M_R)$ 和 $\dfrac{t}{(1-M_R)}$，由于食品的质量分数为50%，因此，食品中干物质质量为2.565kg。冷冻干燥结束时的干基水分为0.0058，由此计算得 $(1-M_R)$ 与 $\dfrac{t}{(1-M_R)}$ 的关系，见下表。

冷冻干燥时间/h	$(1-M_R)$	$\dfrac{t}{(1-M_R)}$	冷冻干燥时间/h	$(1-M_R)$	$\dfrac{t}{(1-M_R)}$
4	0.1294	30.9106	36	0.7764	46.3659
8	0.2157	37.0927	40	0.8470	47.2245
12	0.3019	39.7422	44	0.9058	48.5738
16	0.3804	42.0639	48	0.9451	50.7908
20	0.4588	43.5918	52	0.9960	52.2072
24	0.5412	44.3500	56	1	56
28	0.6196	45.1921	60	1	60
32	0.6980	45.8449			

（2）以 $(1-M_R)$ 为纵坐标、$\dfrac{t}{(1-M_R)}$ 为横坐标作图，

取图中直线性较好的10点数据作线性回归，得回归方程为：

$$1-M_R=0.044598\frac{t}{(1-M_R)}-1.3894$$

（3）由式(8-18)可知，斜率为：

$$\frac{2DM(p_i-p_a)}{RTL^2\rho_d(w_0-w_e)}=0.044598$$

将已知数据代入上式，其中 p_i 和 p_a 是根据冻结体温度250.2K和冷阱表面温度213.3K，由表

4-9 查得，

$$D=\frac{0.044598\times8314.34\times(0.0155)^2\times800\times250.2\times(1-0.035)}{2\times18\times(78.9314-1.077)}m^2/h=$$
$$6.1399m^2/h=0.00171m^2/s$$

$$\frac{2D}{\alpha_mL}=1.38941$$

$$\alpha_m=\frac{2\times0.00171}{1.38941\times0.0155}m/s=0.1588m/s$$

(4) 当 $M_R\approx0$ 时，冷冻干燥时间与食品厚度的关系可由式(8-18)获得：

$$t=\frac{RT\rho_d(w_0-w_e)}{2DM(p_i-p_a)}L^2+\frac{RT\rho_d(w_0-w_e)}{M\alpha_m(p_i-p_a)}L$$

将已知数据代入上式得：

$$t=335081.6248\times10^3L^2+7216.49343\times10^3L$$

二、非稳态冷冻干燥模型

以图 8-1c 为例进行分析，顶部多孔干燥层厚度为 X，热量分别从顶部多孔干燥层和底部冻结层传入，温度分别为 T_1 和 T_2，水蒸气摩尔质量扩散速率为 G，顶部多孔干燥层和底部冻结层的能量方程分别为：

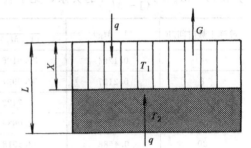

图 8-2　试验数据回归曲线图

$$\lambda_d\frac{\partial^2T_1}{\partial x^2}+c_gG\frac{\partial T_1}{\partial x}=\rho_dc_d\frac{\partial T_1}{\partial t}\qquad0\leqslant x\leqslant X\qquad(8-19)$$

$$\lambda_i\frac{\partial^2T_2}{\partial x^2}=\rho_ic_i\frac{\partial T_2}{\partial t}\qquad X\leqslant x\leqslant L\qquad(8-20)$$

式中　λ,ρ,c——热导率 W/(m·K)、密度 kg/m³、比热容 J/(kg·K)；

d,i,g——代表多孔层干物质、冻结层物质和水蒸气。

常见的初始条件

$$t=0,\ 0\leqslant x\leqslant L,\ T_1=T_2=T_i\qquad(8-21)$$

1) 上面的边界条件

$t>0$，$x=0$

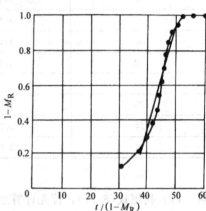

图 8-3　冷冻干燥示意图

$$q_1=-\lambda_d\frac{\partial T_1}{\partial x}\qquad(8-22)$$

若 q_1 是从顶部辐射加热器辐射而来，则由能量守恒关系得：

$$q_1=\sigma F_{1-2}(T_{up}^4-T_0^4)\qquad(8-23)$$

式中　σ——斯忒藩-玻耳兹曼常量，亦称黑体辐射常数，取 $5.669\times10^{-8}W/(m^2\cdot K^4)$；

F_{1-2}——形状系数；

T_{up}——辐射加热器温度，单位为 K；

T_0——食品材料上表面温度，单位为 K。

2) 下面的边界条件

$t>0$，$x=L$ 　　　　　　$q_2=\lambda_i\dfrac{\partial T_2}{\partial x}$　　　　　　(8-24)

底部传入的热量可有三种情况，

① 辐射加热器从底部向冻结层传热

$$q_2 = \sigma F_{1-2}(T_{Lp}^4 - T_L^4) \qquad (8-25)$$

② 加热器与食品底面充分接触，食品底面温度与加热器表面温度相同

$$T_L = T_{LP} \qquad (8-26)$$

③ 加热器与食品底面接触不良，如两面之间存在着气体间隙

$$q_2 = \alpha_f(T_{LP} - T_L) \qquad (8-27)$$

式中　T_{LP}——底部加热器温度，单位为 K；

　　　T_L——食品底面温度，单位为 K；

　　　α_f——加热器与食品底面间微量气体的对流表面传热系数，单位为 W/(m²·K)。

3）在移动的中间升华界面上，

$$t > 0, \quad x = X \qquad T_1 = T_2 = T_X \qquad (8-28)$$

$$\lambda_i \frac{\partial T_2}{\partial x} - \lambda_d \frac{\partial T_1}{\partial x} + \frac{dX}{dt}(\rho_i c_i T_2 - \rho_d c_d T_1) = Gh \qquad (8-29)$$

式(8-19)~式(8-29)是一组非线性非稳态移动边界条件的问题，可以用数值解法进行求解[4]。

三、准稳态(quasi-steady state)**冷冻干燥模型**

对非稳态冷冻干燥模型的一种简化处理方法是，将非稳态冷冻干燥过程按准稳态过程处理[5,6]。其理由是：①冷冻干燥过程非常缓慢，在一个较短的时间间隔内，温度、压力以及升华界面位置等物理量变化非常小，可以近似用常量处理；②冷冻干燥中显热量与潜热量比较，显热量对过程的影响非常小，可以忽略。试验表明，这种简化处理后所获得的冷冻干燥时间误差在 2% 以内[6]。因此，式(8-19)和式(8-20)中温度对时间的偏导数可以忽略

$$\lambda_d \frac{\partial^2 T_1}{\partial x^2} + c_g G \frac{\partial T_1}{\partial x} = 0 \qquad 0 \leqslant x \leqslant X \qquad (8-30)$$

$$\frac{d^2 T_2}{dx^2} = 0 \qquad X \leqslant x \leqslant L \qquad (8-31)$$

边界条件

$$T(0) = T_0 \qquad (8-32)$$

$$T(X) = T_X \qquad (8-33)$$

$$T(L) = T_L \qquad (8-34)$$

式(8-30)、式(8-31)的解分别为：

$$\frac{T_1 - T_0}{T_X - T_0} = \frac{1 - e^{-mx}}{1 - e^{-mX}} \qquad (8-35)$$

$$\frac{T_2 - T_L}{T_X - T_L} = \frac{x - L}{X - L} \qquad (8-36)$$

式中

$$m = \frac{c_g G}{\lambda_d}$$

将式(8-35)和式(8-36)中的温度 T_1、T_2 对 x 分别求一阶导数，并代入式(8-29)中。经简化整理后得：

$$\beta_1 = \frac{1+(A-Ky)/y}{B} \tag{8-37}$$

其中　$A = \dfrac{\lambda_d (T_i - T_0)}{\lambda_i (T_i - T_L)}$，$B = \dfrac{\lambda_d h}{\lambda_i c_g (T_L - T_i)}$，$K = \dfrac{\lambda_d}{\lambda_i}$，$y = 1 - \dfrac{X}{L}$

Dyer 和 Sunderland[6]定义了无量纲的冷冻干燥时间 $\bar{t}$：

$$\bar{t} = \frac{L}{\Delta x} \int_0^1 \frac{dy}{\beta_1} \tag{8-38}$$

$$\bar{t} \approx \frac{L}{\Delta x} \frac{B}{1-K} \left[1 + \frac{A}{1-K} \ln \frac{1-K+A}{A} \right] \tag{8-39}$$

式中各常数的取值范围为：$0 < A < 10$，$0 < B < 1000$，$0.033 < K < 0.1$。

第二节　食品冷冻干燥设备

冷冻干燥设备是一个集真空、制冷、加热干燥、控制、清洗消毒等多功能于一体的复杂装置。它最早用于生物医药行业中，并且得到了迅速的发展。如干燥人体血浆、疫苗等各种生物活性材料和药品。冷冻干燥设备用于食品工业上略晚，而且发展相对较慢。目前，主要用于干燥某些特殊用途的食品或某些风味食品，如宇航食品、高价值保健食品、速溶咖啡、调味品等。冷冻干燥食品发展较慢的主要原因是冷冻干燥设备昂贵，生产率低。因此，降低设备造价、提高设备性能是发展冷冻干燥食品的主要因素。

一、食品冷冻干燥机型式

冷冻干燥机的型式可概括为以下几种：按冷冻干燥对象分，有医药冷冻干燥机和食品冷冻干燥机；按设备运行方式分，有间歇式冷冻干燥机和连续式冷冻干燥机；按加工容量分，有工业用冷冻干燥机和实验用冷冻干燥机，此外，还有按干燥箱能否进行预冻、能否自动加塞、能否自动清洗消毒等功能分类。食品冷冻干燥机有间歇式和连续式，而医药冷冻干燥机几乎均是间歇式。

1. 间歇式冷冻干燥机（batch type freeze dryer 或 intermittent freeze dryer）

间歇式冷冻干燥机的优点是：

1）适用于多品种、小产量的生产，特别是适合于季节性强的食品生产；

2）单机操作，如一台设备发生了故障，不会影响其他设备的正常运行；

3）便于设备的加工制造和维修保养；

4）便于控制物料干燥时不同阶段对加热温度和真空度的要求。

其缺点是：

1）由于装料、卸料和启动等预备性操作，使设备的利用率低，能量浪费大；

2）若满足一定量的生产要求，往往需要多台单机，且各单机均需配以整套的附属系统，使设备投资费用和操作费用增加。目前，先进的间歇式冷冻干燥机均有完善的集中控制系统，在各个干燥箱之间可实现顺序启动或交替工作的方式，实现多台机组的系统优化，从而可提高设备利用率，节省能量消耗。有代表性的间歇式冷冻干燥机为两种。一种是接触导热式；另一种是辐射传热式。

（1）接触导热式　这种冷冻干燥机如图 8-4 所示。主要用于医药生物制剂和液体食品（果汁、咖啡等）的生产。

其特点是，干燥箱内的多层搁板不但可以用来搁置被干燥的食品，而且，在食品预冻结时可提供冷量，在随后的干燥中可提供升华热量和解吸热量。

冷冻干燥过程如下：如果食品是在干燥箱外预冻结，在食品托盘移入干燥箱之前，必须对冷阱和干燥箱进行空箱降温，以保证冻结食品移入干燥箱后能迅速启动真空系统，避免已冻结食品发生融化。如果食品是在干燥箱内预冻结，当食品温度达到共晶点温度以下，冷阱温度达到约−40℃时，开启真空泵使干燥箱真空度达到工艺要求值。随着食品表面升华，搁板开始对食品加热，直至冷冻干燥结束。

在整个冷冻干燥过程中，虽然制冷系统、真空系统和加热系统均处于连续工作状态，但负荷变化却较大。其中比较明显的是制冷系统和真空系统。如在冷冻干燥开始时，制冷系统和真空系统的负荷约是整个干燥过程中各自平均值的2～3倍[7]。

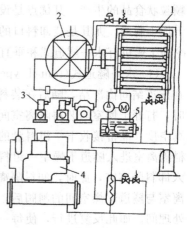

图8-4 接触导热间歇式
冷冻干燥机简图
1—干燥箱 2—冷阱 3—真空系统
4—制冷系统 5—加热系统

（2）辐射传热方式 这种间歇式冷冻干燥机的主体结构如图8-5所示，多用于食品冷冻干燥中。

它们的特点是，盛有食品的料盘悬于上下两块加热板之间，料盘与加热板不直接接触，而是通过吊车或小推车将料盘快速地移入干燥箱，如图8-5所示。多层加热板分排在干燥箱内的两侧。吊车沿导轨移动，从食品清洗、切分等预处理开始，再经过装盘和预冻结间后，最后将料盘及料车一起快速移入干燥箱中（图8-5a）。如果导轨在干燥箱的下方，将用小推车代替吊车。这时干燥箱外的导轨可以取消，用升降叉车代替，即由升降叉车将冻结后的料盘及料车快速移送到干燥箱门前，通过升降叉车使料车与干燥箱内的导轨衔接，再将料车沿导轨推入干燥箱。这种方式增加了干燥箱外部食品材料及附属设备移动的灵活性。

图8-5b所示为托盘滑移式。它的装卸料方式与图8-5a不同。外部吊车将盛有待加工的食品盘送到干燥箱右端，在专门推送机构作用下，只将料盘推入干

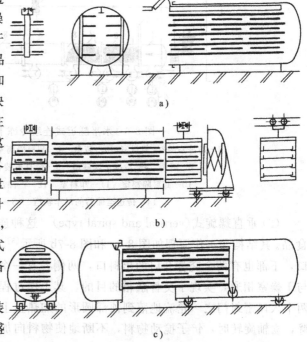

图8-5 辐射传热方式、间歇式冷冻干燥机简图

燥箱中，同时从左端将已干燥完的食品盘推出，再通过吊车将已干燥完的食品移送到包装处理间。图8-5c装卸料的特点是，用专用推车将料盘推入干燥箱中，干燥箱壳体可在导轨上沿轴向移动，这种装卸方式的优点是搁板清洗方便。

2. 连续式冷冻干燥机(continuous freeze dryer)

连续式冷冻干燥机适用于品种单一、产量大、原料充足的产品生产，尤其适用于浆状或颗粒状食品的生产。其优点是设备利用率高，便于实现自动化生产。而缺点是设备复杂，难于加工制造，尤其是装卸料口的真空密封问题需要更高的加工工艺。目前比较典型的连续式冷冻干燥机有水平隧道式和垂直螺旋式。

(1) 水平隧道式(tunnel type) 图 8-6 是水平隧道式连续式冷冻干燥机简图[7]。食品首先在预冻结间内冻结，随后在装料间内装盘，当装料隔离室的真空度达到隧道干燥室的真空度时，打开干燥室与装料隔离室间的闸阀，使料盘进入干燥室。关闭闸阀后破坏装料隔离室的真空度，准备接收下一组料盘的进入。卸料隔离室与装料隔离室的工作过程相辅相成，从装料隔离室进入隧道干燥室一组料盘的同时，已干燥好的一组料盘将从隧道干燥室的另一端进入卸料隔离室，此时，卸料隔离室的真空度已预抽空到隧道干燥室的真空度。当关闭卸料隔离室与隧道干燥室间的闸阀后，破坏卸料隔离室的真空，将干燥好的食品移送到卸料和包装处理间。如此反复进行，使每一次开闭闸阀都将有一组新的料盘送入，一组已干燥好的料盘推出。也就是说，从预冻结间进入装料隔离室和从卸料隔离室进入卸料间，隔离室内真空度的形成与破坏、闸阀的开启与关闭应该是相互关联的。在保证隧道干燥室的真空度情况下，待加工的食品不断地进入，加工后的食品不断地被移出，形成连续干燥作业状态。

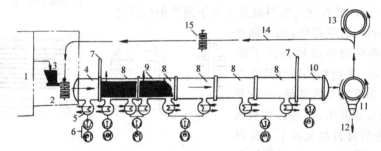

图 8-6 水平隧道式连续冷冻干燥机简图

1—冷冻室 2—装料室 3—装盘 4—装料隔离室 5—冷阱 6—抽气系统
7—闸阀 8—冷冻干燥隧道 9—带有吊装和运输装置的加热板
10—卸料隔离室 11—卸料室 12—产品出口 13—清洗装置
14—传送运输器的吊车轨道 15—吊装运输器

(2) 垂直螺旋式(vertical and spiral type) 这种连续式冷冻干燥机特别适用于加工颗粒状食品。其结构与工作原理如图 8-7a 和图 8-7b 所示[8]。中间干燥室上部有两个交替开启的进料口，下部也有两个交替开启的出料口，两侧各有一个相互独立的冷阱，通过大型的开关阀门与干燥室相通，实现了交替融霜的目的。其工作过程如下：经过预冻结的颗粒食品，从顶部两个入口密封门之一轮流地落到顶部圆形的加热盘上，干燥室的中央立轴上装有带铲的搅拌臂，立轴旋转时，铲子搅动物料，不断地使物料向加热盘外缘移动，直至从加热盘外缘落到直径较大的下一块加热盘上。在下一块加热盘上，铲子迫使物料向中心方向移动，一直移至加热盘内边缘而落入第三块加热盘上，此盘大小与顶部第一块盘相同。物料如此逐盘下落，直到从最底下的一块加热盘上落下，并从两只密封口之一卸出。物料从顶部落入到底部排出的运动轨迹实际上是一个螺旋线，而且颗粒在各个加热盘上所受到的温度也不同。以冷冻干燥质量分数为 40% 的咖啡为例。加热盘总面积为 175m²，咖啡颗粒从入口到出口经过了约

100min，除去水分量为 500kg/h，各层加热盘的温度是：前两个加热盘的温度约在 40℃，随后六个加热盘的温度约在 67℃，再后的二十一个加热盘温度约在 74℃，最后六个加热盘的温度约在 35℃。

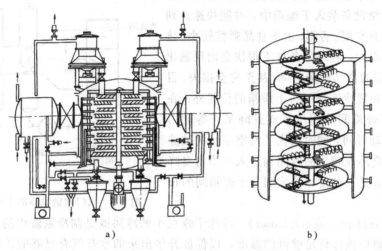

图 8-7　垂直螺旋连续式冷冻干燥机
a)结构简图　b)原理图

二、冷冻干燥机的主要组成

在不考虑食品预处理(清洗、切分、分级、漂烫等工艺)和后处理(检验、包装等工艺)情况下，食品冷冻干燥机的主要组成有制冷系统、真空系统、加热干燥系统和控制系统。这几个系统性能的好坏不但相互影响，而且也直接影响着整个冷冻干燥机的性能优劣，因此，设计好每一个系统都是至关重要的。

1. 制冷系统

食品冷冻干燥机中的冷负荷主要有两部分。一部分是冷冻干燥前食品预冻结的冷耗；另一部分是冷冻干燥过程中捕捉水蒸气的冷阱的冷耗。关于制冷原理及其设计以及食品冻结冷耗量的计算已在前几章中讲过，这里主要介绍食品预冻结方式和冷阱结构型式对整个冷冻干燥机的影响。

(1) 食品预冻结方式　食品预冻结可在干燥箱内完成，也可在干燥箱外专用的冷冻间或冷冻设备上完成。对于在干燥箱内完成预冻的方式，允许装箱人员在较宽的时间范围内将料盘逐盘地摆放在干燥箱搁板上。食品在料盘中是靠接触导热和箱内空气的自然对流完成冻结的。

食品在冷冻干燥中，一般均被切分成或制成块、丁、片、颗粒等形状，加工生产量较大。因此，目前大中型食品冷冻干燥厂普遍在干燥箱外增设一个专用的冷冻间或冷冻设备。其优点如下：

1) 在专用冷冻间或冷冻设备中，可采用强制对流换热冻结食品。与干燥箱内自然对流冷却冻结相比，其对流表面传热系数可增加 7～8 倍，提高了食品的冷却与冻结速度；

2) 提高了冷冻干燥机的利用率；

3) 避免干燥箱内预冻结与随后加热干燥而发生的冷热无为消耗。因为食品在干燥箱内预冻结时，箱体材料也随之降至很低的温度。当随后的加热干燥时，箱体材料要消耗部分热量来提高其温度；

4）快速冻结可使食品材料细胞破坏最小，生产出来的产品质量高。

然而，这种冻结方法要求短时间内将冻结食品从冷冻间或冻结设备装入干燥箱中，并能快速达到工艺所要求的真空度。否则，由于食品颗粒较小，热容量小，表面积大，在环境条件下很快会出现融化现象。使干燥后的食品质量下降，甚至完全损失。目前，除了合理布置冷冻场所与干燥箱的位置外，在冷冻场所至干燥箱间采用吊车或升降叉车等动力设施以缩短移动时间，同时增大了真空系统的抽除能力，使冻结食品在较短的时间内进入升华自身降温阶段。图 8-8 是一种食品冷冻间与干燥箱间的布局图[8]。

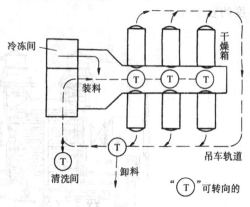

图 8-8　双门间歇式冷冻干燥机布置图

（2）冷阱（cold trap 或 condenser）　冷冻干燥机中的冷阱既是制冷系统中的蒸发器。在冷冻干燥中，冷阱应该保持足够低的温度，以保证升华出来的水蒸气有足够的扩散动力，同时避免水蒸气进入真空泵。实践表明，对于多数食品的冷冻干燥，冷阱表面温度在 $-40\sim-50℃$ 之间已能满足干燥要求。而对于某些共晶点较低的食品，冷阱表面温度必须足够低，以保证水蒸气的扩散动力。冷阱应该有足够的捕水面积。捕水面积过小，将增加冰霜层的厚度，使冷阱捕水性能下降；冷阱捕水面积过大，将造成材料浪费和结构庞大等问题。我国目前常以冷阱表面结霜厚度 $4\sim6mm$ 为设计标准。

冷阱结构有螺旋盘管式和平板式。螺旋盘管和平板的放置方式应该保证盘管或平板表面结霜均匀，同时对不凝结气体的流动阻力要小。

2. 真空系统

真空系统应保证能在一定的时间内抽除水蒸气和干空气，维持干燥箱内食品水分升华和解吸所需的真空度。因此，真空系统的主要性能指标应该是，①具有水蒸气抽除能力；②干燥箱空载极限真空度足够低；③干燥箱出口处有效抽速满足要求。

目前，在食品冷冻干燥中既能直接抽除水蒸气，又能满足性能指标②、③的真空泵只有水蒸气喷射泵（steam ejectors），其他真空泵如水环泵和水喷射泵或是达不到上述性能指标②、③的要求；或是不具备抽除水蒸气的能力（油封式机械泵）。不具备性能指标②、③的真空泵目前不能单独用于食品真空冷冻干燥系统中，只能与其他泵组合使用。而不具备性能指标①的真空泵目前广泛采用与冷阱配合的工作方式。因此，食品冷冻干燥机中真空系统有两种。一种是不带冷阱的水蒸气喷射泵真空系统；另一种是带有冷阱的油封式机械真空泵系统。

（1）带有冷阱的真空系统　食品冷冻干燥中，将有大量的水蒸气从食品中升华出来。例如，在温度 $-20℃$ 和压力 103Pa 条件下，1g 冰升华将变为 $1m^3$ 水蒸气，如果每秒钟有 $10\sim100g$ 冰升华，将有 $10\sim100m^3$ 水蒸气。抽除这样大量的水蒸气无论是对油封式真空泵还是常用的罗茨泵都很难胜任，况且油封式真空泵若被水蒸气污染，将导致抽气能力下降甚至因泵温升高而发生停泵现象。在真空泵进口前增设一个冷阱，将 $1m^3$ 的水蒸气重新变成 1g 的冰，不但保护了真空泵，而且可大大减少所需的真空泵台数。真空泵仅用来抽除系统中初始大气、食品材料释放出来的不凝结气体和少量水蒸气以及系统从外部渗漏的气体。常见带有冷阱的真空系统组合方案如下：

图 8-9a 是用油封式机械泵和冷阱组成的真空系统，主要用在实验干燥机和中小型冷冻干燥机上。干燥箱升华出来的水蒸气经过 1—2 通道被冷阱捕捉；而材料释放的不凝结气体、系统渗漏气体以及少量的水蒸气经过 1—2—3 被真空泵抽除。为了减少水蒸气流动阻力，提高真空管路的流导，上述 1—2—3 通道均应尽量制造成短而粗的管路。在设计时，应该根据系统压力合理选择真空泵、管路尺寸、管路弯头、阀门附件以及管路串、并连结构方式等内容。

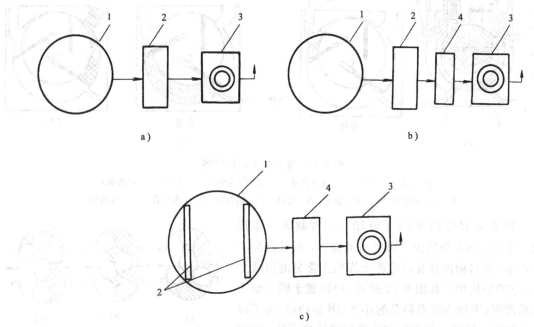

图 8-9 带有冷阱的真空系统

1—干燥箱 2—冷阱 3—真空泵 4—罗茨泵

在食品冷冻干燥机上，油封式机械真空泵主要有旋片泵（rotary vane pump）和滑阀泵（slipping valve pump），如图 8-10 所示。这种泵能在较宽的压力范围内工作，而且由于带有气镇阀（gas ballast），使该泵能容许少量抽除水蒸气。

图 8-9b 是食品冷冻干燥机上常见的真空系统。它与图 8-9a 的不同点是，在冷阱和油封真空泵之间增设了一台罗茨泵，系统中的不凝结气体在这种传递方式下被抽除。此时油封真空泵被称为前级泵或预抽泵，而罗茨泵称为主泵。

罗茨泵（Roots pump 或 Roots blower）是由泵壳和一对双叶或多叶形相向高速旋转的转子组成的，见图 8-11。由于罗茨泵不像旋片泵那样对气体进行压缩，因而它不需要排气阀，而且，对可凝结的水蒸气也有较强的抽除能力。罗茨泵虽然在较宽的压力范围内（$1.33 \times 10^2 \sim 1.33 Pa$）具有很高的抽速，但其最大排气压力约在 $4 \times 10^3 Pa$ 以下。也就是说，罗茨泵不能将气体直接排向大气，而需要配置一台前级泵。前级泵与主泵的串联使用是为了发挥泵的各自最大效率。

食品冷冻干燥初期要求能尽快抽除系统内的大气和水蒸气，达到升华所需要的真空度，这时油封真空泵具有很高的抽速；而食品冷冻干燥过程中，系统压力往往在 100Pa 以下，这时油封式真空泵的抽速较低，而罗茨泵在此压力范围内的抽速却很高，见图 8-12。

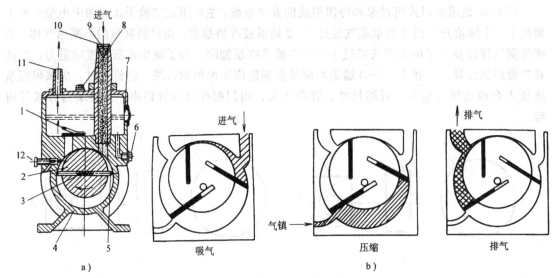

图 8-10　旋片泵工作原理图

1—排气阀　2—转子　3—支撑弹簧　4—定子(泵体)　5—旋片　6—放油螺塞
7—油标观察窗　8—加油螺塞　9—滤网　10—进气管　11—出气管　12—气镇阀

图 8-9c 是由图 8-9b 干燥箱与冷阱制成一体形成。这种方案不但减少了机组占地面积，而且提高了生产率，是目前国外食品冷冻干燥机上常见的型式之一。它的结构型式如图 8-13 所示。冷阱置于圆筒形干燥箱两侧，中间为装有料盘的小车(图 8-13a)。为了减少或避免干燥箱中加热板与冷阱间的冷热干扰，同时还要保证水蒸气流动畅通，在冷阱与料车之间设置了百叶式挡板。如果冷阱置于干燥箱底部或端部时(图 8-13b)[8]，用隔板或阀门将其与加热板隔开，通过交替融霜和交替工作的方式，使冷阱结霜厚度小，冷阱表面传热性能好，同时取消了每一个班次间融霜所占用的时间。

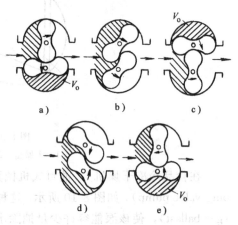

图 8-11　罗茨泵工作原理简图

当系统真空度达到要求值以后，系统内的气体主要是水蒸气，冷阱是维持真空的主要部件。真空泵此时只抽除系统渗漏和材料释放的不凝结气体，负荷远远小于开始运行时的负荷，这时往往只运行抽速较小的油封式真空泵或单独配置一套抽速较小的真空泵组，并称此阶段为维持阶段。

(2) 不带冷阱的真空系统　主要指水蒸气喷射泵。它能将不凝结气体和水蒸气一并抽除。其特点是结构简单，无相对运动部件，成本低，但必需配备蒸汽锅炉和有充分的水源。目前，国内外均有此类食品冷冻干燥机。其工作

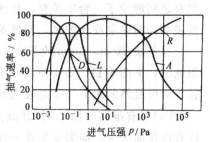

图 8-12　几种真空泵的特性曲线

D—扩散泵　R—油封机械真空泵
A—罗茨泵　L—油增压泵

原理为，利用高压蒸汽通过喷嘴时所形成的低压高速气流，将食品材料中的水蒸气和空气等不可凝性气体吸走(图 8-14)。当高压蒸汽不断从喷嘴喷出时，干燥箱内的空气和水蒸气就不断地被低压高速气流吸走，使干燥箱形成真空。吸走后的蒸汽流经升压后在冷凝器中冷凝成水，而不可凝结气体经过以下多级抽除，最终达到生产工艺要求。水蒸气喷射泵一般在 5 级以上，但采用性能先进的水蒸气喷射泵，二级即可满足较大冷冻干燥设备的真空度要求[8]。

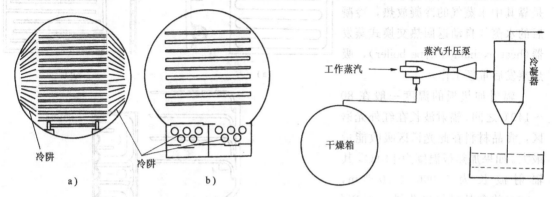

图 8-13　两种干燥箱与冷阱配置图　　　　　图 8-14　水蒸气喷射泵简图

除上述真空系统外，还有罗茨泵＋水环泵；罗茨泵＋水力喷射泵；水蒸气喷射泵＋水环泵等。其中罗茨泵＋双级水环泵比较适合于食品冷冻干燥要求，目前国内已有配套产品，如 ZJ600＋ZJ300＋2SK－12 罗茨泵水环泵机组，其极限真空可达 10Pa，ZJ1200A＋ZJ300＋ZJL－150＋2S－230 机组，其极限真空可达 $9×10^{-2}$Pa。丹麦阿特拉斯 RAY75 型食品冷冻干燥机在维持阶段即采用罗茨泵＋水环泵机组。

3. 加热干燥系统

加热干燥系统主要包括干燥箱体和加热元件。

（1）干燥箱体(drying chamber)　干燥箱体有圆筒形和矩形两种。矩形干燥箱有效空间大，但受力差，用材料多且不易加工。而圆筒形干燥箱与矩形干燥箱的特点正好相反。采用什么形状的干燥箱主要与制造厂家的工艺技术特点有关。目前，大中型食品冷冻干燥机的干燥箱以圆筒形居多。为了避免真空状态下箱体受外压变形，矩形干燥箱一般均采用槽钢、角钢或工字钢在箱体外加固；圆筒形干燥箱在长径比较小情况下，圆筒周边可不用加强肋。

（2）加热方式(heating types)　加热方式有直接加热和间接加热两种。直接加热一般均采用外包绝缘矿物材料和金属保护套的电热丝，其结构如图 8-15a 所示。这种加热方式要求加热搁板有一定的厚度，以获得均匀的搁板温度并避免搁板受热后发生翘曲。电热丝直接加热的特点是结构简单，易实现自动控制，但热惯性较大。

间接加热即利用各种热源在干燥箱外部将载热介质首先加热，然后再泵送至干燥箱内搁板中。加热热源有电、煤、气等。载热介质有水蒸气、水、矿物油、乙二醇和水的混合液等。为了获得均匀的加热温度和较低的流动阻力，加热搁板内的结构形式很重要。图 8-15b 是在上下薄板间设置栅格，形成大通道的中空结构。载热介质在这种结构中流动阻力小，搁板(shelf)温度比较均匀，但其耐压性较差。此外，还有一种结构是下层搁板压制成波纹状，而上层搁板仍为平板，两层板连接起来组成载热介质通道的形式。这些带有流动通道结构的搁板通过软管与干燥箱外热源连接起来，形成加热回路。在某些带有预冻结功能的冷冻干燥机上，载热介质也是载冷介质。在设备开始运行的预冻结阶段，搁板通道与干燥箱外的冷源构成回路。当进入升华与解吸阶段，搁板通道与干燥箱外的热源构成回路。这种起两种作用的介质，其物理性质应该在较宽温度范围内比较稳定。

图 8-15c 是一种悬臂式搁板（cantilever shelves）。各搁板的加热是靠其中水蒸气的冷凝放热，冷凝后的水蒸气自动返回热交换式蒸发器（heat-exchanger type boiler），吸热蒸发后重新工作。

辐射加热板的温度一般在 80～140℃之间，辐射波长在红外光谱区，食品材料在此光谱区吸收能量最大。如果加热板温度为 140℃，其辐射波长为 70000×10^{-10} m，-20℃ 的食品材料可获得 1.4kW/m² 的能量。但随着食品温度的上升，它与加热板之间的温差减少，辐射传递的能量也就剧烈降低。

利用微波高频电磁场（915MHz 和 2450MHz）使极性水分子快速旋转而发热，是目前食品冷冻干燥最

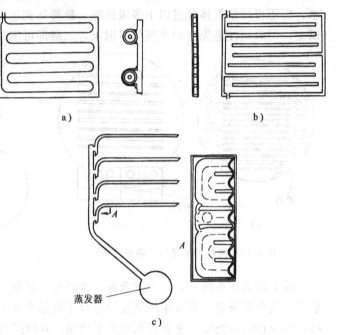

图 8-15　几种加热搁板的型式[8]

具有潜力的能源之一。它可以穿过已干层在食品内部产生热量，解决了真空状态下传热不良的问题；同时由于升华界面温度高，有利于水蒸气向外扩散。如冷冻干燥 13mm 厚的牛排，若用微波只需 4～6h 即可完成；而用传导式加热则需 11～13h。虽然用微波作干燥能源有许多优点，但目前在食品冷冻干燥中还处于试验研究阶段。主要问题有：①某些几何形状的食品在微波下发生热量不均匀现象，如直径在 20mm 至 65mm 的球状食品，其中心出现过热现象；一些食品的边、角处也常常过热，使食品质量下降；②真空状态下的辉光放电（corona 或 to glow discharge）使食品质量发生变化，产生异味。辉光放电主要发生在 13～666Pa 绝对压力范围内，降低干燥箱的压力可以降低或避免发生上述现象的可能性。但压力过低，要求冷阱温度更低，使制冷设备投资和运行费用均增加；③微波调控较难。如果供给微波能超过升华所需的热量，升华界面温度将上升，导致局部融化。由于水的损失系数（loss factor）远远高于冰和干物质（表8-1），水将吸收更多的热量，使融化迅速增加而导致干燥失败；④成本高，约是蒸汽加热的 10 倍。

表 8-1　冻结牛肉、解冻牛肉和冷冻干燥牛肉在频率 3000MHz 下的介电性质[1]

温度/℃	损　　失　　系　　数	
	冻结与解冻牛肉	冷冻干燥牛肉
-40	0.083	0.0058
-17.8	0.293	0.0079
4.4	10.56	0.0122

（3）物料容器　物料容器影响食品冷冻干燥中的传热与传质性能和液体食品干制后的形状。因此，它应该满足如下条件：①有较好的传热性能，同时利于食品材料的传热与传质；②有足够的强度和刚度，保证在装卸料过程中和冷热条件下不变形；③清洗消毒容易，避免存在死角；④装卸料容易，通用性好，能满足多种形状食品材料的生产要求。常见的容器有不锈钢盘、铝盘和塑料盘。为了提高容器的传热与传质性能，盘的深浅、盘内栅格数量和型式、涂料以及塑料中的填充剂等均不同。有的容器外另加金属膨胀网以提高导热接触面积。图 8-16 所示是几种典型的食品冷冻干燥容器[8]，其性能见表 8-2。

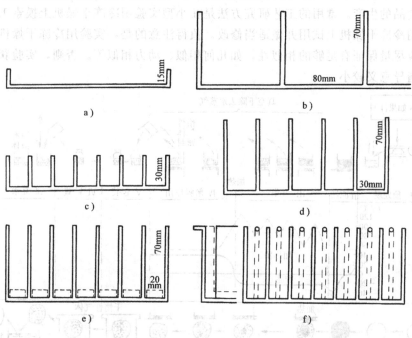

图 8-16　食品冷冻干燥容器

a)适于搁板或辐射热源的浅盘　b)适于散放物料的深盘　c)可置于搁板上或悬挂的加肋盘
d)带翅片的标准盘　e)两侧和底部开孔的窄格盘　f)相间搁板带有开孔的窄盘

表 8-2　隧道式冷冻干燥机容器性能比较

容 器 类 型	(a)型 置上下辐射板 间，栅格间距 80mm	(b)型 置上下辐射板 间，栅格间距 110mm	(c)型 与加热板为一 体，栅格间距 110mm	(e)型 置加热板上, 栅格间距 140mm	(f)型 置加热板 上，栅格间距 140mm
干燥箱单位容积具有的加 热面积 Z_1/m²/m³	12.5	9.15	12.5	6.85	6.85
装料量/kg·m⁻²	8.0	15	15	28	26
生产周期/h	8.5	8	8	14	7
初始干燥速率/ kg·(m²·d)⁻¹	22.5	45	45	48	90
总干燥速率 Z_2/ kg·(m³·h)⁻¹	4.7	6.8	9.3	5.5	10.3
性能(Z_2/Z_1)/ kg·(m²·h)⁻¹	0.37	0.75	0.75	0.8	1.5

第三节　食品冷冻干燥工艺

食品冷冻干燥工艺流程如图 8-17 所示[9]，大致可分为预处理（preparation and pretreatment）、冷冻干燥（freeze-drying）、包装贮藏（conditioning-packing and storage）、复水（rehydration）等四个过程。其中冻结和干燥两个过程是整个工艺的重点内容。由于食品种类、品种、预处理方式、冻结快慢以及冷冻干燥机性能等多因素影响，目前没有一个通用的工艺技术能适用于多种食品的生产。常用的工艺研究方法是在小型实验用冷冻干燥机上摸索工艺参数，随后在工业用冷冻干燥机上试用并做适当修改。值得注意的是，实验用冷冻干燥机与工业用冷冻干燥机应尽量保证有足够的相似性，如几何相似、动力相似等。否则，实验获得的工艺参数对生产指导意义较小。

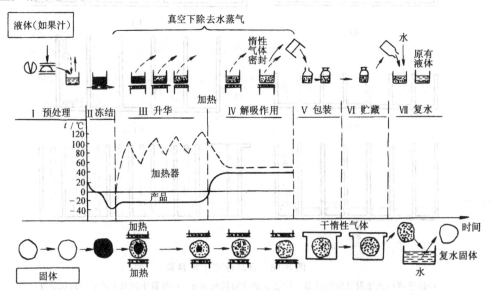

图 8-17　食品冷冻干燥工艺流程

一、预处理（preparation and pretreatment）

指冻结前对食品进行必要的物理和化学处理。主要内容有：清洗、分级、切分、漂烫、杀菌、添加抗氧化等反应制剂、浓缩等。食品材料不同，预处理内容也不同。现分述如下：

1. 果蔬类食品的预处理

对果蔬类食品预处理的目的是尽量减少其营养成分和色、香、味在加工、贮运中的损失，同时利于传热与传质。冷冻干燥是在低温和无氧环境下完成的，对果蔬食品中的氧化酶和过氧化酶以及非酶褐变（non-enzymatic browning）反应有很好地抑制作用，以使加工出来的产品与新鲜食品比较接近。但由于冷冻干燥也是保存这些酶活性的最好方法之一，因此，冷冻干燥的果蔬食品，其酶活性不但没有下降，反而由于相对浓度的增加，使食品在贮藏中或食用前容易出现变色、变味、营养成分损失等现象。漂烫是钝化蔬菜中酶活性的常用方法（表 8-3）。通常将其在沸水中（95～100℃）浸泡数分钟，或用蒸汽熏蒸数分钟均可达到很好效果。水果预处理可用漂烫或用硫磺熏蒸，其中硫磺熏蒸不但可以钝化酶活性，也可以抑制水果中常见的非酶褐变（美拉德反应，Maillard reaction），一般取水果重量的 0.1～0.4% 的硫磺，在密闭室中熏蒸 0.5～5h 即可。

表 8-3　冷冻干燥前部分蔬菜漂烫条件[10]

蔬　菜	漂烫时间/min	蔬　菜	漂烫时间/min
龙须菜	热水 2～4	白菜	热水 1～1.5
蚕豆	热水 2～4	葱	热水 1～1.5
青豆	5%食盐热水 5～10	芋头	热水 8～12
菜豆	热水 2～4	辣椒	热水 2～4
菠菜	热水 1～2	菜花	蒸汽 4～5

漂烫除上述作用外，还能除去部分水分和气体，软化细胞组织，使水分在冷冻干燥时易于扩散。但漂烫也使部分水溶性和热敏性营养成分损失，有些果蔬食品漂烫后口感和风味也发生变化。是否需要漂烫处理应该根据具体的食品种类、食用方式以及包装贮藏条件而定。如采用真空包装或充惰性气体包装可减缓某些不良反应。

切分成型也是预处理工艺中的主要内容，尺寸大小和切分形状应该根据是否有利于冷冻干燥中的传热与传质，是否符合食用习惯，是否有利于包装贮运等因素而定。实验表明，颗粒尺寸过大或过厚会使冷冻干燥周期显著增加，一般干燥时间与食品厚度呈立方关系。颗粒小使升华表面积增加，干燥时间短，但过小将造成切分时营养汁液流失多。

2. 肉类、鱼类食品预处理

对这类食品的预处理主要有剔除肥膘、切分、蒸煮和添加必要的抗氧化剂等。肉类脂肪极易氧化分解，尤其是经过冷冻干燥加工后更易产生异味和变色，如鲑鱼和鳗鱼在冷冻干燥后 38℃下贮藏 2～3 周即出现氧化变质。食品经冷冻干燥后自由表面积增加 100～150 倍，使脂肪颗粒充分暴露在有氧的环境下，加速腐败过程。切分可在冻结、半冻结和未冻结状态下进行，一般切分成片状或丁状。蒸煮不但除去部分水，同时也更方便食用。因此，肉类和鱼类食品在冷冻干燥前蒸煮较多。此外，为了减少脂肪、蛋白质和色素氧化，可适当添加抗氧化剂，如 L-抗坏血酸、D-异抗坏血酸、磷酸脂、维生素 E 等；为了抗糖类引起的褐变(browning)，一般添加葡萄糖氧化酶或酵母等，甚至在屠宰之前对活体注射某种制剂，改善肉类的嫩度(tenderness)和持水能力。

3. 液体食品的预处理

主要指果汁、咖啡、蔬菜汁、茶叶和调味品提取汁、蛋汤等食品。预处理主要有杀菌、浓缩、制粒、添加各种抗氧化、抗结块等制剂。一般果蔬提取汁的浓度(质量分数)在 8%～15%之间，浓度过低不但增加了升华负荷，同时由于固形物少，在真空状态下容易随气流流失。因此，冷冻干燥液体食品一般取浓度(质量分数)30%～50%为好(表 8-4)。浓缩应该尽量在低温下进行，如低温蒸发、冻结浓缩或反渗透浓缩等。为了增加液体食品的升华表面积，液体食品常在大的浅盘中冻结成表面积较大的薄片，如果将冻结后的食品在低温下进行粉碎或采用低温喷雾的方法制成均匀颗粒，升华干燥效果更好。

二、冷冻干燥(freeze-drying)

冷冻干燥阶段主要包括冻结、升华干燥和解吸干燥。

1. 冻结

表 8-4　冷冻干燥前部分液体食品合理浓缩质量分数

材　料	质量分数/%	材　料	质量分数/%	材　料	质量分数/%
葡萄汁	45～50	苹果汁	40～50	咖啡	30～35
柠檬汁	40～45	西红柿	25～35	全乳	40～50
密柑汁	50～55	绿茶	30	油	25～30
菠萝汁	50～60	红茶	30～35	味素	30～53

降温速率和冻结温度对食品质量及冷冻干燥速率的影响非常大。冻结方式可分为预冻结和蒸发自冻结两种。预冻结是利用冻结装置中的冷源将食品冻结；而蒸发自冻结是靠食品在真空中自身蒸发吸热冻结。液体食品常采用预冻结，否则在真空状态下将发生飞溅现象。固体食品，尤其是干制品外观要求不严的食品，如鱼片、碎熟肉、芋头等，可以采用预冻结或蒸发自冻结方式。蒸发自冻结方法简单、迅速，而且能除去部分水分，但系统应配有抽除水蒸气的真空系统，否则，冷阱负荷过大。

快速冻结可获得均匀致密的干制品，其细胞膜和蛋白质受破坏小，复水后食品弹性好，持水力强，但干燥中水蒸气扩散阻力大。慢速冻结形成的冰晶大，细胞膜和蛋白质受破坏也大，使部分结合水游离结晶，这种食品复水后与鲜食品差别较大。然而，在咖啡生产中，常用慢速冻结获得深褐色的干制品。

冻结温度是衡量冻结是否结束的主要参数。由于食品中含有大量的糖类、有机酸类、矿物盐、脂肪、蛋白质等多种成分，多数食品在冻结时并不能在一个温度下结晶，而是在一个温度范围内结晶，最后在各晶粒周围剩下一层不能结晶的高浓缩物质，这时可称为最大冻结浓度点或最低共晶点。目前冻结结束的温度常用低于其共晶点 5～10K 为参照值。共晶点温度可以通过实验测得，如常用的差示扫描量热法(DSC)、差示热分析法(DTA)和简易电阻法。由于测试方法不同以及食品材料的多样性，尤其是水分含量和性质差异使冻

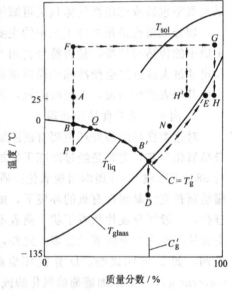

图 8-18　食品冷冻干燥温度与形态关系

结温度或共晶点温度的报道差别较大。近几年人们对食品玻璃化的研究成果给冷冻干燥工艺研究提供新的途径。如图 8-18 所示，图中 C 点即是上述最大冻结浓度点，其对应的温度 T_g' 称为部分玻璃化转变温度，其值可实际测量或根据食品含糖种类与数量计算获得(表 8-5)。图中 D 点即是冻结结束点[11]。

2. 干燥

在升华干燥阶段尽量使供给升华界面的热量等于升华所需的热量，保证冻结层不融化、干燥层不塌陷。在解吸干燥阶段保证食品不塌陷(collapse)、不焦化(scorch)，并有合适的最终剩余水分(residual moisture content)。其过程如图 8-18 中 DCE 所示，随着升华进行，多孔层在增加，水分减少，粘度增加，承受的加热温度也在增加。当达到 E 点时，其温度仍低于对应的玻璃化转变温度，干燥产品比较稳定。如果在干燥过程中，多孔层温度超过了相同水分所

对应的玻璃化转变温度，多孔层将出现微观流动和塌陷。因此，玻璃化转变线 T_g 对冷冻干燥中多孔层不塌陷、加热温度调整以及最终剩余水分都具有指导意义。图 8-19 是两种典型的冷冻干燥曲线。

表 8-5　一些果蔬食品部分玻璃化转变温度

食品材料	部分玻璃化转变温度 $T_g'/℃$	食品材料	部分玻璃化转变温度 $T_g'/℃$	食品材料	部分玻璃化转变温度 $T_g'/℃$
桔子汁	-37.5 ± 1.0	草莓	$-33\sim-41$	甜玉米鲜胚乳	-14.5
草霉汁	$-41\sim-32.5$	紫黑浆果	$-32\sim-41$	甜玉米(漂烫)	-9.5
菠萝汁	-37.5	桃	-36.5	甜玉米(超市)	-8
梨汁	-40	香蕉	-35	土豆	$-12\sim-16$
苹果汁	-40.5	苹果	-41	菜花茎	-25
李子汁	-41	花椰菜茎	-26.5	菜花头	≈0
白葡萄汁	-42.5	花椰菜头	-11.5	芹菜	≈0
柠檬汁	-43 ± 1.5	菠菜	-17	胡萝卜	-25.5
西红柿	-41.5	青豆	-27.5		

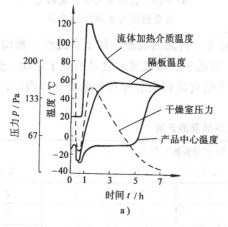

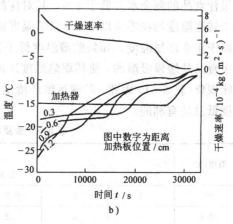

图 8-19　导热和辐射传热方式下干燥工艺曲线

三、包装与贮藏(conditioning-packing and storage)

前面已经讲过，尽管冷冻干燥食品的含水率很低，若酶活性未被钝化，仍会发生酶促反应。此外，多孔疏松结构使食品极易吸湿和氧化，尤其是含糖和有机酸较高的果汁等食品，尽管在真空状态下贮藏，如果贮藏温度偏高，也极易出现结块、塌陷、变色等现象，使果汁粉末失去其速溶性而变成不易溶解的块状体。因此，冷冻干燥食品的包装与贮藏是一个重要的生产环节。

一般要求包装材料安全、无毒副作用、不吸湿、不透气、能遮光并有一定的机械强度，能适合于机械填充、密封以及容易贮运和使用。常见的包装容器有：复合薄膜袋、马口铁罐、铝拉罐、棕色玻璃瓶和聚丙烯杯等。马口铁罐、铝拉罐、棕色玻璃瓶和聚丙烯杯均属于硬包装。

棕色玻璃瓶和聚丙烯杯口通常用蜡纸或铝箔热封后，再用带有螺纹的盖子旋紧。使用时按杯上说明复水后即可食用，如速溶汤等。复合薄膜袋属于软包装，由于适用于包装各种食品和材料，而且，目前复合薄膜袋生产量大，成本低，是包装冷冻干燥食品的常用材料。复合薄膜袋的常见构成有：铝箔/聚乙烯；聚乙烯/铝箔/聚乙烯；聚酯/金属喷涂/聚乙烯等多样多层结构。以三层结构为例，一般要求内层材料能够很好地热封；外层材料能够印刷上食品商标和说明；中间层材料与内外层材料一起能够共同阻止氧气、水蒸气和光线进入。

上述各种包装材料均能部分阻止氧气和水蒸气的渗入，为了能更长久更安全地贮藏食品，往往还采取包装袋中放干燥剂、包装袋中充惰性气体或抽真空等方法。包装环境要求相对湿度在20%～40%之间，温度在20℃左右，无阳光直射。贮藏环境的温湿度也应该尽量低些，否则仍可出现吸湿变质现象。图8-20是常见食品成分玻璃化转变温度与食品含水率的关系[12]，图中可见，水分越低，玻璃化转变温度就越高，承受塌陷的能力就越强。冷冻干燥食品的最终剩余水分往往在2%～5%之间，有些果汁食品的剩余水分低于2%，其对应的玻璃化转变温度均在零度以上，而塌陷温度接近

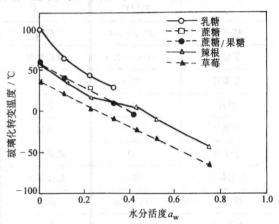

图 8-20 食品常见成分玻璃化
转变温度与水分活度关系

或高于正常环境温度。如果贮藏温度低于其塌陷温度，食品的疏松结构不会改变。然而，实际中食品是缓慢吸湿的，使其塌陷温度逐渐下降，当低于贮藏温度时食品出现了结块、变色、变味现象（表8-6）。因此，贮藏运输环境温度应该根据食品剩余水分和含糖成分等确定，一般温度低总是有利的。

表 8-6 菠萝汁粉末结块需要的天数

温度/℃	含 水 率（质量分数）/%						
	1.8	2.1	2.3	2.7	3.0	3.2	3.7
38	2	2	2	2	2	2	2
32.2	4	4	2	2	2	2	2
29.4	14	14	9	6	4	2	2
26.7	21	21	14	6	4	4	2
21.1	63	56	42	14	9	7	2

参 考 文 献

1 A. Goldblith，L. Rey and W. W. Rothmayr. Freeze Drying and Advanced Food Technology. London：Academic Press，1975

2 R. Heldman and R. P. Singh. Food Process Engineering. 2nd edition USA：AVI Publishing Company，1981

3 Romeo T. Toledo. Fundamentals of Food Process Engineering. 2nd ed. New York：Van Nostrand Reinhold，1991

4　Millman M. J. , Liapis A. I. , and Marchello J. M. Guidelines for the desirable operation of batch freeze driers during the removal of free water. Journal of Food Technology，1984(19)725-738

5　李云飞，华泽钊. 质量传递控制下的冻干特性研究. 制冷学报，1997(3)，23-27

6　Dyer D. F. and Sunderland J. E. The role of convection in drying. Chemical Engineering Science，1968(23) 965-970

7　赵鹤皋，林秀诚编著. 冷冻干燥技术. 武汉：华中理工大学出版社，1990

8　McN Dalgleish. Freeze-Drying For the Food Industries. London：Elsevier Science Publishers LTD 1990

9　孙时中，张孝若，边增林译. 食品工业制冷技术. 北京：轻工业出版社，1986

10　刘玉魁. 食品的真空冷冻升华干燥. 真空与低温，1988(5)，23-31

11　Slade L and Levine H. Beyond water activity：Recent advanced based on an alternative approach to the assessment of food quality and safety. Critical Reviews in Food Science and Nutrition，30(2-3)，1991，115-360

12　Roos Y and Karel M. Plasticizing effect of water on thermal behavior and crystallization of amorphous food models. J of Food Science，56(1)，1991，38-43

4. Williams S L, Chaney L W and Knockles J N. Continuous……the drying apparatus of……of fresh fruits and vegetables, the……proceed of frozen fruits and vegetables. Trade……1958, 21:735.
5. Doe P E and Soedjarto I. T. Chem. Rep……Th: ……
6. Doe L N and Soedjarto I S G. The rate of convection in drying. Chemical Engineering Science, 1963, 22: 9-16.
7. 廖锦成. 一级近似法. 电子管, 第七卷. 北京: 机械工业出版社. 1978
8. Mux Dhoulet. E G. K………Engineering for……on d……in the process……book, Trade. Technology Publications, 1982. 85-154.
9. 梁志超. 张又. 主编. 化学工程设计手册……东北工程……1988. 1-2
10. 熊博钟. 傅才昌. 傅锦强. 化学反应工程原理……南工业大学出版社. 1987.5

第九章 冷却装置和冻结装置

第一节 冷却方法和装置

按照冷却介质和热交换的方式，冷却方法主要可分为：①冷风冷却；②冷水冷却；③碎冰冷却；④真空冷却。其中，冷风冷却将在冷藏库一章中详细讲述。

一、冷水冷却(Cold Water Chilling)[1,8]

冷水冷却装置一般分为喷淋式、浸渍式和混合式（喷淋和浸渍）三种，其中喷水式应用的最多。

图 9-1 为鱼类喷淋式冷却装置示意图。该装置主要由冷却隧道、海水冷却器、喷嘴、水泵、制冷机组等组成。制冷机组的蒸发器用来冷却海水，使水温保持在 0～－10℃，由喷嘴从上向下喷到鱼舱内的鱼体上，喷下的海水经过过滤后，重新循环。

混合式冷却装置一般采用先浸渍、后喷淋的步骤。

冷水冷却通常用于禽类、鱼类和某些果蔬，特别是对鲜度下降较快的水果，如桃子等更为适用。大多数产品不允许用液体冷却，因为产品的外观会受到损害，而且失去了冷却以后的贮藏能力。

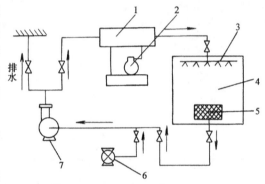

图 9-1 海水冷却装置示意图
1—海水冷却器 2—制冷机组 3—喷嘴 4—鱼舱
5—过滤网 6—船底阀 7—循环水泵

同冷风冷却相比较，冷水冷却有如下优点：①避免了干耗；②冷却速度大大加快；③所需空间减少；④对于某些产品，成品的质量较好。

这种方法的缺点是可能产生污染。例如，在冷却家禽时，如果有一个禽体上染有沙门氏菌，就会通过冷水传染给其它禽体，影响成品质量。

二、碎冰冷却(Ice Chilling)[2]

冰的相变潜热为 334.5kJ/kg，具有较大的冷却能力，是一种很好的冷却介质。用冰冷却时，除了较高的冷却速度外，融解的冰可以一直使食品的表面保持湿润，防止干耗的发生。

用来冷却食品的冰有淡水冰和海水冰两种，淡水冰又有透明冰和不透明冰之分。透明冰轧碎后，接触空气面小，不透明冰则反之。海水冰的特点是没有固定的融点，在贮藏过程中会很快地析出盐水而变成淡水冰，用来贮藏虾时降温快，可防止变质。表 9-1 是常用碎冰的密度和比体积。

为了提高碎冰冷却的效果，要求冰要细碎，冰与被冷却的食品接触面积要大，冰溶化后生成的水要及时排出。

表 9-1 碎冰的密度和比体积

碎冰的规格/cm×cm×cm	密度/kg·m⁻³	比体积/m³·t⁻¹
大块冰(10×10×5)	500	2.0
中块冰(4×4×4)	550	1.82
细块冰(1×1×1)	560	1.78
混合冰(大块冰和细块冰混合从 0.5 到 12)	625	1.60

在海上冷却鱼类时，要求在容器的底部和四壁先加上冰，随后层冰层鱼，薄冰薄鱼。冰可以是淡水冰，也可以是海水冰，用轧碎冰、鳞片状冰、板状冰、管状冰、雪花状冰等都有。冰粒要细，撒布要均匀，融冰水要及时排出。

冰冷却的特点是：冰无害、便宜；能使冷却表面湿润、有光泽，减少干耗；冷却速度快。这就是冰被广泛地用于冷却、冷藏以及鱼类的冷却运输的原因。它也用在叶类蔬菜的冷却和运输及某些食品的加工中，如香肠的碎肉加工。

三、真空冷却(Vacuum Chilling)

真空冷却又叫减压冷却。其原理是真空降低水的沸点，促使食品中的水分蒸发，因为蒸发潜热来自食品的本身，从而使食品温度降低而冷却。其示意图如图 9-2 所示。

真空冷却主要用于蔬菜的快速冷却。整理后的蔬菜装入打孔的纸板箱后，推进真空冷却槽，关闭槽门，开动真空泵和制冷机。当压力达到 667Pa 时，水在 1℃ 时就沸腾了，所以，随着真空冷却槽内压力的降低，蔬菜中所含的水分在低温下迅速汽化。所吸收的汽化热使蔬菜本身的温度迅速下降。由于冷却速度快（20～30min），水分蒸发量也只有 2%～4%，因此不至于影响蔬菜新鲜饱满的外观。真空冷却是目前最快的一种冷却方法。

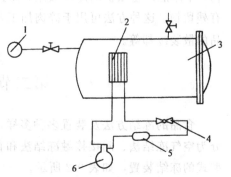

图 9-2 真空冷却示意图
1—真空泵 2—冷却器 3—真空冷却槽
4—膨胀阀 5—冷凝器 6—压缩机

水在 667Pa 的压力、1℃ 的温度下变成水蒸气时，体积要增大近 20 万倍，即使用二级真空泵来抽，消耗了很多的电能，也不能使真空冷却槽内的压力很快降下来。所以装置中增设了制冷设备，使大量的水蒸气冷凝成水而排出，保持了真空冷却槽内稳定的真空度。

真空冷却的主要优点是冷却速度快、时间短；冷却后的食品贮藏时间长；易于处理散装产品；若在食品上事先喷撒水分，则干耗非常低。缺点是装置成本高，少量使用时不经济。

四、其它冷却方法简介[7]

1. 热交换器冷却(Liquid Chilling in Heat Exchangers)

这种冷却形式用于液体的散装处理，像牛乳、液体乳制品、冰淇淋混合物、啤酒、葡萄汁、酒、果汁等。

热量通过固体壁从液体食品传递给循环的冷却介质。冷却介质可以是制冷剂或载冷剂。冷却介质应该对食品无毒性和污染性，对金属无腐蚀性。

液体冷却器主要有多管式、落膜式（或表面式）、套管式等几种形式。其示意图如图9-3所示。

2. 金属表面接触冷却（Contact Chilling on Metal Surfaces）

该装置是连续流动式的，它装着一条环状的厚约1mm的钢质传送带，在传送带下方冷却或直接用水、盐水喷淋，也可以滑过固定的冷却面而冷却。这种系统的冷却速度高，甚至可以将半流质的食品倒在传送带上进行冷却。

3. 低温介质接触冷却（Contact Chilling with Cryogenics）

主要用液态的 CO_2 和 N_2。液体 CO_2 在通过小孔径板膨胀的时候，将变为汽固两相的混合物，干冰能产生很快的冷却效果，而且转换时没有残留物。这种方法可用于碎肉加工，糕点类食品的散装冷却等。

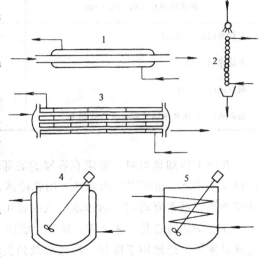

图 9-3　液体冷却器的型式
1—套管式　2—落膜式　3—多管式
4—夹层容器式　5—盘管式

第二节　冻结方法和装置

食品的冻结方法及装置多种多样，分类方式不尽相同。按冷却介质与食品接触的方式可分为空气冻结法、间接接触冻结法和直接接触冻结法三种。其中，每一种方法均包含了多种型式的冻结装置，如表9-2所示。

表 9-2　冻结方法的分类

空 气 冻 结 法	间接接触冻结法	直接接触冻结法
隧道式冻结装置	平板式冻结装置	载冷剂接触冻结
传送带式冻结隧道	卧式平板式冻结装置	低温液体冻结装置
吊篮式连续冻结隧道	立式平板式冻结装置	液氮冻结装置
推盘式连续冻结隧道	回转式冻结装置	液态 CO_2 冻结装置
螺旋式冻结装置	钢带式冻结装置	R_{12} 冻结装置
流态化冻结装置		
斜槽式流态化冻结装置		
一段带式流态化冻结装置		
两段带式流态化冻结装置		
往复振动式流态化冻结装置		
搁架式冻结装置*		

注：搁架式冻结装置将在第十章"食品冷藏库"中作详细的介绍。

第三节 空气冻结法

在冻结过程中，冷空气以自然对流或强制对流的方式与食品换热。由于空气的导热性差，与食品间的换热系数小，故所需的冻结时间较长。但是，空气资源丰富，无任何毒副作用，其热力性质早已为人们熟知，所以，用空气作介质进行冻结仍是目前应用最广泛的一种冻结方法。

一、隧道式冻结装置（Tunnel Freezer）

隧道式冻结装置共同的特点是：冷空气在隧道中循环，食品通过隧道时被冻结。根据食品通过隧道的方式，可分为传送带式、吊篮式、推盘式冻结隧道等几种。

1. 传送带式冻结隧道（Conveyor Freezing Tunnel）

简单地讲，传送带式冻结装置由蒸发器、风机、传送带及包围在它们外面的隔热壳体构成。该装置有多种型式，现介绍其中的一种：LBH31.5型带式冻结隧道（图9-4）[3]。

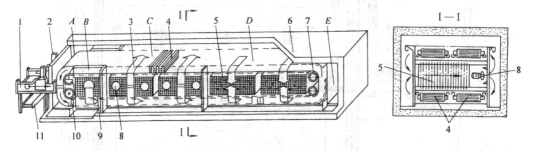

图 9-4 LBH31.5型带式冻结隧道（前东德生产）

1—装卸设备 2—除霜装置 3—空气流动方向 4—冻结盘 5—板片式蒸发器
6—隔热外壳 7—转向装置 8—轴流风机 9—光管蒸发器
10—液压传动机构 11—冻结块输送带
A—驱动室 B—水分分离室 C、D—冻结间 E—旁路

LBH31.5型冻结装置的传输系统为两条平行工作的液压驱动链式传送带，上面放置冻结盘，为了加强换热，盘的外部加上了翅片。盘盖能自动开关，为了产生必要的挤压力，并考虑到产品在冻结过程中的膨胀，盘盖还富有一定的弹性。

装置开始运行时，首先将冻结盘4放在装卸设备1上，盘被自动推上传送带并合盖后，液压传动机构10驱动传送带逐步向前移动，使冻结盘4通过驱动室A进入水分分离室B。在分离室内，粘附在盘子外面的大部分水被去除，剩余的水分则结成冰，保证水分不被带入冻结间C和D内，以免蒸发器结霜。食品的冻结过程是在冻结间C和D内进行的，轴流风机8吸入经板片式蒸发器5冷却的冷空气，向冻结盘压送。为加速冻结过程，并保证食品降温的均匀性，在各个冻结间内，气流流过盘子的方向互为反向。冻结盘到达转向装置7时，改变运动方向，随后平稳地返回装卸设备1。此时，冻结盘自动脱出链条卡扣，在除霜装置2上经过热蒸汽加热后，被送至端部位置并翻转，盘盖自动打开，食品冻块落在输送带11上，传输到外面后包装贮藏。至此，一次冻结过程结束。

传送带式冻结隧道可用于冻结块状鱼（整鱼或鱼片）、剔骨肉、肉制品、果酱等。特别适合于包装产品，而且最好用冻结盘操作，冻结盘内也可以放散装食品。

LBH31.5型装置的蒸发温度为-41℃，空气平均流速为9.5m/s。对于中等大小的青鱼，在进货温度5℃和热中心温度为-25℃的条件下，平均冻结能力为30t/天。

该装置的特点是投资费用较低，统用性强；自动化程度较高。

2. 吊篮式连续冻结隧道(continuous hanger Freezing Tunnel)

装置的结构如图9-5所示[4]。家禽经宰杀并晾干后，用塑料袋包装，装入吊篮1中，然后吊篮上链，由进料口9被传送链10输送到冻结间内。在冻结间内首先用冷风吹约10min，使家禽表面快速冷却，达到色泽定型的效果。然后吊篮被传输到喷淋间2内，用-24℃左右的乙醇溶液（浓度约40%~50%）喷淋5~6min，家禽表面层快速冻结。离开喷淋间后，吊篮进入冻结间，在连续运行过程中，从不同的角度受到风吹，使家禽各处温度均匀下降。最后，吊篮随传送带到达卸料口，冻结过程结束。

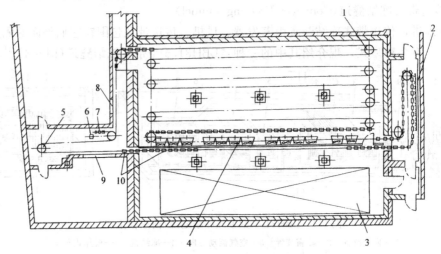

图9-5　吊篮式连续冻结装置

1—横向轮　2—乙醇喷淋系统　3—蒸发器　4—轴流风机　5—张紧轮
6—驱动电机　7—减速装置　8—卸料口　9—进料口　10—链盘

乙醇溶液喷淋装置的蒸发器用镀锌翅片管制作，乙醇溶液用离心泵送往喷嘴喷淋。冷风由落地式冷风机组供给，冷风机组的蒸发器为干式翅片排管，配轴流风机若干台。输送链采用可拆链，链速由冻品的冻结时间和生产能力确定，一般为0.4~1.2m/min。当仅使用强制吹风而不用乙醇喷淋时，链速为1.2m/min，经过3h冻结，可使禽体中心温度降至-16℃。如采用乙醇喷淋时，冻结时间可以缩短，同时，传送链速度必须提高。

吊篮式连续冻结隧道目前主要用于冻结家禽等食品。

吊篮式连续冻结隧道的特点是：机械化程度高，减轻了劳动强度，提高了生产效率；冻结速度快、冻品各部位降温均匀，色泽好，质量高。

这种装置的主要缺点是结构不紧凑、占地面积较大，风机耗能高，经济指标差。

3. 推盘式连续冻结隧道(continuous pushing-tray Freezing Tunnel)

这种装置的主要由隔热隧道室、冷风机、液压传动机构、货盘推进和提升设备构成。如图9-6a所示[5]。

食品装入货盘后，在货盘入口由液压推盘机构推入隧道，每次同时进盘两只，货盘到达第一层轨道的末端后，被提升装置升到第二层轨道，如此往复经过三层，在此过程中，冻品被冷风机强烈吹风冷却，不断地降温冻结，最后经出口推出，每次出盘也是两只。

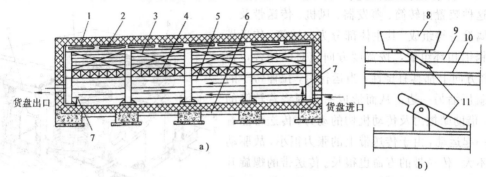

图 9-6　推盘式连续冻结隧道示意图

1—绝热层　2—冲霜淋水管　3—翅片蒸发排管　4—鼓风机

5—集水箱　6—水泥空心板　7—货盘提升装置

8—货盘　9—滑轨　10—推动轨　11—推头

货盘推进设备的推头装置如图 9-6b 所示[6]。货盘底部焊有两条扁钢，承放在两道扁铁组成的滑轨上，每对滑轨有两个推动装置。在液压系统的作用下，推头顶住盘底的扁钢，将货盘向前推进。当推头后退复位时，被货盘后端的扁钢压下，滑过后，由于偏心作用，推头自动抬起，复位并进入推进状态。通过推头的反复动作，货盘便向前移动。另外，还有两个提升装置，将货盘分层提升。

冻结时间可通过改变货盘传送速度进行调整，可调范围为 40～60min。这种冻结装置可以根据具体情况做成多层或多排输送结构。冷风机放在旁侧吹风，效果也较好。

推盘式连续冻结隧道主要用与冻结果蔬、虾、肉类副食品和小包装食品等。

这种装置的特点是：连续生产，冻结速度较快；构造简单、造价低；设备紧凑，隧道空间利用较充分。

隧道式冻结装置还有许多型式，限于篇幅，这里不一一介绍。但由上述可以看出，隧道式冻结装置的基本结构都是相似的，主要区别在于冻品的传送方式。但无论其传送方式如何变化，最终应能够保证两点：一是尽量加快食品降温速度，并保证冻结的均匀性；其二是使装置实现自动化、连续化操作，减小劳动强度。

在隧道式冻结装置中，增大风速，可缩短冻结时间，加快食品冻结速度。但从第五章可知，当风速达到一定值时，继续增大风速，冻结速度的变化却非常小，另外，风速增高还会增大干耗，所以，风速的选择应适当。上述讲到的吊篮式冻结隧道，增设了乙醇喷淋装置，这可大大加快食品降温速度。在经济性等因素合理的条件下，类似的低温液体喷淋方法是隧道冻结装置的一大特色，不失为提高冻结速度的一个较好的办法。

食品冻结不均匀，是由于其表面的气流不均匀造成的，在食品通过隧道的过程中，如果冷风总是从食品的一侧通过，食品两侧的温度就不均匀。气流在改变流向或通道断面变化时，很难保证均匀分布，为了组织好气流，可采用导风板、强制通风室等措施。

间歇式冻结装置生产效率低，以人工操作为主，劳动条件差，所以隧道式冻结装置应设计为自动化、连续化操作，这样，热交换均匀，冻结时间短、效率高，并可大大节省劳动力。

二、螺旋式冻结装置(Spiral Belt Freezer)

为了克服传送带式隧道冻结装置占地面积大的缺点，可将传送带做成多层，由此出现了螺旋式冻结装置，它是 70 年代初发展起来的，结构示意图如图 9-7 所示[7]。

这种装置由转筒、蒸发器、风机、传送带及一些附属设备等组成。其主体部分为一转筒，传送带由不锈钢扣环组成，按宽度方向成对的接合，在横、竖方向上都具有挠性。当运行时，拉伸带子的一端就压缩另一边，从而形成一个围绕着转筒的曲面。借助摩擦力及传动机构的动力，传送带随着转筒一起运动，由于传送带上的张力很小，故驱动功率不大，传送带的寿命也很长。传送带的螺旋升角约 2°，由于转筒的直径较大，所以传送带近于水平，食品不会下滑。传送带缠绕的圈数由冻结时间和产量确定。

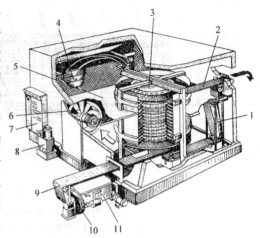

图 9-7　螺旋式冻结装置

1—平带张紧装置　2—出料口　3—转筒
4—翅片蒸发器　5—分隔气流通道的顶板
6—风扇　7—控制板　8—液压装置　9—进料口
10—干燥传送带的风扇　11—传送带清洗系统

被冻结的食品可直接放在传送带上，也可采用冻结盘，食品随传送带进入冻结装置后，由下盘旋而上，冷风则由上向下吹，与食品逆向对流换热，提高了冻结速度，与空气横向流动相比，冻结时间可缩短 30% 左右。食品在传送过程中逐渐冻结，冻好的食品从出料口排出。传送带是连续的，它由出料口又折回到进料口。

螺旋式冻结装置也有多种型式，近几年来，人们对传送带的结构、吹风方式等进行了许多改进，例如，沈阳新阳速冻设备制造厂采用了国际上先进的堆积带做成传送带；美国弗列克斯堪的约公司在传送带两侧装上链环等。1994 年，美国约克公司改进吹风方式，并取得专利，如图 9-8 所示[8]，冷气流分为两股，其中的一股从传送带下面向上吹，另一股则从转筒中心到达上部后，由上向下吹。最后，两股气流在转筒中间汇合，并回到风机。这样，最冷的气流分别在转筒上下两端与最热

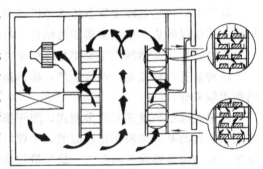

图 9-8　气流分布示意图
(York Food System 1995)

和最冷的物料直接接触，使刚进冻的食品尽快达到表面冻结，减少干耗，也减少了装置的结霜量。两股冷气流同时吹到食品上，大大提高了冻结速度，比常规气流快 15%～30%。

螺旋式冻结装置适用于冻结单体不大的食品，如饺子、烧麦、对虾，经加工整理的果蔬，还可用于冻结各种熟制品，如鱼饼、鱼丸等。

螺旋式冻结装置有以下特点：

1) 紧凑性好。由于采用螺旋式传送，整个冻结装置的占地面积较小，其占地面积仅为一般水平输送带面积的 25%。

2) 在整个冻结过程中，产品与传送带相对位置保持不变。冻结易碎食品所保持的完整程度较其它型式的冻结器好，这一特点也允许同时冻结不能混合的产品。

3) 可以通过调整传送带的速度来改变食品的冻结时间，用以冷却不同种类或品质的食

品。

4）进料、冻结等在一条生产线上连续作业，自动化程度高。

5）冻结速度快，干耗小，冻结质量高。

该装置的缺点是，在小批量、间歇式生产时，耗电量大，成本较高。

三、流态化冻结装置(Fluidized bed)

1. 流态化基本原理[9,10]

图 9-9 为流态化实验装置简图。该装置的主体为一圆筒,筒下端有一多孔的布风板,用来支撑颗粒物料。布风板上的物料层称为床层,在圆筒体的上下部之间安装一个 U 形管压差计,测量床层阻力。观察气床层高度、床层中颗粒的运动状态等的关系。

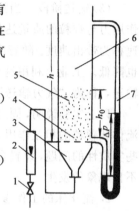

图 9-9　流态化实验装置
1—调节阀　2—转子流量计
3—下锥体　4—布风板
5—颗粒床层　6—筒体
7—压差计

设 u 为空床速度，则 $u = \dfrac{q_v}{A}$ （9-1）

式中　q_v——流体的体积流量，单位为 kg/m³；

A——床层横截面积。

而　　　　　　　$\varepsilon = V_F/V_T = (V_T - V_S)/V_T$ （9-2）

式中　ε——床层空隙率；

V_F——颗粒间空隙的体积，单位为 m³；

V_T——床层总体积，单位为 m³；

V_S——颗粒所占的体积，单位为 m³。

床层阻力是指气体流过床层的压力降 Δp。当气体通过布风板向上吹时，随着气流速度的增大，床层将发生如图 9-10 所示的变化，相应的气流速度与 Δp 的关系如图 9-11 所示。

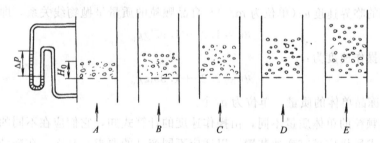

图 9-10　流化床结构与气流速度的关系
A—固定床　B—松动层　C—流态化开始
D—流态化展开　E—输送床

图 9-10 中的床层状态主要包括以下三种基本形式。

（1）固定床阶段　当气体流速较低时，气流从颗粒间穿过，其对颗粒的作用力还不足以使颗粒运动，物料层静止不动，床层高度不变，这称为固定床(图 9-10A)。但从图 9-11 可以看出，床层压力降随气流速度的增大而增大，当流速增大到一定值，压力降等于单位面积床层上物料的实际质量时，床层开始松动并略有升高，床层空隙率也稍有增加，但床层整体并无明显的运动，如图 9-10B 所示。

（2）流态化阶段　进一步提高流速至图 9-11 中的 B 点，颗粒开始被流体吹起并悬浮在气流中，颗粒间相互碰撞、混合，床层高度明显上升，整个床层呈现出类似液体沸腾的形态，达到流态化阶段(见图 9-10C、图 9-10D)。

对应于 B 点的气流速度 v_k 称为临界流化速度,也叫起始流化速度。此时的床层处于不稳定状态,极易形成"流沟"。流沟的出现使气流分布不均匀,大部分气体不能与物料颗粒充分接触便通过。流沟若出现在食品流态化冻结过程中,不但降低冻结速度,引起食品冻结不均匀,而且白白地浪费冷量。这种不稳定的流沟状态如图 9-11 中的曲线 II 所示。理想的状态应为曲线 I 的 CD 段。

(3)输送阶段 当流速继续增加到某一数值,气流对颗粒的作用力与颗粒的质量达到平衡时,颗粒将被气流带走,此时的流速称为带出速度。随着床层内颗粒减少,空隙率增加,床层压力也降低。工业上利用这个原理可将颗粒物料象流体一样用管道输送,称为"气力输送",如图 9-10E 所示。

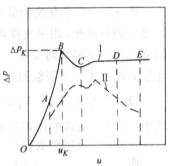

图 9-11 气流速度与
床层压力降的关系

以上实验说明,固定床、流化床和气力输送等现象的实质为流体和颗粒的相互作用。要实现食品的流态化冻结,就应抓住这些实质性的问题,设置合理的工作参数,避免不利因素的影响和不良现象的发生。

2. 流化床的工作参数

(1)临界流化速度和操作速度 临界流化速度对于流化床的设计、操作、运行是一个重要的参数。临界流化速度是由固体颗粒及流体介质的性质所决定的,其大小表示流态化形成的难易程度。临界流化速度的理论计算公式中,含有某些实践中难以确定的量,从而限制了它的应用。实际上,人们常使用一些经验公式,但由于归纳公式的实验条件不同,每个经验公式的使用范围都有一定的局限性。根据 A.G. 费根的研究,果蔬食品流化床的临界速度 u_K(单位为 m/s)与食品颗粒的质量呈抛物线关系,即

$$u_K = 1.25 + 1.95 \lg g_p \tag{9-3}$$

而正常的操作速度为:

$$u_K = 2.25 + 1.95 \lg g_p \tag{9-4}$$

式中 g_p——冻品单体的质量,单位为 g/个。

不同食品颗粒的单体质量不同,由操作速度的计算式知,它们应在不同的风速下进行冻结。因此,要求风机应带有变速装置,以适应不同产品的要求;其次,在冻结过程的不同阶段,应采用不同的风速。

(2)风机压力 风机的压力主要用于克服食品层阻力、布风板阻力、蒸发器阻力、流动阻力和一些局部阻力。其中后三项可按常规方法计算,在此不作介绍。

1)食品层阻力

$$\Delta p = H_0(1-\varepsilon_0)(\rho_s-\rho_f)g \tag{9-5}$$

式中 Δp——食品层的阻力降,单位为 N/m²;

H_0——食品层的静态高度,单位为 m;

ε_0——食品颗粒床层的空隙率,$\varepsilon_0 = 1 - \rho_b/\rho_s$;

ρ_b——颗粒的堆积密度,单位为 kg/m³;

ρ_s——颗粒本身密度,单位为 kg/m³;

ρ_f——空气的密度，单位为 kg/m³；

g——重力加速度，单位为 m/s²。

2）布风板的阻力：在流化床中，布风板即用于支撑物料，同时又是冷风的分布板，使气流均布，造成良好的起始流化条件。

布风板的阻力与气流速度及布风板的开孔率有关。由于依据的条件不同，计算公式也不尽相同。根据实验，一般取布风板阻力为食品层阻力的 10～40%。

（3）风机功率

$$P=\frac{Q_p}{3.6\times10^6\eta_F}\tag{9-6}$$

式中　P——风机轴功率，单位为 kW；

　　　Q——风量，单位为 m³/h；

　　　p——风机压力，单位为 Pa；

　　　η_F——风机效率。

3. 流态化冻结装置的结构形式

食品流态化冻结装置，按其机械传送方式可分为：斜槽式流态化冻结装置；带式流态化冻结装置，其中又可分为一段带式和两段带式流态化冻结装置；振动流态化冻结装置，其中包括往复振动和直线振动流态化冻结装置二种。如果按流态化形式可分为全流态化和半流态化冻结装置。

（1）斜槽式流态化冻结装置(Fluidizing Tilted-Trough Freezer)　斜槽式流态化冻结装置也称盘式流态化冻结装置，如图9-12所示[7]。这种冻结器没有传送带，其主体部分为一块固定的多孔底板(称为槽或盘)，槽的进口稍高于出口，以便食品可借助风力自动向前移动。冻结的食品由滑槽连续排出，作业是连续化的。

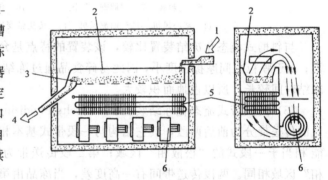

图 9-12　斜槽式流态化冻结装置示意图
1—进料口　2—斜槽　3—排出堰
4—出料口　5—蒸发器　6—风机

在斜槽式流态化冻结装置中，产品层的厚度可达到 120～150mm，虽然厚度增加可使冻结量提高，但风机的能量消耗也将过多。产品层的厚度，冻结时间和冻结产量，均可通过改变进料速度和排出堰的高度来调节。

该装置的蒸发温度在 -40℃ 以下，垂直向上的风速为 6～8m/s，冻品间风速为 1.5～5m/s，冻结时间一般为 5～10min。

斜槽式流态化冻结装置的主要特点是构造简单、成本低；冻结速度快，冻品降温均匀，质量好。

（2）一段带式流态化冻结装置(One-belt Fluidizing Freezer)　装置示意图如图9-13所示。与斜槽式冻结装置不同，在该装置中，产品是靠传送带输送，而不是借助气动来通过冻结空间的。

冻品首先经过脱水振荡器 2，去除表面的水分，然后随进料带 4 进入"松散相"区域 5，此时的流态化程度较高，食品悬浮在高速的气流中，从而避免了食品间的相互粘结。待到食品表面冻结后，经"匀料棒" 6 均匀物料，到达"稠密相"区域 7，此时仅维持最小的流态化程度，使食品进一步降温冻结。冻结好的食品最后从出料口 14 排出。

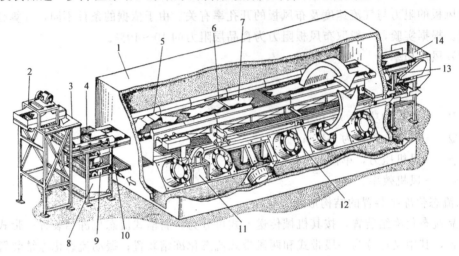

图 9-13　一段带式流态化冻结装置示意图

1—隔热层　2—脱水振荡器　3—计量漏斗　4—变速进料带　5—"松散相"区

6—匀料棒　7—"稠密相"区　8、9、10—传送带清洗、干燥装置

11—离心风机　12—轴流风机　13—传送带变速驱动装置　14—出料口

与斜槽式流态化冻结装置比较，该装置的特点是允许冻结的食品种类更多、产量范围更大；由于颗粒之间摩擦强度小，因此易碎食品通过冻结间时损伤较小。但由于食品厚度较小、冻结时间较长，所以占地面积大。

（3）两段带式流态化冻结装置(Two-belts Fluidizing Freezer)　该装置将一段带式冻结装置的传送带分为前后两段，其它结构与一段带式基本相同。第一段传送带为表层冻结区，功能相当于一段式的"松散相"区域；第二段传送带为深温冻结区，功能与一段式的"稠密相"区域相同。两段传送带间有一高度差，当冻品由第一段落到第二段时，因相互冲撞而有助于避免彼此粘结。

与一段带式冻结装置相比，两段式系统更适合于大而厚的产品，如肉制品、鱼块、肉片、草莓等。上层带子的移动速度可比下层带子的快三倍，这样，上层带子上的产品层较薄，再加上该段的气流速度也较高，从而防止了食品颗粒粘结。

（4）往复振动式流态化冻结装置(Vibration Fluidising Freezer)　图 9-14 为国产往复振动式流态化冻结装置[11]。其主体部分为一带孔不锈钢钢板，在连杆机构带动下作水平往复式振动。钢板厚 2～3mm，孔径 3mm，孔距 8mm，每 500mm 长度上为一孔群，间隔 20mm，以增强流化床的强度。脉动旁通机构为一旋转风门，可按一定的角速度旋转，使通过流化床和蒸发器的气流量时增时减（约 10%～15%），因而可以调节到适于各种食品的脉动旁通气流量，以实现最佳流态化。

装置运行时，食品首先进入预冷设备，表面水分被吹干，表面硬化，避免了相互间的粘连。进入流化床后，冻品受钢板振动和气流脉动的双重作用，冷气流与冻品充分混合，实现了完全的流态化。冻品被包围在强冷气流中，时起时伏，象流体般向前传送，确保了快速的冻结。这种冻结方式消除了流沟和物料跑偏现象，使冷量得到充分有效的利用。

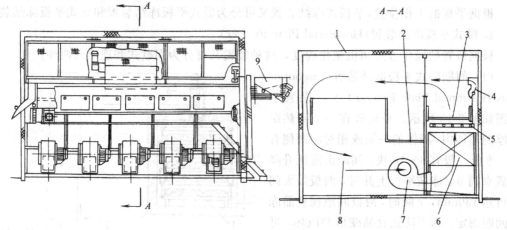

图 9-14　QLS往复振动式流态化冻结装置
1—隔热箱体　2—操作检修廊　3—流化床　4—脉动旋转风门
5—融霜淋水管　6—蒸发器　7—离心风机　8—冻结隧道　9—振动布风器

流态化冻结装置适用于冻结球状、圆柱状、片状、块状颗粒食品，尤其适于果蔬类单体食品的冻结。

流态化冻结装置具有冻结速度快、耗能低和易于实现机械化连续生产等优点。

用流态化冻结装置冻结食品时，由于高速冷气流的包围，强化了食品冷却、冻结的过程，有效传热面积较正常冻结状态大 3.5～12 倍，换热强度也大大提高，从而大大缩短了冻结时间。这种冻结方法已被食品冷加工行业广泛采用。

流态化冻结装置的型式虽然多种多样，但在设计和操作时，应主要考虑以下几个方面：冻品与布风板、冻品与冻品之间不粘连结块；气流分布均匀，保证料层充分流化；风道阻力小，能耗低。另外，对风机的选择、冷风温度的确定、蒸发器的设计等也应以节能高效，操作方便为前提。

第四节　间接接触冻结法

间接冻结法指的是把食品放在由制冷剂（或载冷剂）冷却的板、盘、带或其他冷壁上，与冷壁直接接触，但与制冷剂（或载冷剂）间接接触。对于固态食品，可将食品加工为具有平坦表面的形状，使冷壁与食品的一个或二个平面接触；对于液态食品，则用泵送方法使食品通过冷壁热交换器，冻成半融状态。

一、平板冻结装置(Plate Freezer)[12]

平板冻结装置的主体是一组作为蒸发器的空心平板，平板与制冷剂管道相连，它的工作原理是将冻结的食品放在两相邻的平板间，并借助油压系统使平板与食品紧密接触。由于食品与平板间接触紧密，且金属平板具有良好的导热性能，故其传热系数高。当接触压力为 7～30kPa 时，传热系数可达 $93～120W/(m^2 \cdot K)$。

平板冻结装置有分体式和整体式两种形式，分体式将装有冻结平板及其传动机构的箱体、制冷压缩机分别安装在两个基础上，在现场进行连接；整体式将冻结器箱体与制冷压缩机组组成一个整体，特点是占地面积小，安装方便。

根据平板的工作位置，平板式冻结装置又可分为卧式平板冻结装置和立式平板冻结装置。

1. 卧式平板冻结装置(Horizontal Plate Freezer)

根据装置的操作方式和机械化程度，这种装置又可分为间歇式和连续式两种。

(1) 间歇卧式平板冻结装置(Discontinuous Horizontal Plate Freezer)[5,6] 装置示意图如图 9-15 所示。平板放在一个隔热层很厚的箱体内，箱体的一侧或相对的两侧有门。平板一般有 6～16 块，间距由液压升降装置来调节，冻结平板上升时，两板最大间距可达 130mm，下降时，两板间距视食品冻盘间距而定。为了防止食品变形和压坏，可在平板之间放入与食品厚度相同限位块。冻结时，先将冻结平板升至最大间距，把食品放入，再降下上面的冻结平板，压紧食品。依次操作，直至把冻盘放进各层冻结平板中为止。然后供液降温，进行冻结。

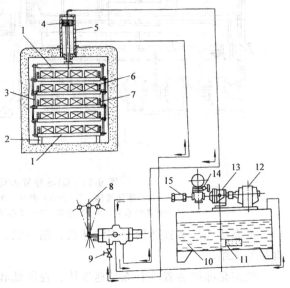

图 9-15 间歇卧式平板冻结装置

1—冻结平板 2—支架 3—连接铰链 4—液压元件
5—液压缸 6—食品 7—限位块 8—四通切换阀
9—流量调整阀 10—油 11—过滤器
12—电动机 13—泵 14—安全阀 15—逆止阀

该装置的液压系统见图 9-15，液压缸位于箱体的上部，为双作用形式，下压时使食品压紧于两平板之间，食品冻好时又将平板拉开。

间歇卧式平板冻结装置的主要缺点是装卸需要劳动力多，操作时有停工期(每个周期10～30min)。

(2) 连续卧式平板冻结装置(Continuous Horizontal Plate Freezer) 装置示意图如图 9-16 所示。食品装入货盘 1 并自动盖上盖 2 后，随传送带向前移动，并由压紧机构 3 对货盘进行预压缩，最后，货盘被升降机 4 提升到推杆 5 前面，由推杆 5 推入最上层的两块平板间。当这两块平板之间填满货盘时，再推入一块，则位于最右面的那个货盘将由降低货盘装置 7 送到第二层平板的右边缘，然后被推杆 8 推入第二层平板之间。如此不断反复，直至全部平板间均装满货盘时，液压装置 6 压紧平板，进行冻结。冻结完毕，液压装置松开平板，推杆 5 继续推入货盘，此时，位于最低层平板间最左侧的货盘则被推杆 8 推上卸货传送带，在此盖从货盘上分离，并被送到起始位置 2，而货盘经翻转装置 9 翻转后，食品从货盘中分离出来。经翻转机构 12 再次翻转后，货盘由升降机送到起始位置 1，重新装货，如此重复，直至全部冻结货盘卸货完毕时，平板间又填满了未冻结的货盘，再进行第二次冻结。除货盘装货外，所有操作都是按程序自动完成的。

卧式平板冻结装置主要用于冻结分割肉、肉副产品、鱼片、虾及其它小包装食品的快速冻结。

2. 立式平板冻结装置(Vertical Plate Freezer)

立式平板冻结装置的结构原理与卧式平板冻结装置相似，只是冻结平板垂直排列，如图9-17所示。平板一般有20块左右，冻品不需装盘或包装，可直接倒入平板间进行冻结，操作方便。冻结结束后，冻品脱离平板的方式有多种，分上进上出、上进下出和上进旁出等。平板的移动、冻品的升降和推出等动作，均由液压系统驱动和控制。平板间装有定距螺杆，用以限制两平板间的距离。

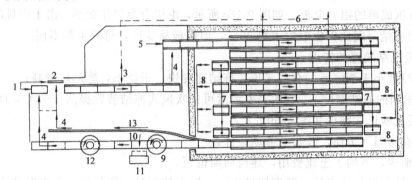

图 9-16　连续卧式平板冻结装置

1—货盘　2—盖　3—冻结前预压　4—升降机　5—推杆　6—液压系统

7—降低货盘的装置　8—液压推杆　9—翻盘装置　10—卸料

11—传送带　12—翻转装置　13—盖传输带

立式平板冻结装置最适用于散装冻结无包装的块状产品，如整鱼、剔骨肉和内脏，但也可用于包装产品。

与卧式冻结装置比较，立式平板冻结装置不用贮存和处理货盘，大大节省了占用的空间。但立式的不如卧式的灵活，一般只能生产一种厚度的块装产品。

3. 冻结平板的结构

冻结平板的两面均与食品（或冻盘）接触，因此要平直，平板内腔为制冷剂（或载冷剂）的通道。平板有以下几种形式：

（1）异形管拼装平板　异形管的内腔为矩形，外侧一边为燕尾形凹槽，另一边为燕尾形凸榫，若干根异形管凹凸拼装，组成平板，如图9-18a所示。

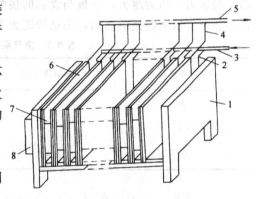

图 9-17　立式平板冻结装置结构示意图

1—机架　2、4—橡胶软管　3—供液管　5—吸入管

6—冻结平板　7—定距螺杆　8—液压装置

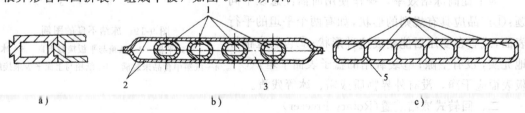

图 9-18　冻结平板结构示意图

1—制冷剂通道　2—钢板　3—真空层　4—制冷剂通道　5—挤压成形的铝板

（2）焊接平板　图 9-18b 是焊接结构的一种。首先将钢管在一块钢板上定位、焊接。然后在另一块钢板上沿钢管中心线钻孔，钻孔钢板复在槽钢上并找正、定位，最后根据钻孔填焊。由于平板与钢管接触面较小，影响了传热效果。

（3）矩形无缝管焊接平板　矩形无缝钢管拼焊在一起就构成冻结平板，制造工艺简单、方便。平板焊接后校平、试压，然后镀锌。

（4）挤压成形的铝合金板　如图 9-18c 所示，由铝合金挤压成形。由于铝材的热导率高，所以铝板的冻结时间比钢板缩短了约 30%，但铝板易变形，材料来源不便。

4. 平板冻结装置的特点

1）对厚度小于 50mm 的食品来说，冻结速度快、干耗小，冻品质量高；

2）在相同的冻结温度下，它的蒸发温度可比吹风式冻结装置提高 5~8℃，而且不用配置风机，电耗比吹风式减少 30%~50%；

3）可在常温下工作，改善了劳动条件；

4）占地少，节约了土建费用，建设周期也短。

平板冻结装置的缺点是，厚度超过 90mm 以上的食品不能使用；未实现自动化装卸的装置仍需较大的劳动强度。

5. 平板冻结装置应注意的问题

使用平板冻结装置时，应注意使食品或货盘都必须与平板接触良好，并控制好二者之间的接触压力。压力越大，平板与食品的接触越好，传热系数越大。平板与食品之间若接触不良，会产生很大的接触热阻，冻结速度大为降低。这种情况如表 9-3 所示。

表 9-3　空气层厚度对冻结时间的影响

空气层厚度/mm	冻结速度比	空气层厚度/mm	冻结速度比
0	1	5.0	0.405
1.0	0.6	7.5	0.385
2.5	0.485	10	0.360

卧式平板冻结装置接触不良的图例如图 9-19 所示[8]。当食品因与平板接触不良而只有单面冻结时，其冻结时间为上下两面均接触良好时的 3~4 倍。

为了提高冻结效率，操作使用时需注意以下问题：①产品应具有规则的形状，如有两个平坦的平行表面，或者在受压后能变成这种形状；②包装应很好地充实，没有空隙；③装载用的盘子表面平坦；④平板表面应干净，没有外界物质或霜、冰等残渣。

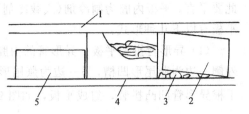

图 9-19　冻结不良的图例
1—卧式平板　2—纸箱与平板接触不良　3—冰
4—纸箱中食品未装满　5—纸箱与上面平板未接触

二、回转式冻结装置（Rotary Freezer）

回转式冻结装置示意图如图 9-20 所示。它是一种新型的接触式冻结装置，也是一种连续式冻结装置。其主体为一个回转筒，由不锈钢制成，外壁即为冷表面，内壁之间的空间供制冷剂直接蒸发或供载冷剂流过换热，制冷剂或载冷剂由空心轴一端输入筒内，从另一端排出。冻品呈散开装由入口被送到回转筒的表面，由于转筒表面温度很低，食品立即粘在上面，进料传送带再给冻品稍施加压力，使它与回转筒表面接触的更好。转筒回转一周，完成食品的冻结过程。冻结食品转到刮刀处被刮下，刮下的食品由传送带输送到包装生产线。

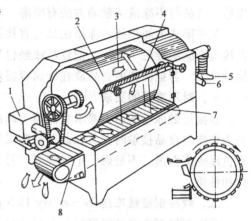

转筒的转速根据冻结食品所需时间调节，每转约数分钟。

制冷剂可用氨、R22 或共沸制冷剂，载冷剂可选用盐水、乙二醇等。该装置适用于冻结鱼片、块肉、虾、菜泥以及流态食品。

该装置的特点是：占地面积小，结构紧凑；冻结速度快，干耗小；连续冻结生产率高。

三、钢带式冻结装置(Steel-belt Freezer)

钢带式冻结装置的主体是钢带传输机,如图9-21 所示。传送带由不锈钢制成,在带下喷盐水,或使钢带滑过固定的冷却面(蒸发器)使食品降温,同时,食品上部装有风机,用冷风补充冷量,风的方向可与食品平行、垂直、顺向或逆向。传送带移动速度可根据冻结时间进行调节。因为产品只有一边接触金属表面,食品层以较薄为宜。

图 9-20　回转式冻结装置

1—电动机　2—滚筒冷却器　3—进料口
4—刮刀　5—盐水入口　6—盐水出口
7—刮刀　8—出料传送带

传送带下部温度为$-40℃$,上部冷风温度为$-35\sim-40℃$,因为食品层一般较薄,因而冻结速度快,冻结 $20\sim25mm$ 厚的食品约需 30min,而 15mm 厚的只需 12min。

该装置适于冻结鱼片、调理食品及某些糖果类食品等。

钢带式冻结装置的主要特点为:①连续流动运行;②干耗较少;③能在几种不同的温度区域操作;④同平板式、回转式相比,带式冻结装置结构简单,操作方便。改变带长

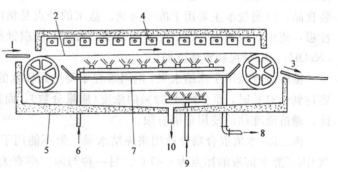

图 9-21　钢带式冻结装置示意图

1—进料口　2—钢质传送带　3—出料口　4—空气冷却器
5—隔热外壳　6—盐水入口　7—盐水收集器　8—盐水出口
9—洗涤水入口　10—洗涤水出口

和带速,可大幅度地调节产量。缺点是占地面积大。

尽管接触式冻结装置的型式不同,但在设计和操作时,最重要的一点就是保证食品与冷表面的良好接触,除了注意上述所讲的接触不良的情况外,二者之间的接触压力对传热系数影响也很大,日本学者对竹荚鱼进行试验,当接触压力从 0 增大到 $2.9N/cm^2$ 时,传热系数可以从 $23W/(m^2\cdot K)$ 增大到 $122W/(m^2\cdot K)$,而冻结时间从 3.0h 减少到 1.7h,由此可见,接触压力是影响接触式冻结装置冻结效率的一个非常重要的量,当然,接触压力也不能太大,否则将挤碎冻品,破坏冻品的品质。所以,对于不同的冻品,应选择最佳的接触压力。

第五节 直接接触冻结法

该方法要求食品(包装或不包装)与不冻液直接接触,食品在与不冻液换热后,迅速降温冻结。食品与不冻液接触的方法有喷淋、浸渍法,或者两种方法同时使用。

某些形式的间接接触冻结法易与直接接触法混淆,二者的区别点在于食品或其包装是否直接与不冻液接触。例如,把食品或经包装后的食品浸入盐水浴内或用盐水喷射,就是直接接触冻结;若把同样的食品放在金属容器内,再把容器浸在盐水中,就是间接接触冻结。

一、对不冻液的要求[13]

直接接触冻结法由于要求食品与不冻液直接接触,所以对不冻液有一定的限制,特别是与未包装的食品接触时尤其如此。这些限制包括要求无毒、纯净、无异味和异样气体、无外来色泽或漂白剂、不易燃、不易爆等。另外,不冻液与食品接触后,不应改变食品原有的成分和性质。

二、载冷剂接触冻结(Secondary-Refrigerant Contact Freezing)

载冷剂经制冷系统降温后与食品接触,使食品降温冻结。常用的载冷剂有盐水、糖溶液和丙三醇等。

所用的盐水浓度应使其冰点低于或等于-18℃,盐水通常为$NaCl_2$或$CaCl_2$的水溶液,当温度低于盐水的低共熔点时,盐和水的混合物会从溶液中冻析,所以盐水有一个实际的最低冻结温度,例如,NaCl盐水的实际冻结温度为-21.13℃。盐水不能用于不应变成咸味的未包装食品,目前盐水主要用于冻结海鱼。盐水的特点是粘度小,比热容大,便宜;缺点是腐蚀性强,使用时应加入一定量的防腐蚀剂。常用的防腐蚀剂为重铬酸钠($Na_2Cr_2O_2$)和氢氧化钠(NaOH),用量视盐水浓度而定。

糖溶液曾经用于冻结水果,但困难在于要达到较低的温度,所需蔗糖溶液的浓度较大,如要达到-21℃时,至少需要62%的浓度(质量分数),而这样的溶液在低温下已变得很粘,因此,糖溶液冻结的使用范围有限。

丙三醇-水的混合物曾被用来冻结水果,但不能用于不应变成甜味的食品。67%(质量分数)丙三醇水溶液的冰点为-47℃。另一种与丙三醇有关的低冰点液体是丙二醇,60%(质量分数)丙二醇与40%(质量分数)水的混合物的冰点为-51.1℃。丙二醇是无毒的,但有辣味,为此,丙二醇在直接冻结法中的用途通常限于包装食品。

要想达到更低的温度,可使用聚二甲基硅醚或右旋柠檬碱,其冰点分别为-111.1℃和-96.7℃。

下面介绍一种盐水浸渍冻结装置(Brine Immersion Freezer)。

用盐水浸渍冻结食品的历史很久,30年代初日本等国就已在拖网渔船上使用。但是,由于盐水对设备的腐蚀、盐水会使食品变色及盐分渗入食品等原因,这种方法曾一度停止使用,后来,人们发现某些罐头食品的原料用此法冻结后,质量变化甚微;另外,用不透水的塑料薄膜将食品包装起来后再浸渍冻结,即可防止盐水渗入,又不会引起食品的变色。鉴于以上原因,盐水浸渍冻结装置又重新得到了应用。

图9-22是法国于70年代初研制的盐水浸渍冻结装置。装置中与盐水接触的容器用玻璃钢制成,有压力的盐水管道用不锈钢材料,其它盐水管道用塑料,从而解决了盐水的腐蚀问

题。当盐水温度为－19～－20℃时，每公斤 25～40 条的沙丁鱼从初温 4℃降至中心温度－13℃仅需 15min。

工艺流程：鱼在进料口 4 与冷盐水混合后进入进料管 2，进料管内盐水涡流下旋，使鱼克服浮力而到达冻结器的底部。冻结后，鱼体密度减小，慢慢浮至液面，然后由出料机构送到滑道 3，在此鱼和盐水分离，鱼进入出料口，冻结完毕。

盐水流程：冷盐水被泵输送到进料口 4，经进料管进入冻结器，与鱼体换热后，盐水升温，密度减小，由此，冻结器中的盐水具有一定的温度梯度，上部温度较高的盐水溢出冻结室后，与鱼体分离进入除鳞器 6，除去鳞片等杂物的盐水返回盐水箱，与盐水冷却器直接换热后降温，完成一次循环。

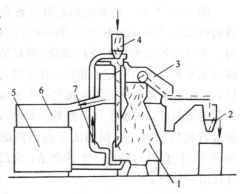

图 9-22　盐水连续浸渍冻结装置示意图
1—冻结器　2—出料口　3—滑道　4—进料口
5—盐水冷却器　6—除鳞器　7—盐水泵

该装置主要用于鱼类的冻结。其特点是冷盐水既起冻结作用，又起输送鱼的作用，省去了机械送鱼装置，冻结速度快，干耗小。缺点是装置的制造材料要求较特殊。

三、低温液体冻结装置(Cryogenic Liquids Freezer)

同一般的冻结装置相比，这类冻结装置的冻结温度更低，所以常称为低温冻结装置或深冷冻结装置。其共同特点是没有制冷循环系统，在低温液体与食品接触的过程中实现冻结。

常用的低温液体有液态氮(LN_2)、液态二氧化碳(LCO_2)和液态氟利昂 12($LR12$)。

1. 液氮冻结装置(Liquid Nitrogen Freezer)

液氮冻结装置大致有浸渍式、喷淋式和冷气循环式三种。

(1)液氮喷淋冻结装置(Liquid Nitrogen Spraying Freezer)　图 9-23 所示为喷淋式液氮冻结装置[12]，它由隔热隧道式箱体、喷淋装置、不锈钢丝网格传送带、传动装置、风机等组成。冻品由传送带送入，经过预冷区、冻结区、均温区，从另一端送出。风机将冻结区内温度较低的氮气输送到预冷区，并吹到传送带送入的食品表面上，经充分换热，食品预冷。进入冻结区后，食品受到雾化管喷出的雾化液氮的冷却而被冻结。冻结温度

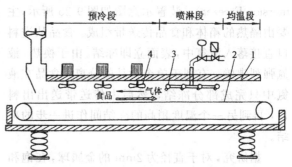

图 9-23　液氮喷淋冻结装置示意图
1—壳体　2—传送带　3—喷嘴　4—风扇

和冻结时间，根据食品的种类、形状，可调整贮液罐压力以改变液氮喷射量，以及通过调节传送带速度来加以控制，以满足不同食品的工艺要求。由于食品表面和中心的温度相差很大，所以完成冻结过程的食品需在均温区停留一段时间，使其内外温度趋于均匀。

液氮的汽化潜热为 198.0kJ/kg，常压气氮的比定压热容为 1.034kJ/(kg·K)，沸点为－195.8℃。从液氮饱和液到－20℃食品冻结终点所吸收的总热量为 383kJ/kg。其中，－195.8℃的氮气升温到－20℃时吸收的热量为 182kJ/kg，几乎与汽化潜热相等，这是液氮的一个特点，在实际应用时，应注意不要浪费这部分冷量。

对于 5cm 厚的食品,经过 10～30min 即可完成冻结,冻结后的食品表面温度为−30℃,中心温度达−20℃。冻结每公斤食品的液氮耗用量约为 0.7～1.1kg。

图 9-24[14]为一种新型的旋转式液氮喷淋隧道(Liquid Nitrogen Rotary Tunnel)。其主体为一个可旋转的绝热不锈钢圆筒,圆筒的中心线与水平面之间有一定的角度。食品进入圆筒后,表面迅速被喷淋的液氮冻结,由于圆筒有一定的倾斜度,再加上其不断地旋转作用,食品及汽化后的氮气一同翻滚着向圆筒的另一端行进,使食品得到进一步的冻结,食品与氮气在出口分离。

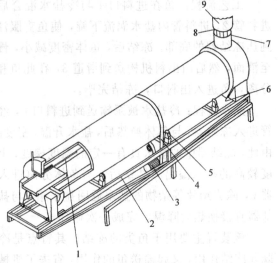

图 9-24　旋转式液氮喷淋隧道示意图
1—喷嘴　2—倾斜度　3—变速电动机
4—驱动带　5—支撑轮　6—出料口
7—氮气出口　8—空气　9—排气管

由于没有风扇,该装置的对流表面传热系数比带风机的小一些,但因为食品的翻滚运动,食品与冷介质的接触面积增大,所以总的传热系数与带风机的系统差不多。不设风扇,也就没有外界空气带入的热量,液氮的冷量将全部用于食品的降温,单位产量的液氮耗量相对也就比较低。

该装置主要用于块状肉和蔬菜的冻结。其特点是占地面积小,产量大,能更有效地应用液氮。

(2)液氮浸渍冻结装置(Liquid Nitrogen Immersion Freezer)　装置示意图如图 9-25 所示,主要由隔热的箱体和食品传送带组成。食品从进料口直接落入液氮中,表面立即冻结。由于换热,液氮强烈沸腾,有利于单个食品的分离。食品在液氮中只完成部分冻结,然后由传送带送出出料口,再到另一个温度稍高的冻结间作进一步的冻结。

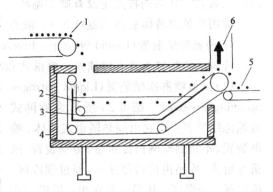

图 9-25　液氮浸渍冰结装置示意图
1—进料口　2—液氮　3—传送带
4—隔热箱体　5—出料口　6—氮气出口

据研究,对于直径为 2mm 的金属球,在饱和液氮中的冷却速率高达 $1.5 \times 10^3 \text{K/s}$[15];在第六章中我们也曾讲到,如果降温速率过快,食品将由于热应力等原因而发生低温断裂现象,影响冻结食品的质量。因此,控制食品在液氮中的停留时间是十分重要的。这可通过调节传送带的速度来实现。除此之外,如果冻品太厚,则其表面与中心将产生极大的瞬时温差,引起热应力,从而产生表面龟裂,甚至破碎,因此,食品厚度以小于 10cm 为宜。

液氮冻结装置几乎适于冻结一切体积小的食品。

液氮冻结装置的特点:

1)液氮可与形状不规则的食品的所有部分密切地接触,从而使传热的阻力降低到最小限度。

2）液氮无毒，且对食品成分呈惰性，再者，由于替代了从食品中出来的空气，所以可在冻结和带包装贮藏过程使氧化变化降低到最小限度。

3）冻结食品的质量高。由于液氮与食品直接接触，以200℃以上的温差进行强烈的热交换，故冻结速度极快，每分钟能降温7～15℃。食品内的冰结晶细小而均匀，解冻后食品质量高。

4）冻结食品的干耗小。用一般冻结装置冻结的食品，其干耗率在3％～6％之间，而用液氮冻结装置冻结，干耗率仅为0.6％～1％。所以，适于冻结一些含水分较高的食品，如杨梅、西红柿、蟹肉等。

5）占地面积小，初投资低，装置效率高。

液氮冻结的主要缺点是成本高，但这要视产品而定。

2. 液态 CO_2 冻结装置（Liquid Carbon Dioxide Freezer）

固态 CO_2 在大气压的升华温度为 $-78.5℃$，升华潜热为 $575kJ/kg$。

CO_2 在常压下不能以液态存在，因此，液态 CO_2 喷淋到食品表面后，立即变成蒸汽和干冰。其中转变为固态干冰的量为43％，转变为气态的量为53％，二者的温度均为 $-78.5℃$。液态 CO_2 全部变为 $-20℃$ 的气体时，吸收的总热量为 $621.8kJ/kg$，其中约15％为显热量，由于显热所占份额不大，一般没有必要利用，因此，液态 CO_2 喷雾冻结装置不象液氮喷淋装置那样做成长形隧道，而是做成箱形，内装螺旋式传送带来冻结食品。

由于 CO_2 资源丰富，一般不采用回收装置，当希望回收时，应至少回收80％的二氧化碳。

四、小结

上面介绍了一系列的食品冻结方法和装置，随着经济的发展和人民生活水平的不断提高，人们对冻结食品的质量要求也会越来越高，相应地，食品冻结工艺就应朝着低温、快速的方向发展，冻品的形式也要从大块盘装转向体积小的单体。目前，究竟采用什么冻结装置来冻结食品，要考虑多方面的因素，如食品的种类、形态，冻结生产量，冻结质量等等，而设备投资、运转费用等经济性问题，也是必须考虑的。主要的因素如下：

1. 冻结能力

在选择冻结装置时，首先应考虑生产量的问题。一般地，各种冻结装置均可用下式来计算冻结能力：

$$C = m/t = V\rho/t \tag{9-7}$$

式中　C——冻结能力，单位为 kg/s；

　　　m——每次放入冻结装置的食品质量，单位为 kg；

　　　t——冻结时间，单位为 s；

　　　V——冻结装置中食品的体积，单位为 m³；

　　　ρ——食品的密度，单位为 kg/m³。

由于同一冻结装置可用于不同种类食品的冻结，其冻结时间也不一样。生产厂家已通过实验或计算机模拟测定了不同食品的生产量数值，在选择时可参考。

2. 冻结质量

冻结质量主要与冻结速率、冻结终温、干耗量等有关。从技术方面来说，不管采用什么样的装置，都应力求做到快速、深度的冻结，但不同的食品受影响的程度也是不一样的。对于草莓，当冻结时间从 12h 减少到 15min 时，相应的失水率可从 20％降低到 8％，变化非常显著；而有些食品受冻结速率影响则不是很明显。

3. 经济性

冻结装置总的投资是非常大的，运行费用只占其中的 3％～5％，而包装费用是运行费用的几倍。谈到经济性，首先考虑的应是食品的质量损失，其经济价值基本与运行费用相当，若冻结的为海产品等贵重食品，则损失更大。

在冻结过程中，食品的质量损失主要包括机械损失、质量降级及失水。机械损失包括食品的掉落，在冻结装置上的粘结等，对于好的冻结装置，这项损失几乎为零；质量降级主要包括食品断裂、破碎等现象，这也可以最大限度地避免；失水在各种冻结装置中总是存在的，与装置的好坏有很大关系，如质量较差的冻结隧道的失水率为 3％～4％，而设计良好的则可降为 0.25％～1.5％。

参 考 文 献

1　黑龙江商学院食品工程系. 食品冷冻理论及应用. 哈尔滨：黑龙江科技出版社，1989

2　冯志哲，张伟民，沈月新等编著. 食品冷冻工艺学. 上海：上海科技出版社，1984

3　H. 德里斯著. 制冷装置. 许家驹译. 北京：机械工业出版社，1982

4　陆振曦等编著. 食品机械原理与设计. 北京：中国轻工业出版社，1995

5　食品工厂机械与设备. 北京：中国轻工业出版社，1985

6　李明思，孙兆礼编著. 中小型冷库技术. 上海：上海交通大学出版社，1995

7　Ciobanu，A.，Lascu，G.，Bercescu，V. Cooling Technology in the Food Industry. England：Abacus Press，1976

8　沈月新编著. 水产品冷藏加工. 北京：中国轻工业出版社，1996

9　童景山编著. 流态化干燥工艺与设备. 北京：科学出版社，1996

10　康景隆编著. 快速冻结. 北京：中国商业出版社，1996

11　张祉祜等编著. 冷藏与空气调节. 北京：机械工业出版社，1995

12　Dossat，R. J. Principle of refrigeration. NewJersy：Prentice-Hall Inc.，1991

13　诺曼 . N 波特著. 食品科学. 葛文镜等译. 北京：中国轻工业出版社，1990

14　Bald，W. B.，Food Freezing：Today and Tomorrow. London：Springer-Verlag London limited，1991

15　Han Runhu，Hua Tse-chao，Ren Hesheng. Experimental investigation of cooling rates of small samples during quenching into subcooled LN_2. Cryoletters，1995，16(3)：157～162

第十章 食品冷藏库

第一节 概 述

食品冷藏库(Refrigerated Warehouse)是用人工制冷的方法对易腐食品进行加工和贮藏,以保持食品食用价值的建筑物,是冷藏链的一个重要环节。冷藏库对食品的加工和贮藏、调节市场供求、改善人民生活等都发挥着重要的作用。

一、冷藏库的类型

冷藏库可按容量、温度及使用性质等进行分类。

1. 按冷藏库容量分类

目前,冷藏库容量规模的划分尚未统一,我国商业系统冷藏库按容量可分为四类,见表10-1[1]。

表 10-1 冷藏库的容量分类法

规 模 分 类	容 量 /t	冻结能力/t/天	
		生产性冷藏库	分配性冷藏库
大型冷藏库	10000 以上	120～160	40～80
大中型冷藏库	5000～10000	80～120	40～60
中小型冷藏库	1000～5000	40～80	20～40
小型冷藏库	1000 以下	20～40	<20

2. 按冷藏库设计温度分类

高温冷藏库 　　−2℃以上;

低温冷藏库 　　−15℃以下。

对于室内装配式冷藏库,按我国的 ZBX99003—86 专业标准分类见表10-2。

表 10-2 装配式冷库的分类

冷库种类	L 级冷库	D 级冷库	J 级冷库
冷库代号	L	D	J
库内温度/℃	−5～5	−18～−10	−23

3. 按使用性质分类[2]

(1) 生产性冷藏库 主要建在食品产地附近、货源较集中的地区,作为肉、禽、蛋、鱼、果蔬加工厂的冷冻车间使用,是生产企业加工工艺中的一个重要组成部分,应用最为广泛。由于它的生产方式是从事大批量、连续性的冷加工,加工后的食品必须尽快运出,故要求建在交通便利的地方。它的特点是冷冻加工能力大,并设有一定容量的周转用冷藏库。

鱼类生产性冷藏库为了供应渔船用冰,设有较大制冰能力的装置和冰库。商业系统对1500t 以上的生产性冷藏库也要求配备适当的制冰能力和冰库,表10-3[1]列出了3000t 冷藏库的配套能力。

（2）分配性冷藏库　一般建在大中城市、人口较多的工矿区和水陆交通枢纽，作为市场供应、中转运输和贮藏食品之用。其特点是冻结量小，冷藏量大，而且要考虑多种食品的贮藏。由于冷藏量大，进出货比较集中，因此要求库内运输通畅，吞吐迅速。

表 10-3　3000t 生产性冷藏库的配套能力

生产能力　　　　　类别	水产冷藏库	商业冷藏库
冷藏/t	3000	3000
冻结/t/天	120～180	45～60
制冰/t/天	120～130	15
储冰/t	3000	300

（3）零售性冷藏库　一般建在城市的大型副食商店内，供临时贮藏零售食品之用。特点是库容量小，贮藏期短，库温随使用要求不同而异。在库体结构上，大多采用装配式组合冷库。随着生活水平的提高，其占有量将越来越多。

二、食品冷藏库的工艺流程

1. 生产性冷藏库的工艺流程

（1）肉类

白条肉→检验、分级、过磅→冻结→过磅→冻藏→过磅→出库

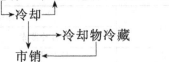

（2）禽类

宰杀后的家禽→检验、分级、过磅→冷却→包装→冻结→冻藏→出库

（3）鱼类

鲜鱼清洗、分级、装盘→冻结→脱盘、过磅→冻藏→过磅→出库

（4）鲜蛋、水果

鲜蛋、水果挑选、分级、过磅、装箱→冷却→冷藏→过磅→出库
　　└→不超过库容量5％可直接进入冷藏间┘

2. 分配性冷藏库的工艺流程

（1）冻结食品

冻结食品检验过磅──────→冻藏→过磅→出库
　└→食品温度高于 −8℃ 者┘
　　须在冻结间进行再冻

（2）鲜蛋、水果的工艺流程同生产性冷藏库

第二节　冷藏库的组成与布置

一、冷藏库的组成

冷藏库是一建筑群，主要由主体建筑和辅助建筑两大部分组成。按照构成建筑物的用途不同，主要分为冷加工间及冷藏间、生产辅助用房、生活辅助用房和生产附属用房四大部分[3]。

1. 冷加工间及冷藏间

（1）冷却间　用于对进库冷藏或需先经预冷后冻结的常温食品进行冷却或预冷。加工周期为 12～24h，产品预冷后温度一般为 4℃ 左右。

（2）冻结间　是用来将需要冻结的食品由常温或冷却状态快速降至 −15℃ 或 −18℃，加工周期一般为 24h。冻结间也可移出主库而单独建造。

（3）冷却物冷藏间　称高温冷藏间，主要用于贮藏鲜蛋、果蔬等食品。若贮藏冷却肉，时间不宜超过 14～20 天。

（4）冻结物冷藏间　又称低温冷藏间或冻藏间，主要用于长期贮藏经冻结加工过的食品，如冻肉、冻果蔬、冻鱼等。

（5）冰库　用以储存人造冰、解决需冰旺季和制冰能力不足的矛盾。

冷间的温度和相对湿度，应根据各类食品冷加工或冷藏工艺要求确定，一般按冷藏库设计规范推荐的值选取，如表 10-4 所示。

表 10-4　冷间的使用温度和相对湿度

冷间名称	温度/℃	相对湿度/%	适用食品范围
冷却间	0		肉、蛋等
冻结间	−18～−23		肉、禽、冰蛋、蔬菜、冰淇淋等
	−23～−30		鱼、虾等
冷却物冷藏间	0	85～90	冷却后的肉、禽
	−2～0	80～85	鲜蛋
	−1～1	90～95	冰鲜鱼、大白菜、蒜苔、葱头、胡萝卜、甘蓝等
	0～2	85～90	苹果、梨等
	2～4	85～90	土豆、桔子、荔枝等
	1～8	85～95	柿子椒、菜豆、黄瓜、番茄、菠萝、柑等
	11～12	85～90	香蕉等
冻结物冷藏间	−15～−20	85～90	冻肉、禽、兔、冰蛋、冻果蔬、冰淇淋等
	−18～−23	90～95	冻鱼、虾等
冰库	−4～−10		块冰

2. 生产辅助用房

（1）装卸站台　分公路站台和铁路站台两种，供装卸货物用。公路站台高出回车场地面 0.9～1.1m，与进出最多的汽车高度相一致；它的长度按每 1000t 冷藏容量约 7～10m 设置，其宽度由货物周转量的大小、搬运方法不同而定。铁路站台高出钢轨面 1.1m。

（2）穿堂　是运输作业和库房间联系的通道，一般分低温穿堂和常温穿堂两种，分属高、低温库房使用。目前，冷藏库中较多采用库外常温穿堂，将穿堂布置在常温环境中，通风条件好，改善了工人的操作条件，也能延长穿堂使用年限。

（3）楼梯、电梯间　多层冷藏库均设有楼梯、电梯间，其大小数量及设置位置视吞吐量及工艺要求而定，一般按每千吨冷藏量配 0.9～1.2t 电梯容量设置，同时应考虑检修。楼梯是生产工作人员上下的通道，电梯是冷藏库内垂直运输货物的设施。

（4）过磅间　是专供货物进出库时工作人员司磅记数使用的房间。

3. 生活辅助用房　主要有生产管理人员的办公室或管理室，生产人员的工间休息室和更衣室，以及卫生间等。

4. 生产附属用房　主要指与冷藏库主体建筑有密切关系的生产用房。包括制冷机房、变配电间、水泵房、制冰间、整理间、氨库等。

二、冷藏库的布置

冷藏库的布置是根据冷库的性质、允许占用土地的面积、生产规模、食品冷加工和冷藏的工艺流程、库内装卸运输方式、设备和管道的布置要求，来决定冷库的建筑形式(单层或多层)；确定各冷间、穿堂、楼电梯间等部分的建筑面积和冷库的外形；并对冷库内各冷间的布置机穿堂、过道、楼电梯间、站台等部分的具体位置等进行合理的设计。

1. 冷藏库库房的平面布置

(1) 低温冷藏间和冻结间　为了便于冻结间的维修、扩建和定型配套，及延长主库的寿命，通常将冻结间移出主库而单独建造，同低温冷藏间分开，中间用穿堂连接。这样，有利于低温冷藏间的管理和延长使用期限，但占地面积大，一次性投资多。

(2) 冻结物冷藏间和冷却物冷藏间　多层冷藏库把同一温度的库房布置在同一层上；冻结物冷藏间布置在一层或一层以上的库房内；冷却物冷藏间若布置在地下室，则地坪不须采取防冻措施；若布置在地上各层，则可减少冷量的损失。

单层冷藏库要合理布置不同温度的冷藏间，使冷区、热区的界限分明。

2. 冷藏库的垂直布置[4]

(1) 单层冷藏库和多层冷藏库　小型冷藏库一般采用单层建筑，大、中型冷藏库则采用多层建筑。多层冷藏库的层数一般为4～6层，在布置时，首先要根据生产工艺流程和制冷工艺流程，一般把冻结间布置在底层，以便于生产车间的吊轨接入冻结间，把制冰间布置在顶层，有利于冰的入库和输出，制冰间的下层为储冰库，冰可通过螺旋滑道进入储冰库。地下室可用作冷却物冷藏库或杂货仓库。为了减少冷藏库的热渗透量，无论是多层冷藏库还是单层冷藏库，都应建成立方体式的，尽量减少围护结构的外表面积，其长宽比通常取1.5∶1左右。

(2) 冷藏库的层高　库房的层高应根据使用要求和堆货方法确定，并考虑建筑统一模数。目前国内冷库堆货高度在3.5～4m，单层冷藏库的净高一般为4.8～5m，采用巷道或吊车码垛的自动化单层冷库不受此限。多层冷藏库的冷藏间层高应≥4.8m，当多层冷藏库设有地下室时，地下室的净高不小于2.8m。冻结间的层高根据冻结设备和气流组织的需要确定。储冰间的建筑净高，当用人工堆码冰垛时，单层库的净高应为4.2～6m，多层库的净高应为4.8～5.4m，如用桥式吊车堆码冰时，则建筑净高应不小于12m。

第三节　冷藏库的隔热和防潮

一、冷库隔热防潮的意义

为了减少外界热量侵入冷藏库，保证库内温度均衡，减少冷量损失，冷藏库外围的建筑结构必须敷设一定厚度的隔热材料。隔热保温是冷库建筑中一项十分重要的措施，冷库的外墙、屋面、地面等围护结构，以及有温差存在的相邻库房的隔墙、楼面等，均要作隔热处理。

实践证明，防潮层的有无与质量好坏对于围护结构的隔热性能起着决定性的作用，而且隔热防潮层设置得不合理，同样会对围护结构造成严重的后果。如果防潮层处理不当，那么不管隔热层采用什么材料和多大的厚度，都难以取得良好的隔热效果。若隔热层的性能差，还可以采取增加制冷装置的容量加以弥补；而但若防潮层设计和施工不良，外界空气中的水蒸气就会不断侵入隔热层以至冷库内，最终将导致围护结构的损坏，严重时甚至整个冷库建筑报废。

隔热材料的热物理性质，直接影响到库内食品的冷冻加工过程和制冷设备的冷负荷，影响到冷藏库的经营费用。冷藏库用隔热保温材料的主要热物理性质是热导率和密度。工程上把热导率小于 0.2W/(m·K)的材料称作热绝缘材料。

由于冷藏库内外温差较大，在围护结构的两侧存在水蒸气分压力差，库外高温空气中的水蒸气将力图穿透隔热保温材料向库内渗透。同时也侵入隔热保温层内部，使其隔热性能显著降低。为了确保隔热材料的隔热性能，必须在围护结构上设置隔汽层，隔绝或减少水蒸气的渗透。

二、隔热防潮的方法

当冷藏库建筑结构中热导率较大的构件(如柱、梁、板、管道等)穿过或嵌入冷库围护结构的隔热层时，形成冷桥[5]。冷桥在构造上破坏了隔热层和隔汽层的完整性与严密性，容易使隔热材料受潮失效。若墙、柱所形成的冷桥跑冷严重，还会引起基、内隔墙墙基冻胀，危及冷库建筑的安全。

有两种方法可以消除冷桥的影响[6]：①如图 10-1a 所示，隔热防潮层设置在地坪、外墙及屋顶上，把能形成冷桥的结构包围在其里面，称为外置式隔热防潮系统。特点是隔热防潮性能最佳，造价较便宜。②如图 10-1b 所示，与外置式相反，隔热防潮层设置在地板、内墙、天花板

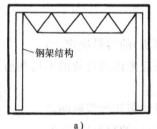
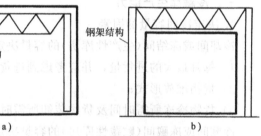

图 10-1 消除冷桥的方法

上，称为内置式隔热防潮系统。当墙壁和天花板需要经常清洗时，常采用这种结构。

在布置隔热防潮层时，应注意以下因素：

1) 合理布置围护结构的各层材料。把密实的材料层(材料的蒸汽渗透系数小)布置在高温侧，热阻和蒸汽渗透系数大的材料布置在低温侧，使水蒸气"难进易出"。

2) 合理布置隔汽层(Vapor Barrier)。对于能保证常年库温均低于室外温度的冷库，将隔汽层布置在温度高的一侧；对于时停时开的高温库，则双面都设隔汽层。

3) 要保持隔汽层的完整性，处理好接头。

4) 做好相应的防水处理。

三、常用的隔热材料与防潮材料[7]

通常对低温隔热材料有以下要求：热导率小；吸湿性和含湿量少；密度小，且含有均匀的微小气泡；不易腐烂变质；耐火性、耐冻性好；无臭、无毒；在一定的温度范围内具有良好的热稳定性；价格低廉，资源丰富。

低温隔热材料种类很多，按其组成可分为有机和无机二大类。表 10-5 列出了一些常用低温隔热材料的物性。选用时应根据使用要求、围护结构的构造、材料的技术性能及其来源和价格等具体情况进行全面的分析比较后作出抉择。

表 10-5　常见低温隔热材料的物性

材料名称	密度 ρ /kg·m^{-3}	热导率 λ /W·(m·K)$^{-1}$	防火性能	蒸汽渗透系数 μ /g·(m·h·Pa)$^{-1}$	抗压强度 /Pa	设计计算时采用的 热导率 λ' /W·(m·K)$^{-1}$
聚苯乙烯泡沫塑料	20~50	0.029~0.046	易燃，耐热 70℃	0.00006	17.64×10^4	0.0465
聚氯乙烯泡沫塑料	45	0.043	离火即灭，耐热 80℃		17.64×10^4	0.0465
聚氨酯泡沫塑料	40~50	0.023~0.029	离火即灭，耐热 140℃		1.96~14.7×10^4	0.029~0.035
沥青矿渣棉毡	<120	0.044~0.047	可燃	0.00049		0.081
矿渣棉（一级）	100	0.044	可燃	0.00049		0.081
矿渣棉（二级）	150	0.047	可燃	0.00049		0.081
沥青膨胀珍珠岩块	300	0.081	难燃	0.00008	1.96×10^4	0.093
泡沫混凝土	<400	0.151	不燃	0.0002		0.244
加气混凝土	400	0.093	不燃	0.00023	147×10^4	0.163

第四节　冷藏库容量的计算

一、冷藏库生产能力

1. 决定冷间容量的因素

冷却间或冻结间（生产性库房）的容量决定于：

1）每月最大的进货量，并应考虑到进货的不均衡情况；

2）货物堆放形式；

3）货物冷冻所需时间及货物装卸所需时间。

冷藏间或冻藏间（贮藏性库房）的容量决定于：

1）冷却间或冻结间的生产能力；

2）货物堆放形式；

3）贮藏时间。

2. 冷却间、冻结间生产能力计算

（1）设有吊轨的冷却间和冻结间

$$G=Lg_\text{L}n=Lg_\text{L}\frac{24}{t} \tag{10-1}$$

式中　G——冷却间、冻结间每昼夜生产能力，单位为 kg；

L——吊轨有效载货长度，单位为 m；

g_L——吊轨单位长度净载货量，单位为 kg/m；

n——一昼夜内冷加工周转次数，一般取 1、1.5、2、…等；

t——周转一次所需的时间，单位为 h。

吊轨单位长度净载货量 g_L 按下列规定取值：

　　　肉类：人工推动　200~230；机械传动　170~210；

　　　鱼类：15kg 盘装　400；　20kg 盘装　540；

　　　虾类：270。

（2）设有搁架的冷却间、冻结间

$$G=Fgn=Fg\frac{24}{t} \tag{10-2}$$

式中　F——搁架有效载货面积，单位为 m^2；

　　　　g——搁架每平方米载货量，以盘子规格 600mm×400mm×120mm 装货 15～20kg 计算，搁架载货量为 60～80kg/m^2。

二、冷藏库的贮藏吨位

冷藏库内所有冷藏间、冻藏间的容量总和(有的也包括储冰间的容量)，称为冷藏库贮藏吨位数。

随着贮藏食品的计算密度和所采用的包装物的不同，同等容积冷藏库的贮藏吨位也不一样。冷藏库贮藏吨位可用下面的简便公式计算。

$$G=\frac{\Sigma V_i\rho\eta}{1000}=\frac{V\rho\eta}{1000} \tag{10-3}$$

式中　G——冷藏库贮藏吨位，单位为 t；

　　　　ρ——食品的计算密度，单位为 kg/m^3；

　　　　η——容积利用系数。

食品的计算密度和容积利用系数可分别采用表 10-6、表 10-7 及表 10-8 的值。

表 10-6　食品的计算密度

食 品 名 称	计算密度/(kg·m⁻³)	食 品 名 称	计算密度/(kg·m⁻³)
冻猪白条肉	400	纸箱冻蛇	450
冻牛白条肉	330	纸箱冻兔(带骨)	500
冻羊腔	250	纸箱冻兔(去骨)	650
块装冻剔骨肉或副产品	600	木箱鲜鸡蛋	300
冻猪肉(冻动物油)	650	筐装新鲜水果	220(200～230)
罐冰蛋	600	箱装新鲜水果	300(270～330)
纸箱冻家禽	550	托板式活动货架存蔬菜	250
盘冻鸡	350	木杆搭固定货架存蔬菜(不包括架间距离)	220
盘冻鸭	450	篓装蔬菜	250(170～340)
盘冻蛇	700	机制冰	750
块装冻鱼	470	篓装鲜鸡蛋	230
块装冻冰蛋	630	篓装鸭蛋	250

表 10-7　冷藏间、冻藏间容积利用系数

容积/m³	容积利用系数 η	容积/m³	容积利用系数 η
500～1000	0.40	10001～15000	0.60
1001～2000	0.50	>15000	0.62
2001～10000	0.55		

表 10-8　储冰间容积利用系数

储冰间净高/m	容积利用系数 η	储冰间净高/m	容积利用系数 η
≤4.2	0.40	5.01～6.00	0.60
4.21～5.00	0.50	>6.00	0.65

第五节　冷藏库冷负荷的计算

冷负荷计算(Cooling Load Calculation)[2,3,7,8,9]

根据热量进入冷间的不同途径，可将冷负荷分为四个部分：围护结构传热量 Q_1；货物热量 Q_2；库房内通风换气热量 Q_3；操作热量 Q_4，包括库内照明用电、电动机、操作设备（叉式堆垛机等），操作工人等所散发的热量以及开门损失。

1. 围护结构传热量(The Wall Gain Load)

通过围护结构的传热量包括两部分：通过墙壁、楼板、屋顶及地坪的热量 Q_q；太阳辐射引起的热量 Q_y。因此

$$Q_1 = Q_q + Q_y \tag{10-4}$$

（1）墙壁、楼板及屋顶的传热量

$$Q_q = AK(T_w - T_n)n \tag{10-5}$$

式中　A——围护结构的面积，单位为 m^2；

K——围护结构的传热系数，单位为 $W/(m^2 \cdot K)$；

T_w, T_n——围护结构外、内侧的计算温度（包括地坪），单位为 ℃；

n——围护结构内外温度差的修正系数，见表 10-9。

表 10-9　围护结构计算中温度差的修正系数 n 值

序号	围护结构部位		n
1	$D>4$ 的外墙：	冻结间、冻结物冷藏间	1.05
		冷却间、冷却物冷藏间、储冰间	1.10
2	$D>4$ 相邻有常温房间的外墙：	冻结间、冻结物冷藏间	1.00
		冷却间、冷却物冷藏间、储冰间	1.00
3	$D>4$ 的冷间顶棚，其上为通风阁楼，屋面有隔热层或通风层：	冻结间、冻结物冷藏间	1.15
		冷却间、冷却物冷藏间、储冰间	1.20
4	$D>4$ 的冷间顶棚，其上为不通风阁楼，屋面有隔热层或通风层：	冻结间、冻结物冷藏间	1.20
		冷却间、冷却物冷藏间、储冰间	1.30
5	$D>4$ 的无阁楼屋面，屋面有通风层：	冻结间、冻结物冷藏间	1.20
		冷却间、冷却物冷藏间、储冰间	1.30
6	$D \leqslant 4$ 的外墙：	冻结物冷藏间	1.30
7	$D \leqslant 4$ 的无阁楼屋面：冻结物冷藏间		1.60
8	半地下室外墙外侧为土壤时		0.20
9	冷间地面下部无通风等加热设备时		0.20
10	冷间地面隔热层下有通风等加热设备时		0.60
11	冷间地面隔热层下为通风架空层时		0.70
12	两侧均为冷间时		1.00

注：1. D 为围护结构热惰性指标；

2. 表内未列的其他室温等于或高于 0℃ 的冷间可参照各项中冷却间的 n 值选用；

3. 负温穿堂可参照冻结物冷藏间选用 n 值。

围护结构外侧的计算温度 T_w 应按下列规定取值：

1）计算外墙、屋顶和顶棚时，围护结构外侧的计算温度应按以下规定采用：

冷库设计的室外气象参数除应采用现行的《采暖通风和空气调节设计规范》的规定外，尚应符合下列规定：①库房围护结构传入热量计算的室外计算温度，应采用夏季空气调节平均温度；计算库房围护结构最小总传热阻时的室外空气相对湿度，应采用最热月平均相对湿度；②开门热量和冷间换气热量计算的室外温度，应采用夏季通风温度，室外相对湿度应采用夏季通风室外计算相对湿度。

2）计算内墙和楼面时，围护结构外侧的计算温度应取其邻室的室温。当邻室为冷却间或冻结间时，应取该类冷间空库保温温度。空库保温温度，冷却间应按 10℃，冻结间应按 −10℃ 计算。

3）冷间地面隔热层下设有通风加热装置时，其外侧温度按 1～2℃ 计算；如地面下部无通风等加热装置或地面隔热层下为通风架空层时，其外侧的计算温度应采用夏季空气调节日平均温度。

（2）太阳辐射引起的耗冷量

$$Q_y = kF\Delta T_y \tag{10-6}$$

式中　k——墙壁或屋顶的传热系数，单位为 $W/(m^2 \cdot K)$；

　　　F——受太阳辐射的围护结构面积，单位为 m^2；

　　ΔT_y——受太阳辐射影响的昼夜平均当量温差，单位为 K。相应的值可查表 10-10 或表 10-11。

表 10-10　墙面太阳辐射昼夜平均当量温差

围护结构名称		纬度	围护结构朝向				
			南	东南或西南	东或西	东北或西北	北
墙 面	红砖	23°	3.1	4.6	5.0	4.3	2.4
		30°	2.9	4.4	5.1	4.0	2.3
		35°	3.6	4.7	5.2	4.2	2.8
		40°	4.1	5.0	5.3	4.2	2.8
		45°	4.5	5.3	5.3	4.2	2.7
	混凝土砌块，拉毛水泥	23°	2.7	4.0	4.3	3.7	2.1
		30°	2.5	3.8	4.4	3.5	2.0
		35°	3.1	4.1	4.5	3.6	2.5
		40°	3.5	4.3	4.6	3.6	2.4
		45°	3.9	4.6	4.6	4.6	2.4
	水泥或砂石粉刷类	23°	2.3	3.4	3.7	3.2	1.8
		30°	2.2	3.3	3.8	3.0	1.7
		35°	2.7	3.5	3.9	3.1	2.1
		40°	3.0	3.7	4.0	3.1	2.0
		45°	3.3	4.0	4.0	3.1	2.0
	石灰粉刷类	23°	2.0	2.9	3.2	2.7	1.5
		30°	1.9	2.8	3.2	2.6	1.5
		35°	2.3	3.0	3.3	2.7	1.8
		40°	2.6	3.2	3.4	2.7	1.8
		45°	2.9	3.4	3.4	2.7	1.7

表 10-11　屋顶(平顶)太阳辐射昼夜平均当量温差

纬度 围护结构名称	23°	30°	35°	40°	45°
深色油毡类，沥青	10.0	10.5	9.3	9.2	9.0
深色油毡类，水泥	8.0	8.5	7.6	7.5	7.3

2. 货物热量(The Product Load)

$$Q_2 = \frac{M(h_1 - h_2)}{nz} + \frac{m(T_1 - T_2)c}{nz} + \frac{M(q_1 + q_2)}{2n} \tag{10-7}$$

式中　M——食品冷冻加工量或贮藏量。食品在冷藏间内贮存量：生产性冷藏库冻结物冷藏间，按每昼夜冻结能力比例摊入各冷藏间内；分配性冷藏库冻结物冷藏间，按该冷藏间库容量的15%计算，冷却物冷藏间则按该库容量的5%计算；单位为kg；

　　n——冷加工的周转次数；

　　m——食品包装材料的质量，单位为kg；

　　c——食品包装材料的比热容，见表10-12；

　　z——食品加工时间，单位为h；

　h_1、h_2——食品冷加工或冷藏前后的热焓值，单位为kJ/kg；

T_1、T_2——食品入库、出库时包装材料的温度，单位为℃；

　q_1、q_2——鲜蛋、水果、蔬菜入库时和出库时相应的呼吸热量，可查阅有关资料。

在冷间为储冰库的情况下，

$$Q_2 = \frac{1000 \times 2.12（）0 - T_n）G}{24} = -88.33Gt_n \tag{10-8}$$

式中　T_n——冰库库房温度，单位为℃；

　　G——制冷设备的生产能力，单位为t/天。

表 10-12　食品包装材料的比热容

包装材料名称	木板类	铁皮类	玻璃容器类	纸类	布类	竹器类
$c/kJ \cdot (kg \cdot K)^{-1}$	2.5	0.417	0.833	1.46	1.25	1.50

3. 库房内通风换气的热量(Air Change Load)

一些贮藏水果、蔬菜的冷间，为适应其生命活动，排除CO_2和防止腐烂等，必须进行一定的通风换气；生产性的冷间也需要换气，以改善工人的劳动条件。由室外引入的空气，不但温度要降低，其含湿量也会减少。在换气过程中，外界空气在冷间放出的热量可按下式计算：

$$Q_3 = Va\rho_a(h_w - h_n)/m + V_r n\rho_a(h_w - h_n) \tag{10-9}$$

式中　V——冷间的内净容积，单位为m^3；

　　a——冷间每昼夜所需的换气次数，一般取2~3次；

　　ρ_a——冷间空气的密度，单位为kg/m^3；

　h_w、h_n——室外、内空气的比焓，焓差值参见表10-13，单位为kJ/kg；

　　m——每昼夜通风机运转时间，单位为h；

　　V_r——每个操作人员每小时需要的新鲜空气量，一般取$30m^3/h$人；

　　n——冷间的工作人员数。

表 10-13　室外、内空气的焓差

冷藏间内温度/℃	引进空气的温度及其相对湿度/℃,%									
	5		10		25		30		35	
	70	80	70	80	50	60	50	60	50	60
0	0.0092	0.0111	0.0142	0.0154	0.0505	0.0562	0.0650	0.0724	0.0820	0.0921
−5	0.0193	0.0210	0.0235	0.0247	0.0592	0.0649	0.0736	0.0809	0.0903	0.1004
−10	0.0271	0.0288	0.0309	0.0321	0.0662	0.0719	0.0805	0.0877	0.0970	0.1071
−15	0.0350	0.0367	0.0383	0.0395	0.0732	0.0788	0.0873	0.0945	0.1037	0.1137
−20	0.0427	0.0444	0.0456	0.0468	0.0801	0.0857	0.0941	0.1013	0.1102	0.1203
−25	0.0501	0.0523	0.0525	0.0537	0.0866	0.0922	0.0998	0.1077	0.1165	0.1265
−30	0.0571	0.0588	0.0591	0.0604	0.0929	0.0985	0.1067	0.1138	0.1225	0.1325
−35	0.0640	0.0657	0.0656	0.0668	0.0989	0.1045	0.1126	0.1197	0.1283	0.1382
−40	0.0708	0.0725	0.0720	0.0732	0.1050	0.1106	0.1185	0.1256	0.1341	0.1440

4. 操作热量

$$Q_4 = Q_{4a} + Q_{4b} + Q_{4c} + Q_{4d} \tag{10-10}$$

式中　Q_{4a}——照明热量，单位为 W；

　　　Q_{4b}——电动机运转热量，单位为 W；

　　　Q_{4c}——库门开启热量，单位为 W；

　　　Q_{4d}——操作人员热量，单位为 W。

（1）照明热量

$$Q_{4a} = q_a A \tag{10-11}$$

式中　q_a——每平方米库房面积由照明而引起的热量，冷藏间可取 $1.8 \sim 2.3 \text{W/m}^2$，操作人员长时间停留的加工间、包装间等可取 5.8W/m^2。单位为 W/m^2；

　　　A——库房面积，单位为 m^2。

（2）电动机运转热量

电动机安装在库房内时

$$Q_{4b} = N \tag{10-12}$$

若库房内经常用机械运输设备操作（如堆垛机等），则亦应按此式计算运输设备耗冷量。

电动机设置在库房外面的高温、低温穿堂时

$$Q_{4b} = P\eta \tag{10-13}$$

式中　P——电动机功率，单位为 W；

　　　η——电动机有效系数，一般为 0.75。

（3）库门开启热量

$$Q_{4c} = q_m A \tag{10-14}$$

式中　q_m——库房单位面积因库门开启的热量，与冷间用途有关，可查表 10-14。

（4）操作人员热量

$$Q_{4d} = q_r n \tag{10-15}$$

式中　q_r——每个操作工人产生的热量，见表 10-15；

　　　n——该库房内同期操作的人数。

<table>
<tr><th colspan="5">表 10-14 库房单位面积因门扇开启热量 （单位为 W）</th></tr>
<tr><td rowspan="2">冷 间 名 称</td><td colspan="3">库房面积/m²</td></tr>
<tr><td>＜50</td><td>50～100</td><td>＞100</td></tr>
<tr><td>冷却间</td><td>14.0～28.0</td><td>7.0～14.0</td><td>5.8～9.3</td></tr>
<tr><td>冻结间</td><td>18.6</td><td>9.3</td><td>7.0</td></tr>
<tr><td>冷藏间</td><td>9.3～11.6</td><td>4.7～5.8</td><td>3.5</td></tr>
<tr><td>冻藏间</td><td>7.0</td><td>3.5</td><td>2.3</td></tr>
</table>

<table>
<tr><th colspan="4">表 10-15 每个操作工人产生的热量 （单位为 W）</th></tr>
<tr><td>库房温度/℃</td><td>q_r/W</td><td>库房温度/℃</td><td>q_r/W</td></tr>
<tr><td>+10</td><td>215</td><td>-12</td><td>355</td></tr>
<tr><td>+4</td><td>250</td><td>-18</td><td>383</td></tr>
<tr><td>0</td><td>279</td><td>-23</td><td>412</td></tr>
<tr><td>-7</td><td>308</td><td></td><td></td></tr>
</table>

第六节 冷负荷的估算方法

一、冷间冷负荷的估算

冷间冷负荷也可用估算的方法得到，表 10-16、表 10-17 列出了冻结间和冷藏间及冷却、制冰间的蒸发器负荷和制冷压缩机负荷估算值。

表 10-16 冷加工每吨肉类时的冷负荷

加工类别	冷间温度/℃	肉内温度/℃		冷加工时间/h	冷负荷/W·t⁻¹	
		出库时	入库时		蒸发器负荷	压缩机负荷
冷却加工	-2	4	35	20	3000	2300
	-7/-2	4	35	11	5000	4000
	-10	12	35	8	6200	5000
	-10	10	35	3	13000	11000
冻结加工	-23	-15	4	20	5300	4500
	-23	-15	12	12	8200	7000
	-23	-15	35	20	7600	5800
	-30	-15	4	11	9400	7600
	-30	-18	-10	16	6700	5500

表 10-17 冷藏间、储冰间和制冰的单位质量冷负荷

冷 间 名 称	冷间温度/℃	单位质量制冷量/W·t⁻¹		备 注
		蒸发器负荷	压缩机负荷	
一般冷却物冷藏间	0，-2	88	70	制冷压缩机负荷已包括管道等的冷负荷
250t 以下冻结物冷藏间	-15，-18	82	70	
500～1000t 冻结物冷藏间	-18	53	47	

二、小型冷藏库的冷负荷的估算

对于小型冷藏库，冷负荷的估算可参照表 10-18。

表 10-18 小型冷藏库单位容量制冷负荷估算表

冷 间 名 称	冷间温度/℃	单位容量制冷负荷/W·t⁻¹	
		冷却设备负荷	机械负荷
肉、禽、水产品			
50t 以下冷藏间		390	320
50~100t 冷藏间	−15~−18	300	260
100~200t 冷藏间		240	190
200~300t 冷藏间		164	140
水果、蔬菜			
100t 以下冷藏间	0~2	390	350
100~300t 冷藏间	0~2	360	320
鲜 蛋			
100t 以下冷藏间	0~2	320	290
100~300t 冷藏间	0~2	280	250

注：1. 本表内机械负荷，已包括管道等冷损耗补偿系数 7%；

2. −15~−18℃冷藏间进货温度−5℃、进货量按 10%计。

三、简单计算法

在某些情况下，食品冷加工或冷藏冷负荷是经常变化的，有的则无法计算，此时，可采用一种简单计算法来估算冷负荷。

总的冷负荷可分为两部分：

1）通过围护结构散失的冷量，可按前面所讲的方法计算。

2）运行冷负荷，按下式计算：

$$Q_r = V f_r \Delta T \tag{10-16}$$

式中 Q_r——运行冷负荷，单位为 W；

V——冷库容积，单位为 m³；

f_r——运行系数，可查表 10-19；

ΔT——库内外的温差，单位为 K。

表 10-19 运行系数

冷库容积/m³	f_r/W(m³·K)⁻¹	冷库容积/m³	f_r/W(m³·K)⁻¹
140	0.31	1400	0.14
200	0.24	2100	0.14
280	0.19	2800	0.13
560	0.16		

第七节　冷藏库库房的制冷工艺设计

一、冷却间

屠宰后的牲畜胴体的温度一般在 35～37℃之间，必须在冷却间内降温到 0～5℃后才便于短期贮藏和运销市场。冷却间的温度一般采用 －2℃，相对湿度为 90%，为了使屠宰后的肉类温度能在 20h 左右从 35℃降到 4℃，冷却间内应装有吹风式冷却设备。根据食品品种和包装的差异，选用的冷却设备和气流组织的方法也不尽相同，一般采用落地式冷风机，配大口径的喷口送风，冷风机可按 1kW 冷负荷配 0.143～0.167m³/s 的风量。冷风气流沿吊轨上面射向房间末端，再折向吊轨下面，从悬挂的胴体间流过而使其冷却，经热交换后的空气又回到冷风机下面的进风口，完成一次循环。冷却间的空气循环次数为 50～60 次/h，胴体间的空气流速达 1～2m/s，加大胴体间的风速，虽能稍提高冷却速度，但干耗会相应地增加。据测定，在相同的温度下，将胴体后腿间的风速从 1.9m/s 提高到 3m/s，会引起附加的重量损失约 25%，同时由于风速的增加，也增大了空气流动的阻力，增加了电耗，因此，过度地增加冷却间的空气循环量是不经济的。图 10-2 所示为冷却间设备布置示意图。

某些冷藏库的冷却间已试用低温快速冷却的方法。冷却间室内温度采用 －10℃，胴体在低温下冷却时，表面很快形成一个"冰壳"，大大减少了冷却过程中的干耗，同时由于冰的热导率大约为水的四倍，从而加速了冷却速度，提高了冷却效果。

对于贮藏果蔬、鲜蛋的冷却间，应采用冷风机（电动机为双速）和风道两侧送风，使冷间气流均匀，不让食品发生冻结。为了避免风量过大引起食品干耗严重和耗电过大，风速宜保持在 0.75m/s 为好。

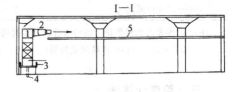

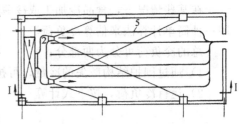

图 10-2　冷却间设备布置示意图
1—"干-1-250 型"翅片管冷风机（带淋水装置）
2—吹风口　3—水盘　4—排水管　5—吊轨

二、冻结间

为了长期贮存或长途运输易腐食品，就应将易腐食品进行冻结。肉类的冻结质量除本身在冻结前的新鲜度外，与降温速度的快慢有很大关系。冻结食品要求冻结速度快，同一批食品的降温速度要相同，以缩短冻结食品的周期。所以，冻结间既要有足够的冷却设备，又要有良好的换热条件，及均匀的配风系统。为了加快冻结速度，冻结间广泛采用了强制空气循环方式，与自然空气对流相比，这种方法大大地缩短了冻结时间，国际上对冻结间工艺的要求趋向低温快速，冻结间温度采用 －40～－35℃，空气流速采用 2～4m/s，有的甚至采用更大的气流速度，但流速也不能过大，否则会加大干耗和电耗，达不到经济性运行的标准。

冻结间的设计应符合下列要求：

1）应能生产高质量的食品，在食品整个表面上温度分布力求均匀，而且冻结过程应以高速度来实现。

2）冻结间的装置应力求简单，使用方便，便于维修，以及最好能用于多品种的生产。

3）在有条件的时候，应采用机械化、自动化操作，减轻劳动强度，改善劳动条件。

根据冻结方式的不同，冻结间可以分为以下几种不同的形式。

1. 空气自然对流冻结间

如图 10-3 所示，这种冻结间建筑面积一般为 75～160m²，净高 4.5～5m，每间容量 14.5～33.5t，冻结间温度为 -23～-18℃。冷间内制冷用的光滑墙管和光滑顶管用无缝钢管制作，管径为 38mm 或 57mm，顶管竖向四根或二根，墙管用立式或蛇形排管。顶管固定在吊轨梁上或楼板上，墙管沿外墙布置，也有在两吊轨中间的下部安装排管，排管的表面积根据冷负荷计算求得。

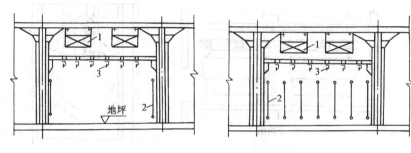

图 10-3 空气自然对流冻结间示意图

1—顶管　2—墙管　3—吊轨

2. 强制空气循环冻结间

按照空气流向和冷风机型式分为纵向吹风、横向吹风和吊顶式冷风机三种。

(1) 纵向吹风冻结间　在冻结间一端装置冷风机，吊轨上面铺设吊顶，吊顶与平顶间形成风道供空气流通。吊顶有两种不同的开孔形式：一种是在端头留孔，空气沿吊顶吹到房间的另一端。这种形式空气流通距离长，前后食品冻结时间不均匀，所以房间长度不能太长，以便为 12～15m；另一种是在吊顶上沿吊轨方向开长孔，这种形式被冻结的食品都能吹到冷风，出口孔的宽度以便为 30～50mm，靠近冷风机的孔要大一些，为 60～70mm。

这种冻结间的房间宽度以便为 6m，长度为 12～18m，冻结能力 15～20t/24h，室温 -23℃，冻结时间 20h。

该冻结间的优点：冷风机台数少，耗电少，系统简单，投资少。缺点：空气流通距离长，室内温度不均匀，不宜冻结吊装或小车装的盘装食品。

(2) 横向吹风冻结间　在冻结间一侧装置冷风机，吊轨上面铺设吊顶，吊顶上沿轨道方向开长孔(见图 10-4)，开孔方法同纵向吹风冻结间。

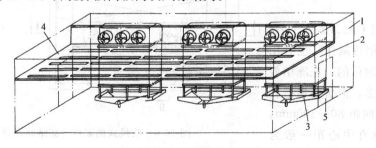

图 10-4 横向吹风冻结间示意图

1—冻结间　2—冷风机　3—冷风机水盘　4—吊顶　5—门

这种冻结间宽度为 3～7m，长度不受限制，室温 -23～-30℃，冻结时间为 10～20h，房

198

间宽度为 3m 时适合冻鱼和家禽，宽度为 6～7m 时适合冻结猪、羊、牛白条肉。

　　该冻结间的优点：空气流通距离短，库内温度均匀，冻结速度快，便于冷风机定型。缺点：冷风机台数多，耗电量较大，系统较复杂，投资增加。

　　(3) 吊顶式冷风机冻结间　在冻结间的顶部装设吊顶式冷风机，房间宽度一般为 3～6m，长度不受限制，既适于冻结盘装鱼、家禽等块状食品，也可冻结白条肉。室温－23～－30℃，冻结时间为 10～20h。该装置的示意图见图 10-5。

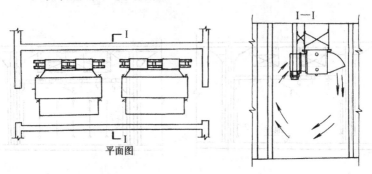

图 10-5　吊顶式吹风冻结间示意图

　　该冻结间的优点：节省建筑面积，库温均匀。缺点：冷风机台数多，系统复杂，维修不方便。

　　3. 搁架式冻结间

　　冷却设备采用搁架排管，食品放入盘内置于搁架上，让食品与蒸发器直接接触，加强换热强度，加快冻结速度，所以也叫做半接触式冻结间。根据生产能力的大小和冻结食品的工艺要求，可采用空气自然循环和空气强制循环两种空气冷却方式。如果冷间内搁架排管的冷却面积不足时，还需增设顶排管，如图 10-6 所示。

　　排管采用 D32×2.2～D38×2.2 的无缝钢管制作，也有用矩形无缝钢管制作的，在冻结效果上二者差不多，但价格相差较大。管子水平间距 80～100mm，每层管子的垂直中心距一般为 250～400mm，最低一层排管离

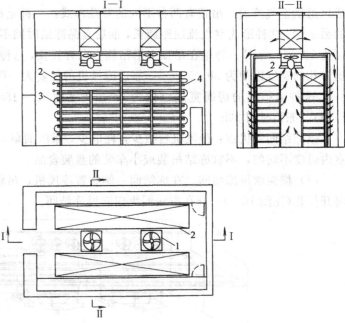

图 10-6　吹风式搁架排管冻结间示意图
1—轴流通风机　2—顶排管　3—搁架式排管　4—出风口

地不小于 250mm，最高一层管子距地坪的高度不宜大于 1800mm，以便于操作。当单面为走道时，搁架式排管宽度为 800～1200mm，双面为走道时，排管宽度应为 1500～2000mm。排

管层数以偶数为宜。进液和回气集管位于排管的同一侧，以便于安装和操作。用搁架式排管冻结食品时，由于排管与放在其上的货物或盛盘直接接触，在换热的过程中，除了对流和辐射的形式外，还通过排管与货物的接触面进行热传导，因而其热系数高达 62.8～75.4W/（m²·K），为了加强换热，有些冷藏库中采用在每层盘管上加铺 0.6～1.0mm 厚的薄钢板，并保持钢板表面的平整和与盘管贴合紧密。

搁架式排管的传热还可以通过增大空气的流速得到进一步提高，空气流速的提高可由通风机的作用来实现。空气流速的增大不仅提高了空气与排管之间的对流换热，同时也增大了空气和食品之间的对流换热，可以大大缩短食品的冻结时间。一般情况下，有组织强通风的搁架式排管较之自然对流下的搁架式排管约可缩短一半冻结时间，因而加快了周转和减少了冻结间的投资。

搁架排管有水平连接和垂直连接两种方式。水平连接时每层排管自成回路，可避免净液柱对蒸发温度的影响，但蒸发面积常达不到设计要求。垂直连接可以满足蒸发面积的需要，但搁架高度所形成的净液柱将对蒸发温度产生不良影响，每一回路的总长度也往往超过允许的安装长度。为了克服上述不利因素，可采用排管分层供液的方法解决。如图 10-7 所示，当搁架为多层排管时，采用多根供液管供液，这既可缩小各路阻力对供液压力的影响不均衡，使各路供液基本达到均匀，而且也利于排液排油干净，除霜均匀。

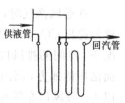

图 10-7 搁架式排管分层供液示意图

搁架式排管冻结间库温－18～－23℃，冻结时间视水平厚度和包装形式而变化，无吹风的一般为 36～72h，吹风式的一般为 20～48h。

搁架式排管一般设置于冻结间或小型冷藏库的冷藏间内，对鱼类、家禽、野味和小水产以及冰棒、冰淇淋等食品进行冻结和硬化。

搁架式排管冻结间的优点：容易制作，节省用电，不需要维修。缺点是劳动强度大。

三、冷却物冷藏间

冷却物冷藏间主要是用以贮存鲜蛋、水果和蔬菜等。由于冷却物冷藏间贮存的食品品种繁多，要求库内的温湿度条件也不尽相同，因此，冷却物冷藏间的温湿度条件，应根据大宗食品的贮存条件来确定。如果使用单位对冷却物冷藏间的温湿度条件没有提出明确的要求时，冷却物冷藏间温湿度可分别按 0℃、90% 设计。

冷却物冷藏间贮存的绝大部分都是新鲜的蛋果蔬，要求库内各区域的温度差应尽可能小于±5℃，以免食品冻坏；同时由于食品在冻结点以上，呼吸过程并未停止，热湿交换比低温时大，因此要采用强制空气循环才能使冷空气比较均匀地分布于食品货堆之间。但气流速度不能太大，一般在 0.3～0.5m/s 之间，过大的风速将增加食品的干耗。

冷却物冷藏间采用的冷却设备多为冷风机配风道送风，冷风机常选用干式翅片管式。冷却排管应尽量设于走道的上方，在库房中央走道的顶部设置一根带有许多喷口的均匀送风道，喷口向上仰角为 17°，冷空气从喷口喷出以后，首先射向库房平顶，再与室内空气混合后，沿货对上部空间吹至墙面，然后流过货堆，经热交换后的空气从中央走道回至冷风机冷风口。利用这一空气循环方式，不仅可以防止喷口附近的食品冻坏，而且可以使冷空气均匀地分布在货堆间，同时只要设一根均匀送风道，不须设回风道，因此构造比较简单，造价较低。

食品应经冷却后再送入冷却物冷藏间贮藏，但由于到货的不均匀性或在食品上市旺季，有的食品可能不经冷却而直接送入库房内，设计时应考虑到这一点，不经冷却食品的进库量一般按库容量的5%考虑，这样可以防止库温过高。但食品进库时对库内的温湿度还是有影响的，刚入库时，库内温湿度增大，经过一段时间，食品降温后，库内相对湿度又变得太小。因此，冷却物冷藏间的冷风机设计，最好能使冷量可调，例如，将冷风机翅片管分成二至三组，可以分别控制。当热负荷大时，就全部投入运行，当热负荷减小时，则可逐级关闭翅片管组，以此来调节库内温湿度。

冷却物冷藏库贮藏果蔬时，须考虑通风换气，以排除库内的CO_2气体。换气时要尽量作到不让进入冷间的热湿空气使室内的温湿度波动过大，不能因为进入的外界空气温度降低而将其中的水分凝结在食品上，所以设计通风换气时，要将新风管接在空气冷却器的进风口，经降温除湿的新风才允许与食品接触。

在通风换气时，应使新风进入冷间的同时能有效地将冷间原有的空气排出，达到最大限度地排出CO_2和有害食品的其他物质。为达到此目的，吸风口和排风口要布置得当，一般情况下，冷间的排风口距地面0.5m上下，排风口应有保温和关闭装置。吸风口要设置在冷间外面洁净的地方，高出地面2m以上。若吸、排风口位于冷间的同一侧，吸风口应高出排风口1m以上，吸风口布置在全年主导风向的上侧，吸排风口的水平距离不能小于4m，排风管应坡向室外，冷间内的进风管应坡向冷风机，风管最低点应有排水设施。对于贮藏温度高于环境最低温度的冷却物冷藏间，应设计加热设施。若所需热量不大，可用蒸汽加热，加热的空气仍然通过送风道参加实内的空气循环。

由于空气冷却器的运行，冷间的空气被除湿，如果贮藏需要湿度较高的果蔬时，为防止果蔬干缩萎蔫，冷间必须设计加湿装置。加湿装置一般布置在送风道的末端，悬于高处，其类型有蒸汽加湿和水加湿两种，后者利用高压空气流将水雾化后喷入冷间进行加湿，不准直接将水洒在食品上，以防食品腐烂。

四、冻结物冷藏间

冻结物冷藏间用来贮藏已冻结的食品，要求贮藏温度不高于-18℃，相对湿度维持在95%左右。

对于无包装材料的食品，冻结物冷藏间内只允许微弱的自然空气对流循环，强烈的空气循环会增加在贮藏期间冻结食品的干耗。因此，在冻结物冷藏间内一般采用墙排管和顶排管，由于冷空气密度较大，经排管冷却后的空气不断下降，与食品进行热交换后，密度变小而不断上升，形成空气的自然对流，使库内温度比较均匀。冻结物冷藏间内采用的墙、顶排管有两种规格，一种是光滑管，用D38×2.2或2D57×3.5无缝钢管制作；另一种是翅片管，用D38×2.2无缝钢管，上面绕46×1低碳钢带，片距为35.8mm。

顶排管布置要求顶管上层管中心线离平顶的间距，光滑管不小于250mm，翅片管不小于300mm，单层和多层冷藏库的顶层，可将顶管铺开布置，多层冷藏库顶层以外的库房，为了便于将冲霜时的水集中在走道上，可将顶管布置在走道上面。墙排管应设置在靠外墙一边，离地面较高处，墙管的中心线与墙壁的间距，光滑管应不小于150mm，翅片管不小于200m。

对于有包装材料的冻结物冷藏间，冷藏间可采用冷风机，设或不设风道，冷空气在冷间内强制循环，使室内温度均匀，可及时将外界传入冷间的热量排除，即让冷风在食品周围与外墙间流动，将传入的热量传给蒸发器。这种设计便于安装和操作维修，融霜十分方便，是目前冷藏库常用的形式。

五、冰库

贮存盐水制冰的冰库温度为−4℃，贮存快速制冰机制得的冰的库温为−10℃。冰库一般采用光滑顶管，而不用墙管或翅片管，原因是：①冰块质量大且较滑，堆码时若不小心倒下，就会砸坏墙管；②为了不使冰块倒下，堆码时一般靠近墙壁，这样容易碰坏墙管。另外，若采用翅片管，则须经常冲霜，冲霜水滴入冰块后，容易把冰块冻结在一起。

当顶排管不能满足冷量要求时，也可设置高墙管，这可防止冰块的冲击，还可强化空气的自然对流。对于大型冰库，为方便蒸发器融霜也可采用冷风机配风道送风，以保证冰库常年运行。

第八节　装配式冷藏库

由预制的夹芯隔热板拼装而成的冷藏库，称为装配式冷藏库，又称组合式冷藏库。目前，装配式冷库已成为冷库技术发展的重要特征。装配式冷库已有 60 多年的发展历史，近 30 年来，由于化学、冶金工业的迅速发展，出现了许多适用于冷库建筑的质优价廉的新材料，从而使冷库建筑走上了工厂化生产的道路，装配式冷库得到迅速发展。

一、特点和结构型式

1. 特点

装配式冷库由复合隔热板拼装而成，由于复合隔热板具有重量轻、较好的弹性、抗压和抗弯强度高、保温防潮性能好等优良的性能，就决定了装配式冷库的以下特点：

(1) 抗震性能好　与一般的冷藏库相比，装配式冷库的重量大大减轻，对基础的压力也大大减小，因而抗震性强。

(2) 组合灵活、方便　装配式冷库的各种构件均按统一的标准模数在工厂成套生产，现场只需要连接组合库的隔热墙板，可根据场地条件和生产需要，拼装成不同的外形尺寸。

(3) 可拆装搬迁、长途运输　用复合隔热板制成的构件可运输到很远的地方安装，拆装搬迁十分方便，损坏率很低，并可再次安装。

(4) 可成套供应　装配式冷库在工厂内批量生产，具有确定的型号和规格，制冷设备、电控元件等都已设计配置完整，用户可根据需要订购。

2. 结构型式

根据安装场地，可分为室内型和室外型两种。

室内型冷库容量较小，一般为 2~20t，安装条件要求不高，地下室、楼上、实验室等处都可安装。这种冷库大多数采用可拆装结构，顶、底、墙板之间用偏心钩连接或直接粘结装配。

室外型冷库容量一般大于 20t，为一独立建筑结构，具有基础、地坪、站台、机房等设施，库内净高在 3.5m 以上。各部分之间一般不用偏心钩连接。

根据结构承重方式，可分为内承重结构、外承重结构和自承重结构三种。

内承重结构的冷库内侧设钢柱、钢梁，利用库内的钢框架支撑隔热板、安装制冷设备，并支撑屋顶防雨棚。

外承重结构的冷库外侧设钢柱、钢梁，利用库外的钢框架支撑隔热板、安装制冷设备，并支撑屋顶防雨棚。

自承重结构的冷库利用隔热板自身良好的机械强度,构成无框架结构,库体隔热板即用作隔热,又用作结构承重。

自承重结构多用于室内型,而室外型大多用外承重结构。

二、装配式冷库的安装方法[9]

冷库的安装分室内型和室外型,室内型装配比较简单,室外型较复杂,有些还需对预制板进行再加工制作,使其满足安装要求。

不管是室内型,还是室外型,若采用偏心钩和螺栓连接,可按下列步骤进行:

1)先做好冷库的垫座地坪(要求用水平仪校平);

2)根据冷库外形尺寸,划好安装线,然后装配底板;

3)安装墙板时需先安装好一个转角板,然后依次安装;

4)安装顶板时,从一边依次安装;

5)安装门和空气幕;

6)安装制冷设备、照明灯、控制元件等。

下面以小型装配式冷库为例,说明具体的安装方法。冷库外形和板块关系分别如图10-8、图10-9所示。

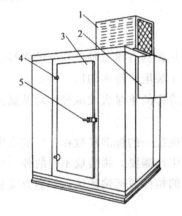

图 10-8　小型装配式
冷藏库外形
1—制冷机组　2—控制箱
3—门　4—门铰链　5—把手

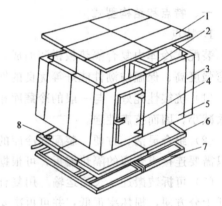

图 10-9　小型装配式冷藏库板块关系图
1—顶板　2—过梁　3—角板
4—门及门框组合　5—立板　6—底板
7—底托　8—地漏组件

(1)位置选择　安装地点应无阳光直射,远离热源;应避免振动较大、粉尘较多或有腐蚀性气体的环境;应能就近供电及排放化霜水。房顶要高于机组 0.5m 以上,冷库四周距墙大于 0.5m。

(2)底架的安装　底架应按对应容积的底架装配示意图,在选择好的位置上将底架用螺栓连接牢固,并使之保持水平。

(3)排水系统的装配　排水系统由地漏、橡胶塞、垫圈、下水管、卡子组成。装配时首先把地漏装入地板的预留孔内,用螺母锁紧,把下水道套在地漏接口上,用卡子紧固。

(4)组装地板　板块要轻拿轻放,注意安装位置和方向。第一块地板应是带水管的地板,把排水管从底架方孔中伸出,其它地板依次安装;两块地板之间要对正、贴紧、平整,用内六角扳手插入钩盒孔,顺时针方向锁紧,使板块之间连接牢固。

（5）组装墙板　第一块组装板是角板，使角板下部凸槽对正地板凹槽，然后拧紧挂钩，不得漏挂、虚挂。然后安装其它墙板，最后一块应是角板。墙板全部安装完毕后，在确定安装机组位置的墙板上方，按机组尺寸要求，用手锯开两个凹形豁口，以备机组安装用。

（6）装配过梁　过梁是用来支撑顶板的，安装时将支架插入墙板上部的聚胺酯中，对好预留孔位置，用螺钉紧固，然后装配过梁，把过梁水平放置在两规应的支架上，用螺栓连接，待顶板装配调整后紧固。

（7）组装顶板　顶板安装顺序同步骤（4）、（5）。注意 $17m^2$ 以上冷库顶板装好后，如与过梁有间隙，可用垫片进行调整，使两者贴紧为宜，预留机组下部件的一块顶板。

（8）安装制冷机组　制冷机组是由冷凝器、压缩机、蒸发器等整体连接的钢结构，安装时需将机组整体水平托起，使机组机架进入墙板预开好的凹槽豁口内，然后将上道顶板安装工序的机组下部顶留板块插入机组底部装好，在机组底盘与顶板支架加入垫，使之固定平稳。

（9）安装附件　感温测头一般在冷库内中部上方为宜。库灯安装在门框上部的预留位置上。库内温度显示器可根据用户的需求供货。制冷系统控制装置安装在预定位置上，在蒸发器下部排水管上装好化霜水管。

（10）整理　库内墙板支架接触部位的间隙，需要有橡胶密封条封堵或使用快干密封胶封堵，这样可减少冷损失。最后用干净软布擦一遍库壁，安装完毕。

三、冷负荷的计算

1. 库房冷却设备负荷

装配式冷库冷却设备负荷的计算原理同土建式冷库基本相同，但其中某些项应根据装配式冷库的特点进行修正。

$$Q_q = \frac{1}{\varepsilon}Q_1 + PQ_2 + Q_3 + Q_4 \tag{10-17}$$

式中　Q_q——冷却设备负荷，单位为 W；

Q_1——围护结构传热量，单位为 W；

$1/\varepsilon$——板缝计算系数，取 1.1；

Q_2——货物热量，单位为 W；

Q_3——通风换气热量，单位为 W；

Q_4——操作热量，单位为 W；

P——负荷系数，冷却间和冻结间取 1.3，其他冷间取 1。

对于室内型装配式冷库，食品均为短期贮藏，通风换气热量可以省略：

$$Q_q = 1/\varepsilon Q_1 + PQ_2 + Q_4 \tag{10-18}$$

室内型冷库可以不考虑太阳辐射，因此 Q_1 可按下式计算：

$$Q_1 = KF(32 - T_n) \tag{10-19}$$

式中　K——围护结构的传热系数，单位为 $W/(m^2 \cdot K)$；

F——围护结构的传热面积，单位为 m^2；

T_n——库内的计算温度，单位为℃。

对于室外型装配式冷库，Q_1 按下式计算：

$$Q_1 = KF\alpha(T_w - T_n) \tag{10-20}$$

α——温差修正系数，对于围护结构的外侧加设通风空气层，外墙 $\alpha = 1.3$，屋顶 $\alpha = 1.6$；

对于外侧不加设通风空气层，外墙 $\alpha = 1.53$，屋顶 $\alpha = 1.87$；

T_w——室外计算温度，单位为℃；

T_n——室内温度，单位为℃。

2. 制冷压缩机负荷

对于室内型装配式冷库，由于进出货频繁，进货温度较高，导致了冷负荷变化较大。在负荷计算中对各项热量可不进行折减或修正，并把制冷装置和管道等冷损耗补偿系数取为 1.1。因此制冷压缩机的负荷可按下式进行计算：

$$Q_j = 1.1(\frac{1}{\varepsilon}Q_1 + PQ_2 + Q_4) \tag{10-21}$$

3. 室内型装配式冷库冷负荷的估算

1）库房冷却设备所需的传热面积可按冷库建筑净面积进行估算。

采用光管式蒸发排管时，冷库建筑面积与蒸发器传热面积之比可取为 1∶1.1～1.3；采用冷风机时，其比值为 1∶1.5～2.0。

2）制冷压缩机的冷负荷可按冷库公称容积进行估算，公称容积较小时，单位公称容积所需的冷负荷就较大，其变化曲线见图 10-10、图 10-11。

3）另一种估算方法是将表 10-18 的冷负荷再乘以 1.2 的修正系数。

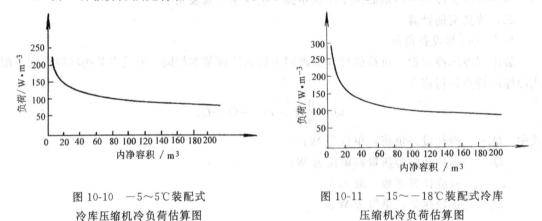

图 10-10　-5～5℃装配式
冷库压缩机冷负荷估算图

图 10-11　-15～-18℃装配式冷库
压缩机冷负荷估算图

参 考 文 献

1　李明忠，孙兆礼编著．中小型冷库技术．上海：上海交通大学出版社，1995

2　制冷工程设计手册．北京：中国建筑工业出版社，1985

3　张祉佑等编著．冷藏与空气调节．北京：机械工业出版社，1995

4　解焕民编著．制冷技术基础．北京：机械工业出版社，1985

5　陆亚俊，马最良，庞志庆编著．制冷技术及应用．北京：中国建筑工业出版社，1992

6　ASHRAE HANDBOOK. Refrigeration System and Application SI Edition，1990

7　无锡轻工，天津轻工合编．食品工厂机械与设备．北京：轻工业出版社，1985

8　Dossat，R.J.，Principle of refrigeration. NewJersy：Prentice-Hall Inc.，1991

9　冷库设计规范．中华人民共和国国家标准．GBJ 72-84，1984

10　马旭升编著．制冷、净化、干燥设备．上海：上海交通大学出版社，1991

第十一章 食品冷藏链

食品冷藏链(Cold Chain)是指易腐食品在生产、贮藏、运输、销售、直至消费前的各个环节中始终处于规定的低温环境下,以保证食品质量,减少食品损耗的一项系统工程。它随着科学技术的进步、制冷技术的发展而建立起来,以食品冷冻工艺学为基础,以制冷技术为手段。冷藏链是一种在低温条件下的物流现象,因此,要求把所涉及的生产、运输、销售、经济性和技术性等各种问题集中起来考虑,协调相互间的关系。

第一节 食品冷藏链的组成

一、食品冷藏链的分类

1. 按食品从加工到消费所经过的时间顺序分类

食品冷藏链由冷冻加工、冷冻贮藏、冷藏运输和冷冻销售四个方面构成。

(1) 冷冻加工 包括肉类、鱼类的冷却与冻结;果蔬的预冷与速冻;各种冷冻食品的加工等等。主要涉及冷却与冻结装置。这在第九章中已作了详细的介绍。

(2) 冷冻贮藏 包括食品的冷藏和冻藏,也包括果蔬的气调贮藏。主要涉及各类冷藏库、冷藏柜、冻结柜及家用冰箱等。其中冷藏库已在第十章中作了介绍。

(3) 冷藏运输 包括食品的中、长途运输及短途送货等。主要涉及铁路冷藏车、冷藏汽车、冷藏船、冷藏集装箱等低温运输工具。

在冷藏运输过程中,温度的波动是引起食品质量下降的主要原因之一,因此,运输工具必须具有良好的性能,不但要保持规定的低温,更切忌大的温度波动,长距离运输尤其如此。

(4) 冷冻销售 包括冷冻食品的批发及零售等,由生产厂家、批发商和零售商共同完成。早期,冷冻食品的销售主要由零售商的零售车及零售商店承担,近年来,城市中超级市场的大量涌现,已使其成为冷冻食品的主要销售渠道。超市中的冷藏陈列柜,兼有冷藏和销售的功能,是食品冷藏链的主要组成部分之一。

2. 按冷藏链中各环节的装置分类,可分为固定的装置和流动的装置。

(1) 固定的装置 包括冷藏库、冷藏柜、家用冰箱、超市冷藏陈列柜等。冷藏库主要完成食品的收集、加工、贮藏及分配;冷藏柜和冷藏陈列柜主要完成供机关团体的食堂及食品零售用;家用冰箱主要是为冷冻食品的家庭供应所用。

(2) 流动的装置 包括铁路冷藏车、冷藏汽车、船和冷藏集装箱等。

二、食品冷藏链的结构

食品冷藏链的结构大体如图 11-1 所示[1]。

冷藏链中的各环节都起着非常重要的作用,是不容忽视的,同时,要保证冷藏链中食品的质量,对食品本身也有如下要求:

1) 食品应该是完好的,最重要的是新鲜度,如果食品已开始变质,低温也不可能使其恢复到初始状态。

2）食品应在生产、收获后不作停留或只作极短停留后就予以冷冻。

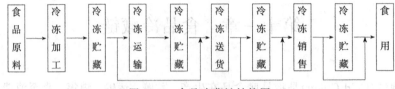

图 11-1　食品冷藏链结构图

第二节　冷藏运输

冷藏运输是食品冷藏链中十分重要而又必不可少的一个环节，由冷藏运输设备来完成。冷藏运输设备是指本身能造成并维持一定的低温环境，以运输冷冻食品的设施及装置，包括冷藏汽车、铁路冷藏车、冷藏船和冷藏集装箱等。从某种意义上讲，冷藏运输设备是可以移动的小型冷藏库。

一、对冷藏运输设备的要求

虽然冷藏运输设备的使用条件不尽相同，但一般来说，它们均应满足以下条件：

① 能产生并维持一定的低温环境，保持食品的品温；

② 隔热性好，尽量减少外界传入的热量；

③ 可根据食品种类或环境变化调节温度；

④ 制冷装置在设备内所占空间要尽可能地小；

⑤ 制冷装置重量轻，安装稳定，安全可靠，不易出故障；

⑥ 运输成本低。

二、冷藏汽车(Refrigerated Cars)

1. 对冷藏汽车的要求

作为冷藏链的一个中间环节，冷藏汽车的任务是：当没有铁路时，长途运输冷冻食品；作为分配性交通工具作短途运输。

虽然冷藏汽车可采用不同的制冷方法，但设计时都应考虑如下因素：

① 车厢内应保持的温度及允许的偏差；

② 运输过程所需要的最长时间；

③ 历时时间最长的环境温度；

④ 运输的食品种类；

⑤ 开门次数。

2. 冷藏汽车的冷负荷

一般地，食品在运输前均已在冷冻或冷却装置中降到规定的品温，所以冷藏汽车无需再为食品消耗制冷量，冷负荷主要由通过隔热层的热渗透及开门时的冷量损失组成[2]。如果冷藏运输新鲜的果蔬类食品，则还要考虑其呼吸热。

通过隔热层的传热量与环境温度、汽车行驶速度、风速和太阳辐射等有关。在停车状态下，太阳辐射是主要的影响因素；在行驶状态下，空气与汽车的相对速度是主要的影响因素。

车体壁面的隔热好坏，对冷藏汽车的运行经济性影响很大，要尽力减小热渗透量。用作隔热层的最常用的隔热材料是聚苯乙烯泡沫塑料和聚氨酯泡沫塑料，其传热系数小于 0.6W/

（m² · K），具体数值取决于车体及其隔热层的结构。从热损失的观点看，车体最好由整块玻璃纤维塑料制成，并用现场发泡的聚氨酯泡沫塑料隔热，在车体内、外装设气密性护壁板。

由于单位时间内开门的次数及开、关间隔的时间均不相同，所以，开门冷量损失的计算较困难，一般凭经验确定。其值约比壁面热损失大几倍。可达到几倍于壁面热损失的数值，分配性冷藏汽车由于开门频繁，冷量损失较大，而长途冷藏汽车可不考虑此项损失。若分配性冷藏汽车每天工作 8h，可按最多开门 50 次计算。

3. 冷藏汽车的分类

根据制冷方式，冷藏汽车可分为机械制冷、液氮或干冰制冷、蓄冷板制冷等多种。这些制冷系统彼此差别很大，选择使用方案时应从食品种类、运行经济性、可靠性和使用寿命等方面综合考虑。

（1）机械制冷（Mechanical Refrigerator Cars）　机械制冷汽车通常用于远距离运输，在寒冷的季节里，制冷机组可以拆除。机械制冷汽车有三种基本结构：

1）车首式制冷机组。把包括电动机在内的整套制冷机组安装在车厢前端。

2）制冷机组与动力装置分开。大型货车的制冷压缩机配备专门的发动机，通常以汽油作燃料，布置在车厢下面；小型货车的压缩机与汽车共用一台发动机（图 11-2），制冷能力一般按车速 40km/h 设计。为了防止汽车出现机械故障，或在冷藏汽车停驶时仍能驱动制冷机组，有的汽车还装备一台能利用外部电源的备用电动机。

3）压缩机组独立。带电动机的压缩机组置于车架底下，用一根长管道将机组与车内的蒸发器连接起来。这种形式的制冷机组在振动时容易松动，制冷剂易泄漏，且车下机组受到沙、尘土及路面热辐射的影响，设备故障较多，所以总的趋势是采用车首式制冷机组。

机械制冷冷藏汽车的蒸发器通常安装在车厢的前端，采用强制通风方式，如图 11-3 所示[3]。冷风贴着车厢顶部向后流动，从两侧及车厢后部下到车厢底面，沿底面间隙返回车厢前端。这种通风方式使整个食品货堆都被冷空气包围着，外界传入车厢的热流直接被冷风吸收，不会影响食品的温度。

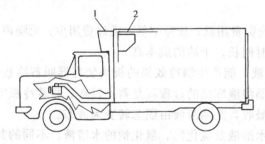

图 11-2　机械制冷冷藏汽车

1—冷凝器　2—蒸发器

图 11-3　机械制冷汽车

车内气流组织示意图

前面已讲到，在冷藏运输新鲜的果蔬类食品时，将产生大量的呼吸热，为了及时排除这些热量，在货堆内外都要留出一些间隙，以利通风。运输冻结食品时，没有呼吸热放出，货堆内部不必留间隙，只要冷风在货堆周围循环即可。

机械制冷冷藏汽车的优点是：车内温度比较均匀稳定，温度可调，运输成本较低。缺点是：结构复杂，易出故障，维修费用高；初投资高；噪声大；大型车的冷却速度慢，时间长；需要融霜。

（2）液氮或干冰制冷（LN₂ or Dry Ice Refrigerated Cars）　这种制冷方式的制冷剂是一次性使用的，或称消耗性的。常用的制冷剂包括液氮、干冰等。

液氮制冷冷藏车示意图如图 11-4 所示[4]，主要由液氮罐、喷嘴及温度控制器组成。冷藏汽车装好货物后，通过控制器设定车厢内要保持的温度，而感温器则把测得的实际温度传回温度控制器，当实际温度高于设定温度时，则自动打开液氮管道上的电磁阀，液氮从喷嘴喷出降温，当实际温度降到设定温度后，电磁阀自动关闭。液氮由喷嘴喷出后，立即吸热汽化，体积膨胀高达 600 倍，即使货堆密实，没有通风设施，氮气也能进入货堆内。冷的氮气下沉时，在车厢内形成自然对流，使温度更加均匀。为了防止液氮汽化时引

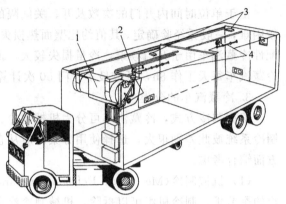

图 11-4　液氮制冷冷藏汽车
1—液氮贮藏罐　2—喷嘴　3—门开关　4—安全开关

起车厢内压力过高，车厢上部装有安全排气阀，有的还装有安全排气门。

液氮制冷时，车厢内的空气被氮气置换，而氮气是一种惰性气体，长途运输果蔬类食品时，不但可减缓其呼吸作用，还可防止食品被氧化。

液氮冷藏汽车的优点是：装置简单，初投资少；降温速度很快，可较好地保持食品的质量；无噪声；与机械制冷装置比较，重量大大减小。缺点是：液氮成本较高；运输途中液氮补给困难，长途运输时必须装备大的液氮容器，减少了有效载货量。

用干冰制冷时，先使空气与干冰换热，然后借助通风使冷却后的空气在车厢内循环。吸热升华后的二氧化碳由排气管排出车外。有的干冰冷藏汽车在车厢中装置四壁隔热的干冰容器，干冰容器中装有氟利昂盘管，车厢内装备氟利昂换热器，在车厢内吸热汽化的氟利昂蒸气进入干冰容器中的盘管，被盘管外的干冰冷却，重新凝结为氟利昂液体后，再进入车厢内的蒸发器，使车厢内保持规定的温度。

干冰制冷冷藏汽车的优点是：设备简单，投资费用低；故障率低，维修费用少；无噪声。缺点是：车厢内温度不够均匀，冷却速度慢，时间长；干冰的成本高。

（3）蓄冷板（Holdover Plate）　内装共晶溶液，能产生制冷效果的板块装容器叫蓄冷板，蓄冷板中充注有低温共晶溶液，使蓄冷板内共晶溶液冻结的过程就是蓄冷过程。将蓄冷板安装在车厢内，外界传入车厢的热量被共晶溶液吸收，共晶溶液由固态转变为液态。

常用的低温共晶溶液有乙二醇、丙二醇的水溶液及氯化钙、氯化钠的水溶液。不同的共晶溶液有不同的共晶点，要根据冷藏车的需要，选择合适的共晶溶液。一般来讲，共晶点应比车厢规定的温度低 2～3K，以上物质的共晶点可参见第四章。

蓄冷的方法通常有两种：一是利用集中式制冷装置，即当地现有的供冷藏库用的或具有类似用途的制冷装置。拥有蓄冷板冷藏汽车很多的地区，可设立专门的蓄冷站，利用停车或夜间使蓄冷板蓄冷。此时可利用图 11-5 所示的蓄冷板，这种蓄冷板中装有制冷剂盘管，只要把蓄冷板上的管接头与制冷系统连接起来，就可进行蓄冷；二是借助于装在冷藏汽车内部的制冷机组，停车时借助外部电源驱动制冷机组使蓄冷板蓄冷。

图 11-6 为蓄冷板冷藏汽车示意图[4]。蓄冷板可装在车厢顶部，也可装在车厢侧壁上，蓄

冷板距厢顶或侧壁 4～5cm，以利于车厢内的空气自然对流。为了使车厢内温度均匀，有的汽车还安装有风扇。

蓄冷板冷藏汽车内换热主要以辐射为主，为了利于空气对流，应将蓄冷板安装在车厢顶部，但这会使车厢的重心过高，不平稳。

蓄冷板汽车的蓄冷时间一般为 8～12h（环境温度35℃，车厢内温度－20℃），特殊的冷藏汽车可达 2～3天。保冷时间除取决于蓄冷板内共晶溶液的量外，还与车厢的隔热性能有关，因此应选择隔热性较好的材料作厢体。

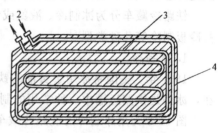

图 11-5　带制冷剂盘管的蓄冷板
1—制冷剂出口　2—制冷剂入口
3—共晶溶液　4—蓄冷板壳体

蓄冷板冷藏汽车的优点是：设备费用比机械式的少；可以利用夜间廉价的电力为蓄冷板蓄冷，降低运输费用；无噪声；故障少。缺点是：蓄冷板的数量不能太多，蓄冷能力有限，不适于超长距离运输冻结食品；蓄冷板减少了汽车的有效容积和载货量[5]；冷却速度慢。

蓄冷板不仅用于冷藏汽车，还可用于铁路冷藏车、冷藏集装箱、小型冷藏库和食品冷藏柜等。

（4）组合式制冷　为了使冷藏汽车更经济、方便，可采用以上几种制冷方式的组合，通常有液氮-风扇盘管组合制冷、液氮-蓄冷板组合制冷两种。

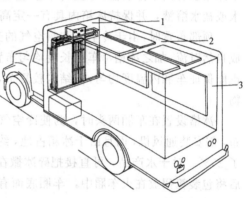

图 11-6　蓄冷板冷藏汽车示意图
1—前壁　2—厢顶　3—侧壁

图 11-7 为液氮-蓄冷板组合制冷冷藏汽车示意图[4]。它主要用于分配性冷藏汽车，液氮制冷和蓄冷板制冷各有分工。蓄冷板主要担任下列情况的制冷任务：①通过车厢壁或缝隙的传热量；②环境温度大于38℃时，一部分开门的换热量；③环境温度小于16℃时，全部的开门换热量。而液氮系统主要承担环境温度大于16℃时的开门换热量，以尽快恢复车厢内规定的温度。

这种组合式制冷的特点是：环境温度低时，用蓄冷板制冷较经济，而环境温度高或长时间开门后，用液氮制冷更有效；装置简单，维修费用低；无噪声，故障少。

除了上述冷藏汽车外，还有一种保温汽车，它没有任何制冷装置，只在壳体上加设隔热层，这种汽车不能长途运输冷冻食品，只能用于市内由批发商店或食品厂向零售商店配送冷冻食品。

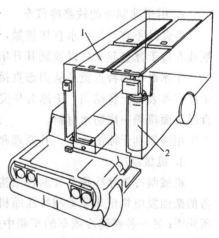

图 11-7　液氮-蓄冷板组合制冷冷藏汽车示意图
1—蓄冷板　2—液氮罐

三、铁路冷藏车(Refrigerated trains)

陆路远距离运输大批冷冻食品时，铁路冷藏车是冷藏链中最重要的环节，因为它的运量大、速度快。

对铁路冷藏车有以下要求：独立供应电力；占地面积小，结构紧凑；隔热、气密性能好；能适应恶劣气候；耐冲击和抗振性能好；维修方便，大修期长；具有备用机组；操作自动化。

铁路冷藏车分为冰制冷、液氮或干冰制冷、机械制冷、蓄冷板制冷等几种类型[6]。

1. 冰制冷

1851 年，美国将冰用于黄油的铁路冷藏运输，直到现在，冰仍是铁路运输中一种常用的制冷介质。

图 11-8 为用冰制冷的铁路冷藏车示意图，车厢内带有冰槽，冰槽可以设置在车厢顶部，也可以设置在车厢两头。设置在顶部时，一般车顶装有 6～7 只马鞍形贮冰箱，2～3 只为一组。为了增强换热，冰箱侧面、底面设有散热片。每组冰箱设有两个排水器，分左右布置，以不断清除融解后的水或盐水溶液，并保持冰箱内具有一定高度的盐水水位。

顶部布置时，由于冷空气和热空气的交叉流动，容易形成自然对流，加之冰槽沿车厢长度均匀布置，不安装通风机也能保证车厢内温度均匀，但结构较复杂，且箱底易积存杂物。

冰槽设置在车厢两头时，为使冷空气在车厢内均匀分布，需安装通风机，而且由于冰箱占地，约使载货面积减少了 25%。对于水产品，可直接把碎冰撒在包装箱里面，然后将包装箱码放在火车厢中，车厢底面有排水管将融化的冰水排至车外。

如果车厢内要维持 0℃ 以下的温度，可向冰中加入某些盐类，车厢内的最低温度随盐的浓度而变化。

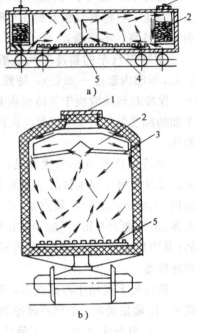

图 11-8 用冰制冷的
铁路冷藏车示意图
a)端装式 b)顶装式
1—冰箱盖 2—冰箱 3—防水板
4—通风槽 5—离水格栅

2. 用干冰制冷的铁路冷藏车

若食品不宜与冰、水直接接触，可用干冰代替冰。但由于干冰的温度较低，使用时应用纸或布将干冰包起来，以控制其升华速度，同时可防止食品发生冻害。

干冰最大的特点就是从固态直接变为气态，而不产生液体。但是，若空气中含有水蒸气，干冰容器表面上将结霜，干冰升华完后，容器表面的霜会融化为水落到食品上，因此，要在食品表面覆盖一层防水材料。

用液氮和干冰的火车，其原理和结构与冷藏汽车的无很大差别。

3. 机械制冷

机械制冷铁路冷藏车有两种结构形式。一种是每一节车厢都备有自己的制冷设备，用自备的柴油发电机组来驱动制冷压缩机，冷藏车可以单节与一般货物车厢编列运行，如图 11-9 所示[4]；另一种铁路冷藏车的车厢中只装有制冷机组，没有柴油发电机，这种铁路冷藏车不能单辆与一般货物列车编列运行，只能组成单一机械列运行，由专用车厢中的柴油发电机统一供电，驱动压缩机。

下面介绍一种机械制冷式火车[2]。这种 FAL056 型铁路冷藏车由前东德制造，车长 21m，装载面积 45m²，最大载重 39t。

该铁路冷藏车的制冷装置可适于两种车内温度：$-30\sim14℃$或$-20\sim14℃$，任意选用。铁路冷藏车可在外界温度为$-45\sim45℃$的范围内工作，其用途如下：

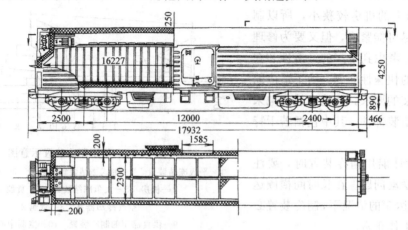

图 11-9　机械制冷铁路冷藏车示意图

1）在$-30\sim-17℃$条件下，运输冻结产品（鱼、肉和预制菜肴等）；

2）在$-12\sim-9℃$条件下，运输轻度冻结的产品（黄油、家禽和肉等）；

3）在$-3\sim0\pm℃$条件下，运输冷却产品（熏鱼、新鲜火腿和新鲜肉等）；

4）在$3\sim6℃$条件下，运输新鲜产品（乳酪、蔬菜、坚果和西红柿等）；

5）在$10\sim13℃$条件下，运输热带和亚热带水果（香蕉和桔子等）。

上述条件分别对应于温度控制器的逐级可调温度，即-30、-20、-10、-2、4和$11℃$。为了在很低的外界温度下，保持较高的运输温度，车内还配备车厢电加热装置。车内空气温度围绕调定值的波动范围为$\pm1.5℃$。

机械铁路冷藏车的特点是：温度低，温度调节范围大；车厢内温度分布均匀；运输速度快；制冷、加热、通风及除霜自动化。其缺点是：造价高；维修复杂；使用技术要求高。

4. 蓄冷板制冷

1979 年，我国铁道部设立了"冷冻板制冷技术在铁路冷藏车上应用的研究"课题，在菲亚特汽车上进行了初步试验后，1981 年 8 月用B_6148车改装成第一辆冷冻板铁路冷藏车，冷冻板即现在讲的蓄冷板。

蓄冷板的结构和布置原理与冷藏汽车的相同。

四、冷藏船（Refrigerated Ship）

冷藏船主要用于渔业，尤其是远洋渔业。远洋渔业的作业时间很长，有的长达半年以上，必须用冷藏船将捕捞物及时冷冻加工和冷藏。此外，由海路运输易腐食品也必须用冷藏船。

1. 冷藏船的分类

冷藏船可分为三种：冷冻母船、冷冻运输船和冷冻渔船[7]。冷冻母船是万吨以上的大型船，它配备冷却、冻结装置，可进行冷藏运输。冷冻运输船包括集装箱船，它的隔热保温要求很严格，温度波动不超过$\pm5℃$。冷冻渔船一般是指备有低温装置的远洋捕鱼船或船队中较大型的船。

2. 冷藏船用制冷装置

冷藏船上一般都装有制冷装置，船舱隔热保温。图 11-10 为船用制冷装置布局示意图。船上条件与陆用制冷设备的工作条件大不相同，因此船用制冷装置的设计、制造和安装，需要具备专门的实际经验。在设计过程中，一般应注意以下几个方面的问题：

1）船上的机房较狭小，所以制冷装置要尽可能紧凑，但又要为修理留下空间。考虑到生产的经济性和在船上安装的快速性问题，为了适应船上快速安装的要求，已越来越多地采用系列化组装部件，其中包括若干特殊结构。

2）设计船用制冷装置时，要注意船舶的摆动问题。在长时间横倾达15°和纵倾达5°的情况下，制冷装置必须能保持工作正常。

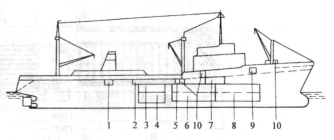

图 11-10　船用制冷装置示意图
1—平板冻结装置　2—带式冻结装置(LBH)　3—中心控制室
4—机房　5—大鱼冻结装置　6—货舱1
7—空气冷却器室　8—货舱2
9—供食品用的制冷装置　10—空调中心

3）与海水接触的部件，如冷凝器、泵及水管等，必须由耐海水腐蚀的材料制成。

4）船下水后，环境温度变化较大，对于高速行驶的冷藏船，水温可能每几个小时就发生较大变化，而冷凝温度也要相应地改变，船用制冷装置需按最高冷凝温度设计。

5）环境温度的变化还会引起渗入冷却货舱内的热量的变化，因此必须控制制冷装置的负荷波动，所以，船用制冷装置上一般都装有自动能量调节器，以保持货舱温度恒定不变。

6）运输过程中，为了确保制冷装置连续工作，必须装备备用机器和机组。

7）船用制冷压缩机的结构形式与陆用的并无多大差别，但由于负荷波动强烈，压缩机必须具有良好的可调性能。因此，螺杆式压缩机特别适于船上使用。

五、冷藏集装箱

所谓冷藏集装箱，就是具有一定隔热性能，能保持一定低温，适用于各类食品冷藏贮运而进行特殊设计的集装箱。冷藏集装箱出现于60年代后期，冷藏集装箱具有钢质轻型骨架，内、外贴有钢板或轻金属板，两板之间充添隔热材料。常用的隔热材料有玻璃棉、聚苯乙烯、发泡聚氨酯等。

1. 冷藏集装箱的分类

根据制冷方式，冷藏集装箱主要包括以下几种类型：

1）保温集装箱。无任何制冷装置，但箱壁具有良好的隔热性能。

2）外置式保温集装箱。无任何制冷装置，隔热性能很强，箱的一端有软管连接器，可与船上或陆上供冷站的制冷装置连接，使冷气在集装箱内循环，达到制冷效果，一般能保持−25℃的冷藏温度。该集装箱集中供冷，箱容利用率高，自重轻，使用时机械故障少。但是它必须由设有专门制冷装置的船舶装运，使用时箱内的温度不能单独调节。

3）内藏式冷藏集装箱。箱内带有制冷装置，可自己供冷，如图 11-11 所示[6]。制冷机组安装在箱体的一端，冷风由风机从一端送入箱内。如果箱体过长，则采用两端同时送风，以保证箱内温度均匀。为了加强换热，可采用下送上回的冷风循环方式。

4）液氮和干冰冷藏集装箱。利用液氮或干冰制冷。

按照运输方式，冷藏集装箱可分为海运和陆运两种，它们的外形尺寸没有很大的差别，但陆地运输特殊的要求又使二者存在一些差异。海运集装箱的制冷机组用电是由船上统一供给的，不需要自备发电机组，因此机组构造比较简单，体积较小，造价也较低。但海运集装箱卸船后，因失去电源就得依靠码头上供电才能继续制冷，如转入铁路或公路运输时，就必须增设发电机组，国际上一般的做法是采用插入式发电机组。

陆运集装箱是 80 年代初在欧洲发展起来的，主要用于铁路、公路和内河航运船上，因此必须自备柴油或汽油发电机组，才能保证在运输途中制冷机组用电。有的陆运集装箱采用制冷机组与冷藏汽车发电机组合一的机组，其优点是体积小，重量轻，价格低，缺点是柴油机必须始终保持运转，耗油量较大。

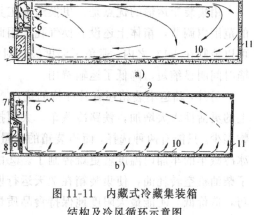

图 11-11　内藏式冷藏集装箱
结构及冷风循环示意图
1—风机　2—制冷机组　3—蒸发器
4—端部送风口　5—软风管　6—回风口
7—新风入口　8—外电源引入　9—箱体
10—通风轨、离水格栅　11—箱门

2. 冷藏集装箱的型号

冷藏集装箱的尺寸和性能都已标准化，如表 11-1 所示。

3. 冷藏集装箱的制冷装置

冷藏集装箱必须十分坚固，能经受恶劣的运输条件，其制冷装置还必须满足以下要求：

1）加热、冷却和除霜实现全自动；

2）既可独立驱动，又可接外部电源；

表 11-1　冷藏集装箱的尺寸

型号	高/mm		宽/mm		长/mm		总重/kg	最小内部容积/m³
	外部尺寸	最小内部尺寸	外部尺寸	最小内部尺寸	外部尺寸	最小内部尺寸		
1AA	2591_{-5}^{0}	2350	2438_{-5}^{0}	2330	12192_{-10}^{0}	11998	30480	65.7
1CC	2591_{-5}^{0}	2350	2438_{-5}^{0}	2330	6058_{-6}^{0}	5867	20320	32.1
10D	2438_{-5}^{0}	2197	2438_{-5}^{0}	2330	4012_{-5}^{0}	3823	10000	19.6
5D	2438_{-5}^{0}	2197	2438_{-5}^{0}	2330	1968_{-5}^{0}	1780	5000	9.1

注：1. 尺寸以 20℃ 时测量的数值为准，在其他温度下测定的尺寸应作相应的修正。

2. 专用集装箱的宽度和长度应符合上表规定，其高度可以根据货物比体积来决定，但高不得超过 2591mm。

3. 最小内部容积是根据最小内部尺寸计算的参考值，角件伸入集装箱内的部分不作为减少集装箱的内部尺寸，因此，对其它专用集装箱（如保温集装箱、冷藏集装箱）的最小内部尺寸需另行制订。

4. 集装箱重量系列采用 5t、10t、20t 和 30t 四种，相应的型号为 5D、10D、1CC 及 1AA 型。5t 和 10t 集装箱主要用于国内运输；20t 和 30t 集装箱主要用于国际运输。集装箱总重是指集装箱自重及其最大容许载重之和。

3）耐冲击强度高，抗振动性能好；

4）根据装载食品的要求，可以在一定的范围内调整温度，温度偏差小；

5）蒸发器出口处的空气温度，不得比恒温器调定值低 3℃ 以上；

6）换气系统可为每平方米冷藏集装箱容积提供 50m³/h 左右的新鲜空气；

7）空气相对湿度为 85%～95%，以防干燥。

就制冷系统来说，冷藏集装箱相当于小型冷藏库的一个单间或组装式冷藏库，多为风冷冷凝机组，采用直接吹风冷却，箱内温度调节范围较大，一般可保持箱温−18～12℃。

4．冷藏集装箱的特点

用集装箱运输的优点是：更换运输工具时，不需要重新装卸食品；箱内温度可以在一定的范围内调节，箱体上还设有换气孔，因此能适应各种易腐食品的冷藏运输要求，而且温差可以控制在±1℃之内，避免了温度波动对食品质量的影响；集装箱装卸速度很快，使整个运输时间明显缩短，降低了运输费用。

另外，陆运集装箱还有其独特的优点[8]：①与铁路冷藏车相比，在产品数量、品种和温度上的灵活性大大增加，铁路冷藏车，大列挂 20 个冷藏车厢，小列挂 10 节冷藏车厢，不管货物多少，只能有两种选择，而集装箱的数量可随意增减；铁路冷藏车的温度调节范围较小，而冰冷藏车的车厢内温度就更难控制了。②由于柴油发电机的开停也受箱内温度的控制，避免了柴油机空转耗油，使集装箱在 7 天运行期间，中途不用加油。③陆用集装箱的箱体构造轻巧，造价低。④能最大限度地保持食品质量，减少运输途中的损失。如运输新鲜蔬菜时，损耗率可从敞棚车的 30％～40％降低到 1％左右。

第三节　冷藏柜和冰箱

一、超市冷藏陈列柜

冷藏陈列柜是菜场、副食品商场、超级市场等销售环节的冷藏设施，目前已成为冷藏链建设中的重要一环。

1．对冷藏陈列柜的要求：

1）装配制冷装置，有隔热层，能保证冷冻食品处于适宜的温度下；

2）能很好地展示食品的外观，便于顾客选购；

3）具有一定的贮藏容积；

4）日常运转与维修方便；

5）安全、卫生、低噪声。

2．冷藏陈列柜的分类

根据陈列柜的结构形式，可分为敞开式和封闭式，而敞开式又包括卧式敞开式和立式多层敞开式，封闭式又包括卧式封闭式和立式多层封闭。

（1）卧式敞开式陈列柜　卧式敞开式陈列柜如图 11-12 所示。这种陈列柜上部敞开，开口处有循环冷空气形成的空气幕，通过维护结构侵入的热量也被循环的冷风吸收，不影响食品的质量。对食品质量影响较大是由开口部侵入的热空气及辐射热，特别是对于冻结食品用的陈列柜，辐射热流较大。

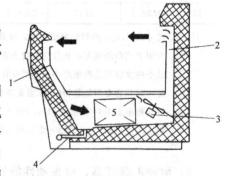

图 11-12　卧式敞开式陈列柜示意图
1—吸入风道　2—吹出风道　3—通风机组
4—排水口　5—蒸发器

当外界湿空气侵入陈列柜时，遇到蒸发器就会结霜，随着霜层的增大，冷却能力降低，因此必须在 24h 内至少进行一次自动除霜。外界空气的侵入量与风速有关，当风速超过 0.3m/s 时，侵入的空气量会明显增加，所以在布置敞开式陈列柜时，应考虑与室内空调的相对位置。

（2）立式多层敞开式冷藏陈列柜　图 11-13 为立式多层敞开式冷藏陈列柜示意图。与卧式的相比，立式多层陈列柜单位占地面积的容积大，商品放置高度与人体高度相近，展示效果好，也便于顾客购物。但这种结构的陈列柜，其内部的冷空气更易逸出柜外，从而外界侵入的空气量也多，为了防止冷空气与外界空气的混合，在冷风幕的外侧，再设置一层或两层非冷空气构成的空气幕，同时，配备了较大的制冷能力和冷风量。由于立式陈列柜的风幕是垂直的，外界空气侵入柜内的数量受空气流速的影响更大，从节能的角度来看，要求控制柜外风速小于 0.15m/s 以下，温度小于 25℃，湿度小于 55%。

（3）卧式封闭冷藏陈列柜　卧式封闭冷藏陈列柜的结构与敞开式的相似（图 11-14），它在开口处设有二到三层玻璃构成的滑动盖，玻璃夹层中的空气起隔热作用。另外，冷空气风幕也由埋在柜壁上的冷却排管代替，通过外壁面传入的热量被冷却排管吸收。为了提高保冷性能，可在陈列柜后部的上方装置冷却器，让冷空气像水平盖子那样强制循环，但缺点是商品装载量少，销售效率低。

（4）立式封闭式冷藏陈列柜　立式封闭式（图 11-15）的柜体后壁上有冷空气循环通道，冷空气在风机作用下强制地在柜内循环。柜门为二或三层玻璃，玻璃夹层中的空气具有隔热作用，由于玻璃对红外线的透过率低，虽然柜门很大，传入的辐射热并不多。

3. 冷藏柜的节能[9]

通常可采取以下措施来实现冷藏柜的节能：

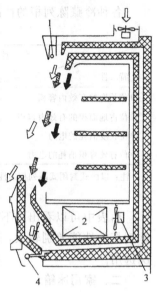

图 11-13　立式多层敞开式冷藏陈列柜示意图
1—荧光灯　2—蒸发器
3—通风机组　4—排水口

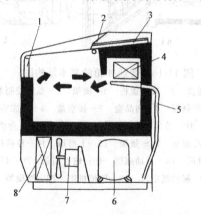

图 11-14　卧式封闭冷藏陈列柜
1—前窗　2—荧光灯　3—夜用盖子
4—上部冷却器　5—排水管
6—压缩机　7—风扇　8—冷凝器

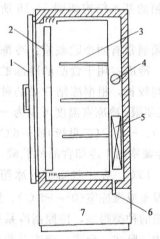

图 11-15　立式封闭式冷藏陈列柜
1—门　2—荧光灯　3—搁架　4—通风机
5—冷却器　6—排水口　7—制冷机组

① 增强柜壁的隔热性能；②对于敞开式冷藏柜，在晚上停业时，可加盖遮住；③降低照明强度，远离热源；④提高设计的合理性；⑤正确设置除霜时间；⑥提高蒸发温度；⑦降低食品保装材料的黑度；

若将蓄冷技术用于冷藏柜，在营业时间的电价高峰期使用停业时间的低谷期电价，可降低冷藏柜的耗电费用，提高其运行经济性。

4. 各种冷藏陈列柜的性能比较

各种冷藏陈列柜的性能比较见表11-2[1]。

表 11-2　各种冷藏陈列柜的性能比较

类　型 特　性	封　闭　式		敞　开　式	
	卧　式	立　式	卧　式	立　式
单位长度的有效内容积	1	2.3	1.1	2.4
单位占地面积的有效内容积	1	2.2	0.85	1.9
单位长度消耗的电力	1	2.0	1.45	3.3
单位有效容积消耗的电力	1	0.9	1.3	1.4

注：以卧式封闭式陈列柜的性能指标为1进行比较。

由表中可以看出，不同型式的冷藏陈列柜的性能差别较大，要根据具体情况选用。

二、家用冰箱

在冷藏链中，家用冰箱是最小的冷藏单位，也是冷藏链的终端。随着经济发展和人民生活水平的提高，家用冰箱已大量进入普通家庭，对冷藏链的建设起了很好的促进作用。

普通冰箱的基本结构如图 11-16 所示。

家用冰箱通常有两个贮藏室：冷冻室和冷藏室。冷冻室用于食品的冷冻贮藏，贮存时间较长，根据冻结食品的种类，或者贮藏期限，冷冻室温度可以为－18℃（三星级）、－12℃（二星级）或－6℃（一星级）。冷藏室用于冷却食品的贮藏，温度约为 0～10℃。在一些新型的冰箱

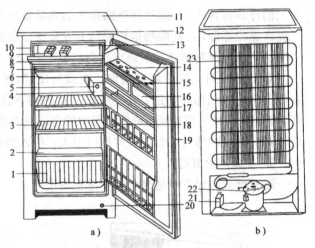

图 11-16　普通冰箱的基本结构图

1—果蔬盒　2—玻璃盖板　3—搁架　4—温度控制器盒
5—温度控制器　6—肉品盒　7—接水盘　8—冷冻室小门
9—冰盒　10—冷冻室小门框　11—台面板　12—台面饰条
13—冷冻室　14—蛋架　15—上滑道　16—推拉门
17—下滑道　18—活动瓶框　19—磁性门条　20—灯电门
21—起动继电器　22—压缩机组　23—冷凝器

中，还有冰温室或微冻室（0～－5℃）、解冻室等。

家用冰箱的种类很多，按照制冷系统可分为压缩式、吸收式和半导体式等；按照箱体外形可分为立式、卧式、台式、壁式、茶几式和炊具组合式等；按照箱门形式可分为单门、双门、三门、四门和多门。

第四节　我国食品冷藏链概况

解放前，我国制冷业非常落后，冷藏库总容量不过 3 万余吨，冷冻运输装置更是寥寥无几，根本谈不上冷藏链建设。解放后，我国制冷业发展迅速，特别是自1982 年，中国制冷学

会提出了"建立和完善我国食品冷藏链"的建议后，经过多年的不懈努力，冷藏链建设取得了令人注目的成绩。截止1988年，有各型冷藏库1千多座，总容量为220万t，比解放前增加了近70倍。各种冷冻运输装置也有了较大的发展，据统计，1996年铁道部门共有铁路冷藏车5400多辆，冷藏汽车的总数已达到15000多辆。如今，凡有一定规模的食品商场(超市)，均配有冷冻冷藏陈列柜，电冰箱更是家庭必备之物；我国已从国外引进了海运冷藏箱，国内不少企业也在筹措着冷藏集装箱的生产，冷藏集装箱进入公路冷藏运输已是指日可待。所有这些，都使得我国的食品冷藏链正在步入世界先进水平的行列。

随着我国的改革和开放，食品冷藏链在国民经济中的地位与日俱增，食品冷藏链的完善更好地利用了食品原料；食品冷藏链的建立繁荣了食品加工机械市场。近几年，随着我国速冻食品业的兴起和发展，建设和完善食品冷藏链的任务将更加艰巨。下面将简单介绍一下我国现阶段食品冷藏链的概况，并指出发展食品冷藏链应注意的一些环节。

一、食品的冷冻加工

目前，食品的冷冻加工是我国食品冷藏链中的薄弱环节，具体表现为冻结设备少、加工能力不足，特别是缺少机械化加工设备。譬如猪肉加工本来已初具机械化规模，但近几年来由于分散屠宰经营，又回到了原来的手工作坊式生产模式；在渔业方面，只有少量渔船配备冷冻装置，绝大多数靠冰块保鲜，而冰块保鲜仅能维持10～12天，渔船回港后，舱底早期捕捞的鱼质量较差；果蔬加工同样存在这样的问题，进入果蔬原料收摘旺季，由于加工条件的限制，相当多的果蔬未进入冷冻冷藏环节，大部分只能在常温下用敞棚车运输，品质急速下降，损耗十分严重。许多易腐产品，由于冷冻加工处理不当，在冷藏链的其它环节虽能按部就班，但最终还是不能达到保鲜的目的。随着经济的发展，我国的冷冻食品在产量和品种上将有大幅度的增长，以上海为例，1996年人均冷冻食品消费量达7kg。所以，今后应不断开发和改进食品冷冻加工所需的各种设备。

二、冷冻冷藏运输

近几年来，我国的肉、蛋、奶、水产、果蔬等每年增产10％以上，其中75％为易腐食品。这些易腐货物主要靠铁路和公路运输。目前，铁路冷藏车共有5400多辆，能满足全国运量的50％左右。尽管随着公路和水路运量的增加，铁路运量从前些年的90％减少到现在的50％，但铁路运输还是为完善食品冷藏链起了重要作用。同时也存在若干问题：①铁路冷藏车数量仍显不足。例如，1992年铁道部门共拥有铁路冷藏车5221辆，但其运货量只占1992年铁路易腐食品总量(1200万吨)的20％，即240万t左右，还有960万t内销食品因得不到冷藏车来运输，只能用敞棚车运输，造成了极大地损失。另外，60％以上的铁路冷藏车为冰保温车，不利于食品质量的保持。②缺少预冷装置。世界各国为了保证食品的质量，对预冷相当重视。美国、欧洲一些国家80％～100％的易腐货物经过预冷后进行运输。而我国80％的易腐货物不经过预冷就装车运输，特别是未冷却的水果、蔬菜的田间热、呼吸热都大，不经预冷就装车运输，不但增加了运输工具的热负荷，而且使30％～50％的货物质量明显降低。特别是在运输叶菜时，黄叶、腐烂率都比较高，用冷藏车运输的损耗在20％以上。③负载运行期机械铁路冷藏车的厢体温度实难保证做到要求的温度(10℃)，严重影响冷冻食品运至终点时要求的品质。

随着我国高速公路的兴建和延伸，公路冷藏延伸的规模化发展已在日程之中。1996年，冷藏汽车总量为15000多辆，而其中带制冷机组的仅占15％左右，其余均为隔热保温车，而且大部分都是载重 1～4t 的中小型冷藏车，6t 以上的大型车较少。预计到 2000 年，冷藏汽车将增加到 38000 辆，年产量也由目前的 2500 辆增加到 4000 辆，我国不仅要提高冷藏汽车的年产量，而且应向机械制冷、大型化方向发展。

冷藏集装箱有着冷藏汽车无可比拟的优点，目前，我国有集装箱生产企业 40 多家，总生产能力达一百万标准箱。但国内至今还没有陆运集装箱专用的半挂车。1994 年，中国远洋运输拥有 5229 个冷藏集装箱，另外还向国外租赁了近万个国外的集装箱，基本上都是海运集装箱，主要用来运输进出口的易腐食品，对内销食品来说可以说没有起到任何帮助作用。目前国内只有一家企业试制成功了柴油发电-制冷机组陆用集装箱，其余的厂家都只生产海运冷藏集装箱，这与我国的冷冻食品运输现状是不相符的。只有公路、水路和铁路冷藏运输共同担负起我国易腐食品的冷藏运输任务，我国食品冷藏链的冷藏运输环节才能进入世界先进水平行列。

三、销售环节

70 年代以前，我国易腐食品的销售，在农村集市上都是在常温下进行的，即使在大城市中，用冷冻冷藏销售柜的也是少数。而当今，凡有一定规模的商场，一般均配有冷藏陈列柜。以超市为主要销售形式的冷藏链已经在我国的一些大城市中形成。但是，大部分的冷藏陈列柜使用独立的风冷式制冷机组，在柜内降温的同时，又向室内排放了大于约二倍制冷量的热量，而这些热量又成为室内空调的一部分冷负荷，造成了很大的能源浪费。解决问题的方法之一是，采用集中制冷方式，将制冷机组安装在机房内，冷凝器散发的热量排放到室外[10]。

大型冷藏陈列柜内上下四角的温差较大，存在温度不均的问题；另外，冷藏陈列柜目前仅有温度参数的要求，而无湿度要求，易引起食品表面干燥，影响食品的品质。这些都是有待解决的课题。

总的来讲，近几年我国食品冷藏链已有了很大发展，加工、贮藏、销售等各环节衔接紧密、发展协调。特别是冷藏陈列柜替代了冷藏库成为冷藏链的主体，从而形成了一个新型的冷藏链，这种发达国家已普遍使用的冷藏链在我国的形成和使用，也说明了我国食品冷藏链已得到了较好的完善和提高。

参 考 文 献

1 黑龙江商学院食品工程系. 食品冷冻理论及应用. 哈尔滨：黑龙江科学技术出版社，1989

2 H·德里斯，A·兹维克著. 制冷装置. 徐家驹译. 北京：机械工业出版社，1988

3 Ciobanu, A. Lascu, G. Bercescu, V. Cooling Technology in the Food Industry. England：Abacus Press，1976

4 Dossat, R. J. Principle of Refrigeration, Prentice-Hall Inc. , New Jerrey, 1991

5 Dellino, C. V. J. Cold and Chilled Storage Technology. Canada：Blackie and Son Ltd. , 1990

6 卢士勋主编. 制冷与空气调节技术. 上海：上海科学普及出版社，1992

7 沈月新编著. 水产品冷藏加工. 北京：中国轻工业出版社，1996

8 郭予信. 陆运冷藏集装箱及其市场前景. 制冷与空调，1997(2)：5～11

9 International Institute of Refrigeration. Energy Efficiency in Household Refrigerators Freezers and Commercial Refrigerating Equipment. France，1991

10 曹德胜. 再论我国食品冷藏链的建设. 中国制冷空调，1996.6.10